南京大学学术出版基金资助项目

当代学术棱镜译丛

/世/纪/学/术/论/争/系/列/

丛书主编 张一兵 副主编 周 宪 周晓虹

# 实践的冲撞

## ——时间、力量与科学

原著 【美】安德鲁·皮克林
翻译 邢冬梅

南京大学出版社

## 作者简介

安德鲁·皮克林(Andrew Pickering)现任美国伊利诺依州立大学(University of Illinois at Urbana-Champaign,简写为 UIUC)社会学系教授,系主任。从 1987 年至今,他一直是 UIUC 著名的科学、技术信息与社会的跨文化研究小组的主任,主要从事科学社会学研究。

皮克林教授 1970 年毕业于牛津大学物理系,获学士学位。1973 年获伦敦大学高能物理学博士学位。1976—1984 年在英国爱丁堡大学著名的科学元勘研究所(Science Studies Unit)攻读社会学博士,并于 1984 年获取博士学位(Ph. D. in Science Studies),其博士论文就是他的成名作《建构夸克:粒子物理学的社会学史》。皮克林教授曾经在许多著名的大学和研究所从事研究工作,如 1973—1974 年在丹麦的哥本哈根大学尼尔斯·玻尔研究所从事理论物理学研究;1992—1993 年在剑桥大学科学史与科学哲学系进行学术访问;1993—1994 年在普林斯顿大学历史系著名的 Shelby Cullom Davis 研究所从事科学社会学的研究;1998 年为 MIT 著名的 Dibner 科学与技术研究所、哈佛大学科学史系的高级访问学者;2001 年为德国柏林著名的马克思-普朗克科学史研究所的高级访问学者。

# 《当代学术棱镜译丛》总序

自晚清曾文正创制造局，开译介西学著作风气以来，西学翻译蔚为大观。百多年前，梁启超奋力呼吁："国家欲自强，以多译西书为本；学子欲自立，以多读西书为功。"时至今日，此种激进吁求已不再迫切，但他所言西学著述"今之所译，直九牛之一毛耳"，却仍是事实。世纪之交，面对现代化的宏业，有选择地译介国外学术著作，更是学界和出版界不可推诿的任务。基于这一认识，我们隆重推出《当代学术棱镜译丛》，在林林总总的国外学术书中遴选有价值的篇什翻译出版。

王国维直言："中西二学，盛则俱盛，衰则俱衰，风气既开，互相推助。"所言极是！今日之中国已迥异于一个世纪以前，文化间交往日趋频繁，"风气既开"无须赘言，中外学术"互相推助"更是不争的事实。当今世界，知识更新愈加迅猛，文化交往愈加深广。全球化和本土化两极互动，构成了这个时代的文化动脉。一方面，经济的全球化加速了文化上的交往互动；另一方面，文化的民族自觉日益高涨。于是，学术的本土化迫在眉睫。虽说"学问之事，本无中西"（王国维），但"我们"与"他者"的身份及其知识政治却不容回避。但学术的本土化决非闭关自守，不但知己，亦要知彼。这套丛书的立意正在这里。

"棱镜"本是物理学上的术语,意指复合光透过"棱镜"便分解成光谱。丛书所以取名《当代学术棱镜译丛》,意在透过所选篇什,折射出国外知识界的历史面貌和当代进展,并反映出选编者的理解和匠心,进而实现"他山之石,可以攻玉"的目标。

本丛书所选书目大抵有两个中心:其一,选目集中在国外学术界新近的发展,尽力揭橥域外学术90年代以来的最新趋向和热点问题;其二,不忘拾遗补缺,将一些重要的尚未译成中文的国外学术著述囊括其内。

众人拾柴火焰高。译介学术是一件崇高而又艰苦的事业,我们真诚地希望更多有识之士参与这项事业,使之为中国的现代化和学术本土化做出贡献。

丛书编委会

**2000年秋于南京大学**

# 目　录

## 第二部分　整　合

# 译者前言

## 皮克林的《冲撞》

皮克林的"冲撞"一词，是指科学实践中、目标指向的以及目标修正的阻抗与适应的辩证法，他认为这是科学实践的一般特征。其中有两个重要的概念，一个概念是真实时间中的瞬间突现（temporally emergent），即纯粹的偶然性构成性地融入我们所理解和把握的实践的冲撞中，并且这种构成性融入完全可以解释将要发生的事情。这就是他对筑模过程目标形成的解释，它表现出一种力量的舞蹈，阻抗与适应的辩证运动在力量舞蹈的过程中得以实现。这种冲撞模式无休止地重复自身，阻抗与适应的力量持续地、不可预期地在实践中突现。另一个概念是后人类主义（posthumanism），即对物质力量的强调。在皮克林的冲撞中，人类力量与物质力量以相互作用和突现的方式相互交织。它们各自的轮廓在实践的瞬间突现，在实践的时间性中彼此界定，彼此支撑。对科学实践的动机结构而言，现存的文化构成突现的表面，同时这种实践成为人类力量与物质力量相互调节的内在组成，并且调节本身可以重构人类动机。这种过程的结果就是科学文化的重构和扩展——新仪器设备的建造及相互作用式的稳定，而受制约的人类操作活动及相对应的社会关系始终伴其左右。

要理解皮克林的思想，必须回到库恩的《科学革命的结构》一书与强纲领的科学知识社会学（SSK）。

## 一、冲撞与《科学革命的结构》

库恩著名的《科学革命的结构》对皮克林的思想影响很大。据皮克林教授回忆，他是在1976年刚到英国爱丁堡大学著名的科学元勘研究所攻读社会学博士时，读了库恩的《科学革命的结构》一书。刚开始时，他并不喜欢这本书，原因在于他对库恩把所有有趣的科学活动都归结为科学革命这一点感到困惑。然而，当作为物理学博士的他开始研究粒子物理学的历史时，他注意到了库恩两个不同的主题：常规科学与不可通约性。几乎可以说皮克林的工作，就是对这两个概念的批判性发展。

皮克林在爱丁堡的第一项科学史的研究工作是三个有争议的案例。两个经验案例：科学家所声称的一个具有磁性的孤立电荷和自由夸克的发现。一个理论争论：即所发现的新粒子是否就是“色”夸克或“粲”夸克。通过这些案例的研究，他开始理解库恩的《科学革命的结构》一书，同样也正是从这些研究中，他开始意识到了库恩思想的局限性。在夸克理论中，他发现，两位主角费尔班克与莫柏哥虽然生活在相同的世界，但这两位物理学家分别发现自由夸克的存在与不存在，那种能够被解释为相互矛盾的证据。然而，皮克林发现这种不可通约性并非是库恩意义上的范式之间的不可通约性，即不同理论之间的不可通约性，而是指不同物质世界的操作活动，也就是说，费尔班克的仪器能够真实地提供自由夸克存在的证据，而莫柏哥的仪器却能够提供夸克不存在的证据。

正是在这一点上，他意识到科学的物质基础——其实践仪器的作用，而这方面有许多重要的内容为人们长期忽视。

除了不可通约性外，他还发现库恩常规科学概念的意义，这种常规科学的概念引导皮克林注意到科学实践。在《科学革命的结构》之前，在相当大的程度上，科学哲学家都忽视了科学实践中的时间性问题。科学发现自己生活在一种无时间的世界之中，仿佛只是依靠某些先天的认识论标准来确定。库恩的伟大贡献之一就是把时间引入范式之中，把常规科学看作是某种动态的东西、在时间与历史中变化的东西。

皮克林在粒子物理学史的案例的研究中，意识到了这种时间变化的重要性。如在"色"夸克或"粲"夸克的争论中，争论的双方都可以使自己的假设在任何时刻适合实验数据，无论数据如何变化。从实验的统计上来看，两种理论无所谓谁优谁劣。但从动态的角度来看，"粲"夸克模型总是能够明白下一步的有趣工作，而"色"夸克模型总是面临着大量的反驳。问题的关键并不是库恩把范式作为一种世界观的解释，而是把范式作为一种"模式"的解释。因此，皮克林概括出："粲"夸克理论战胜"色"夸克理论，从动态上来说，是根源于不断的富有成效的工作，而不是在静态的实验与数据之间的非时间性关系，这种动态性工作最好能够通过把库恩的"范式"作为一种模式(models)来理解。这样他就提出了筑模(modelling)的概念。同时他也认识到库恩的实践的瞬时性(temporality)的观念还没有被人们充分认识。

这是他首次意识到库恩的常规科学与不可通约性的重要性。在对粒子物理学的整个历史的考察中，他完成了他的社会学博士论文，也是他的成名作《建构夸克》，在本书中皮克林认为历史必须根据一组动态发展的并相互联系的理论与实验传统来决定。在理论上，夸克传统开始代替在强子水平上的原子与核子物理学;类似地,在物质方面,实验室中的气泡室(bubble-chamber)开始代替了云室(cloud-chamber)。同时他相信库恩对常规科学的分析有许多工作有待扩展。

在《建构夸克》一书中,皮克林再次发现那种库恩式的旧的、前标准的物理学与新的标准理论之间的错误分界。因此皮克林对这种不连续性的历史理解与库恩的理解完全不同。这里存在着两个问题。第一个涉及到不可通约性问题。在分析旧的物理学与新的物理学之间的区别时,皮克林并没有发现库恩从汉森那里借用过来的格式塔转变。旧范式与新范式之间的不可通约性对他来说,仿佛不像格式塔转换——鸭子与兔子那样不可通约。皮克林更为强调的是这种不可通约性的物质性维度。旧物理学把特殊仪器集中在一起,探测特殊的物质现象,新物理学也是一样。从物质仪器角度来看,新物理学与旧物理学完全不同,由此引申出不同的物质操作概念。这就是新物理学家与旧物理学家生活在不同的世界的意义。这是皮克林与库恩的不同之处。

另一个问题是库恩的科学革命的概念。在基本粒子物理学研究史中,并没有表现出这种格式塔式的转变。旧物理学是从 20 世纪 50 年代到 70 年代慢慢地消失的,并没有明显的内部危机。新物理学也不是从旧物理学的废墟中产生出来的新凤凰。新物理学最初是作为旧物理学的一个边缘分支,随后逐渐取得统治地位。这种变化的根源在于一系列实验的结果(测量、强中性流与"粲"夸克),随着这些实验结果,原来占边缘的传统就进入一种共生阶段,构成了相互竞争的不同范式。

从基本粒子物理学史中,皮克林概括出:(1) 库恩的反常—危机革命的科学模式是站不住脚的;(2) 库恩的不可通约性必须同时考虑科学的物质与概念层次。

在完成了《建构夸克》以后,皮克林受巴恩斯《库恩与社会科学》一书的影响，强调“筑模”——扩展范式——过程是一个开放性终结过程(open-endedness)。牛顿原理成为所有科学家寻求理解自然界的基础，然而，牛顿原理自身却没有表明它是如何扩展到新的领域的。对皮克林来说，其最主要的意义在于除了模式自身而外，必须解释终结(closure )，也就是必须选择出筑模过程的特殊发展维度。在科学的哲学与历史过程中，标准的答案是：为了理解筑模过程，必须借助于某些固定的和不变的东西来终结开放的空间。哲学通常谈论方法、认识论标准等等，科学知识社会学借助于社会利益与结构。但在皮克林对科学实践的研究中，他逐步探索出了另外一种答案。

他意识到了两件事情：首先，如果你试图分析任何实验的细节，你必须面临着文化的复杂性和异质性，科学家在同一时刻，典型地会碰到多重模型与异质文化根源；其次，这种观察能够作为对终结的新分析基础。任何给定模型的扩展是相当开放性的终结，但几种模型的扩展却是非确定性的复杂的(nontrivial)事件，1840 年哈密尔顿的数学工作就是这种思想展开的一个杰出的案例。在哈密尔顿时期的数学，复数与几何之间在平面上的元素与运算的一一对应已经确立，哈密尔顿最初的动机是扩展到三维空间，结果是他以这种方式扩展了代数，但以另一种方式扩展了几何，它们未能相互适应。正如皮克林所说的那样，在哈密尔顿的实践中出现了阻抗，他所有(在三元代数与三维几何之间)适应的尝试都碰到了这样的阻抗，直到他把非交换性概念带入他的代数，确立了四维而不是三维的空间，问题才得以解决。这意味着科学家实践发展的线索并不是事先就存在于他的实践前的任何事件中，而是根据在其真实时间的实践中突现出来的特殊阻抗，由实践中的特殊冲撞来确定。由此皮克林相信，实践具有一种重要的真实时间结构，也即那种他称之为阻抗与适应的辩证法的冲撞。这种思想在许多方面也可以追溯到对库恩的《科学革命的结构》一书的讨论中。

(1)《科学革命的结构》基本的思想是一个大的统一范式，这种范式统治着相关科学共同体的解题实践。每一共同体只有一个范式。把实践纳入多重文化的领域的冲撞的基本思想显然动摇了这种思想。因为人们必须认识到这种解题只是一种科学实践中的突现结果，并没有库恩所认为的那种必然性。

(2) 人们认为《科学革命的结构》一书打开了科学共同体的内部社会学(internal sociology)的大门，然而，皮克林指出：范式并不属于个人，而是属于共同体，这是指文化的多重性和异质性。皮克林认为这将导致一种真实的和富有成效的方式进入科学社会学，正如科学实践是一种连续的概念结构与物质操作共同作用的过程，它同样也是各种社会因素——目的、利益、社会结构等共同作用的过程。如粒子物理学历史研究表明：不要把社会因素作为某些统一范式集合中的东西，而是作为多重文化的一个层次，它自身在科学实践中能够被理解为科学的物质与概念的层次。这种思想显然扩展了库恩常规科学实践的内容。

(3) 在《科学革命的结构》中，每一个共同体都有一个确定科学的范式，这很容易使人们想起科学是一个自足的自我完备的体系。而对科学文化的多重性和异质性的研究表明这种范式的界线是有问题的：与范式相联系的自发的社会、物质与概念的封闭性的意义已经消失。从另一方面来看，内部与外部的划界问题也成为一个历史性研究而不是一种先验的哲学框架。

(4) 社会学传统对理论变化的解释的根据是某些不变的标准，如利益、权力或类似的东西。皮克林称之为时间的非突现性，是根据某些不变的东西来解释变化。这种时间的非突现性的解释在科学哲学与科学社会学中一直占据着统治的地位。而在皮克林的冲撞之中，在真实时间的阻抗与适应的辩证法中，每一件事总是联系着其它的事情，每一件事都不会占据着一个固定的解释中心。从这种真实时间的突现性来看，他发现了《科学革命的结构》的某些矛盾。如库恩对常规科学的解释采用了一种非突现的形式。库恩认为，筑模的开放过程是根据某些通常的哲学标准：理论的经验合适性、简单性、美等。但他对革命的解释完全不同。库恩坚持认为，在科学革命期间，通常的不变的标准失去了它们的意义，不仅科学的内容发生了变化，而且这些标准与范式的封闭性也同样发生了冲突。因此，对库恩来说，革命是一种瞬时突现现象。这显然是一个矛盾。

(5) 如果说《科学革命的结构》一书认识到瞬时突现性，那么，在所有的其它方面，它却是非常传统的。《科学革命的结构》一书中所有有意义的历史活动都是强调科学实践中的人的建构活动，皮克林称之为人类主义(humanism)。相反，皮克林在对不可通约性的解释中所强调的机器与仪器的物质维度在科学实践中与人类的共同作用，使他转向科学实践的后人类主义(posthumanism)的分析。那种在科学哲学、科学史与科学知识社会学中被人们所忽视的人类力量与非人类力量之间的相互作用，皮克林的冲撞能够进行很好的解释，这使他认为他能很好地解决长期困扰人们的许多哲学与社会学问题，如实在论与非实在论的问题。

总之，分析科学实践的持续兴趣是从《建构夸克》到《实践的冲撞》的主要发展线索。在《建构夸克》一书中，皮克林根据他称之为的“科学实践的动力学”(the dynamics of scientific practice)，也就是“语境机会主义”(opportunism in context)

这种模式来分析科学实践。随后在《作为实践与文化的科学》与《实践的冲撞》两本书中，皮克林分析了在知识制造过程中的物质世界的角色，也就是他称之为的“力量的舞蹈”（dance of agency），其目的一方面是想引起人们对物质力量与概念力量的重视，另一方面是想摆脱SSK的人类主义传统。而所有这一切都与库恩的思想存在着密切的联系。

## 二、冲撞，强纲领“SSK”与后现代思想

同样也是在后人类主义与瞬时突现这两点上，皮克林脱离了强纲领“SSK”。

从20世纪70年代末期开始，强纲领SSK方向的研究工作开始日渐强调科学知识的人类的和社会性的创造重要性。社会结构、社会利益、人类技能，这些要素都被视为科学的组成部分，并以极为重要和有意义的方式与科学有机结合。强纲领SSK研究的最大成就，就是把科学的人类力量和社会力量的维度置于首要位置，也就是说，强纲领SSK使科学中的人类力量主题化。强纲领SSK汹涌澎湃，硕果累累。它不可逆转地推动了这一研究领域的积极进展。然而，尽管强纲领SSK研究一直主要关注知识，但是强纲领SSK的实证研究和社会研究却长期忽视当代科学的物质维度——在科学研究中仪器、设备、实验组织体系——的作用，认为科学只不过是“被制造的事物”（made thing）。因此不可否认的是，这种研究也阻碍了对科学的最充分的操作性理解。问题就是：强纲领SSK研究未能严肃认真地对待物质力量。强纲领SSK着力于科学活动中的人类力量而无视物质力量。虽然某些强纲领SSK学者非常热衷于讨论作为科学知识的构成要素的物质

力量，但他们却始终坚持，物质力量要素同其它的科学知识构成要素一样，应该归并于人类力量的某一特定领域进行分析。强纲领SSK的问题永远是：为什么科学共同体的科学家总是要独立于物质领域来理解物质力量？于是，任何显示物质力量和科学的操作性的答案在一开始便被清除掉。因此，皮克林认为强纲领SSK意义上的科学，充其量只具有半操作性特征。那么，为什么SSK对物质力量和人类力量的关注，竟然具有如此鲜明的非对称性？皮克林认为，部分原因是，SSK未经反思地接受了传统科学哲学中对科学的表征性语言描述。部分更深层次原因是，强纲领SSK领域内部的争论，很难同时承认物质力量和人类力量的作用，从而使得接受科学的完全操作性的语言描述变得相当艰难，这种过度扩展了的人类力量，造成了人类力量与物质力量的对称性的破缺。

皮克林对科学的基本理解是：科学是操作性的，在其中，人类力量与物质力量的各种操作居于显著位置。科学家是他们借助于机器奋力捕获的物质力量领域的行动者。冲撞不仅仅整合了各种力量空间，使人类力量与非人类力量在同一时间中共现，而且以各种不同的方式坚持人类力量与非人类力量相互交织与相互界定。皮克林所寻求的对科学活动的操作性语言描述，瓦解了人类主义者与反人类主义者之间截然分明的界限，进而转向后人类主义者的空间。在这一空间中，人类活动者依旧存在，但他们与非人类力量内在有机地相互缠绕，人类不再是发号施令的主体和行动中心。世界以我们建造世界的方式建造我们。从文化的多元性和异质性来看，科学实践是通过在多元的文化要素之间建立或破坏某种联系而被组织起来的，特别是，科学事实的产生紧紧依赖于在仪器操作的异质性王国和知识表征之间建立的各种联结，这种联结过程具体显示二者之间的突现式冲撞和相互作用式稳定。在包含了已经捕获了物质力量的人工构架的形成过程中，精确的知识与机器的操作二者之间相互调节。

总之，皮克林的后人类主义认为，人类力量与社会力量并不具有首要性，而是随着科学实践中物质与概念因素在时间中不断地发展。强纲领 SSK 寻求一种预定的(pre-existing)也就是非突现性的人类力量的解释，而皮克林却强调在瞬时的突现中物质与概念力量的共同发展。从这种意义上来说，他认为强纲领 SSK 属于现代性范畴，而他的《冲撞》属于后现代范畴。

福柯的著作《规训与惩罚》对《实践的冲撞》一书也有影响，因为在《规训与惩罚》中，福柯描述了制造社会关系(权力关系)的各式各样的物质与概念工具(如监狱、学校等)，这一点对皮克林强调科学实践中的物质力量的维度有所启示。不过皮克林的思想更为接近德勒兹(Deleuze)，这可以从《实践的冲撞》中对德勒兹的大量引言中看出。如德勒兹的"聚集"(assemblages)一词指的就是人与物的后人类结合，而"飞离的线索"(line of flight)却引起皮克林注意到了"突现"的概念。应该来说，在西方学术界，人们普遍认为科学知识社会学属于后现代科学，然而对其与后现代思想家之间的联系，至今还缺乏系统性的研究。皮克林的《实践的冲撞》无疑提供了一个较好的研究角度。

另外，皮克林的思想与中国传统科学思想(有机论)，特别是朱熹的思想，有着许多类似之处。美国杜克大学的中国医学史专家施科德称他为"当代朱熹"。当我在 UIUC 学习期间，每次与皮克林教授交流时，皮克林总是对我这位来自中国的学者表现出极大的热情，原因在于他认为他与普里高津、卡普拉一样，正在向中国传统文化"复归"。

皮克林教授的《实践的冲撞——时间、力量与科学》一书，是继其科学知识社会学的奠基性著作《建构夸克》后的又一力作，是其思想成熟时期的代表作。其中对传统科学哲学与科学社会学中的科学实践的观念、科学家的角色、对科学真理的概念等等，都提出了深刻的挑战，加深了我们对科学、技术与社会之间关系的理解。这本书无疑为科学哲学家、社会学家、历史学家等有关的读者提供了新的研究视野。

## 参考文献


Barnes, B. (1982), *T. S. Kuhn and Social Science* (London: Macmillan).

Feyerabend, P. K. (1975), *Against Method* (London: New Left Books).

Fleck, L. (1979), *Genesis and Development of a Scientific Fact*. Chicago: University of Chicago Press.

Gooding, D., T. J. Pinch and S. Schaffer (eds) (1989), *The Uses of Experiment: Studies of Experimentation in the Natural Sciences* (Cambridge: Cambridge University Press).

Hacking, I. (1983), *Representing and Intervening* (Cambridge: Cambridge University Press).

Kuhn, T. S. (1970), *The Structure of Scientific Revolutions* (Chicago: University of Chicago Press, 2nd Ed.).

Pickering, A. (1981a), 'The Role of Interests in High-Energy Physics: The Choice Between Charm and Colour,' in K. D. Knorr, R. Krohn and R. D. Whitley (eds), *The Social Process of Scientific Investigation. Sociology of the Sciences, Vol. 4*, 1980 (Dordrecht: Reidel), pp. 107—38.

Pickering, A. (1981b), 'The Hunting of the Quark,' *Isis*, 72, 216—36.

Pickering, A. (1981c), 'Constraints on Controversy: The Case of the Magnetic Monopole,' in H. M. Collins (ed.), *Knowledge and Controversy: Studies of Modern Natural Science, special issue of Social Studies of Science*, 11(1), pp. 63—93.

Pickering, A. (1984), *Constructing Quarks: A Sociological History of Particle Physics* (Chicago: University of Chicago Press).

Pickering, A. (1989), 'Big Science as a Form of Life,' in M. De Maria, M. Grilli and F. Sebastiani (eds), *The Restructuring of the Physical Sciences in Europe and the United States*, 1945—1960 (Singapore: World Scientific Publishing), pp. 42—54.

Pickering, A. (1995a), 'Beyond Constraint: The Temporality of Practice and the Historicity of Knowledge,' in J. Buchwald (ed.), *Scientific Practice: Theories and Stories of Doing Physics* (Chicago: University of Chicago Press), pp. 42—55.

Pickering, A. (1995b), *The Mangle of Practice: Time, Agency, and Science* (Chicago: University of Chicago Press).

Pickering, A. (2001), 'Reading the Structure,' *Perspectives on Science*, 9 499—510.

Pickering, A. (forthcoming a), 'Synthetic Dyes and Social Theory.'

Pickering, A. (forthcoming b), 'Science as Alchemy,' to appear in a volume edited by Clifford Geertz, Joan Scott and Michael Walzer (Russell Sage Foundation/Princeton University Press).

**邢冬梅**

**于南京大学南园陶 3-614 室**

# 中文版序言

我很高兴我的著作的中文版即将问世，我想借此机会从一个新的角度来介绍本书的内容，从本书的英文版问世以来，我的这种新想法越来越清楚。

我们可以根据本体论的想象，以及所对应的世界是怎么样的基本观念，来非常粗略地概括出文艺复兴以来西方思想的特征。表面上，我们生活在一个流动、机遇与变化的世界之中。但在这种场景背后，近代西方人一直渴望寻求其中隐藏着的永恒秩序。这就是近代科学的方向。物理学寻求隐藏在流动的生活经验中的永恒的冷酷规律。社会学具有同样的追求，但追求的是人类存在的永恒规则①。这是一种超验的方式，它同样是一种权力，动机是发现控制世界的隐藏力量。

隐藏规律的科学本体论在整体上与科学和技术的历史发展有着异常紧密的联系，它被赋予了巨大的力量、威望和尊重。然而，在本书中我发现自己被驱动着去反对这种本体论，去寻求另一种理解世界的方式。通过尝试把握科学、数学与工业实践中具体的历史案例，我达到另外一种不同的本体论观念。在我确信任何通常隐藏在背后的故事都不能阐明我试图分析的场景之后，我开始相信：我们不应该认为世界是由隐藏的规律控制的，而应该认为世界的确展现为一个以开放式

① 这些故事相互之间极易产生冲突，正如经过整个20世纪90年代并贯穿到21世纪的科学大战。争论中的关键问题一直是科学的本性：科学知识的内容能够被自然自身隐藏的秩序来担保吗？像自然科学家通常所认为的那样，科学知识不能受社会与人类的因素的污染，或者说，相反，正如社会建构主义者所认为的那样，科学知识是由社会利益与约定的游戏所构造的？至今为止，这些争论存在着大量的文献。科学家对科学元勘最公开的攻击表现在两本书中：保罗·格罗斯与罗曼·莱维特的《高级迷信：学界左派及其与科学之争》(P. R. Gross and N. Levitt, *Higher Superstition: The Academic Left and Its Quarrels with Science*, Baltimore: Johns Hopkins University Press, 1994)与保罗·格罗斯、罗曼·莱维特、刘易斯的《飞离科学与理性》(Gross, Levitt and M. W. Lewis (eds), *The Flight from Science and Reason*, New York: New York Academy of Sciences, 1996)。对“科学大战”当前争论状态的论述，见拉宾格与柯林斯主编的《一种文化？有关科学的争论》(Jay A. Labinger and Harry Collins (eds), *The One Culture? A Conversation about Science*, Chicago: University of Chicago Press, 2001)，以及我对本书的评论“社会学与科学的对立：科学拉锯战”(‘Sociology vs Science: The War Drags On,’ Physics World, 14 [11]2001, 45)。对于我自己在“科学大战”中的某些讨论，见哥特弗里德与威尔逊的“作为一种文化建构的科学”(see K. Gottfried and K. G. Wilson, ‘Science as a Cultural Construct,’ *Nature*, 386 [1997], 545—47)与我的同样名称的文章(Pickering, ‘Science as a Cultural Construct,’ *Nature*, 387[1997], 543)与“被误判了的科学大战”(‘Science Studies Misjudged,’ *Nature*, 389 [1997], 538.)。为了避免造成可能的混乱，我要强调科学大战的对立的双方都是在同样的近代本体论中进行着争论。我的结论是：《实践的冲撞》并不适用于这对立双方所划定的空间。

终结方式演化的活生生的场所——一个人与物的力量和操作在真实的时间中绝对地突现的场所，一个物质的、社会的和概念的秩序在我称之为实践的冲撞（力量的舞蹈，阻抗与适应的辩证法）的过程中持续突现的场所。无论我们是否喜欢，我要说，我们生活在拥挤的物的世界——在我们与它们的相互作用中，物的世界在变动和演化；在往复运动的过程中，我们自身也以与物共存的方式持续演变为一种全新的东西。

当我写作本书时，我还发现这种演化的本体论非常奇特并令人感到迷惑。我一次又一次地转向本书所提到的“后人类主义”（人与物的非二元论的组合，对人类的历史行动的中心地位的取代）和瞬时突现（在时间中开放式终结）的论题，因为我发现理解和把握这些思想竟然是如此困难（还因为我怀疑我的读者将会同样发现它们难以理解）。然而，几年后，我发现对这种本体论的把握远非如此艰难，我终于明白这种思想所显示的表面上的新异性在一定意义上是我自己的无知的产物。

如果本书、特别是两篇后记（7.5 和 7.6）表明了某种完全不同于现代科学的本体论思想，那么，过去几年中，我已经认识到我在这里称之为科学本体论的东西，绝对是一种历史的产物，即便是在现代西方思想中，对此也不乏思考与想象。如在西方哲学史上，人们认为美国实用主义哲学家的著作就是如此，如坚持经验总是要“超越”我们对它的期望的威廉·詹姆士，或欧洲哲学家，如强调人与物的相互缠绕的突现的海德格尔与德勒兹。当然，超越西方思想，这种本体论有着比预期更大的适用范围。在目前的一本论及中国医学的著作中，施科德（Volker Scheid）注意到“中国思想所允许的人类与非人类力量的相互渗透导致了中国的某些重要思想家以一种引人注目的方式形成了与当代后人类主义共鸣的思想……因此，对朱熹与800年后的皮克林来说,在一种宇宙模式中,万物皆舞”①。

因此,我现在明白:“冲撞”是在不知情的情况下对本体论思想的一种长期传统的一种附加,虽然这一传统目前看来主要是出没于我所熟知的这一研究方向的学术研究机构的边缘。沿着这个思路,这本书的特殊贡献就在于:它以具体的、在实证基础上建立的观点来反对在科学本体论意义上来感受世界的方式,并且主张一种本书所论述的冲撞式的本体论。从另一个方向来考察,其贡献在于表明:显赫的现代性文化,科学,需要根据一种完全不同于科学对自身的理解的方式来重新理解。当然,这也产生出一个问题:我所实现的对围绕着完全不同的本体论而组织起来的实践进行研究所形成的特定的本体论思想,究竟意味着什么?这里,我倾向于追随海德格尔在其论文《质询技术》中的思想,他认为我们应该认为科学处在“正确的”领域而不是处在“真实的”领域。我认为那个世界实际上就是一个开放式终结演化的活生生的场所,现代科学不过是我们能够在这一演化中采用的一个特例,一个通过我们所描述的周旋过程(寻求隐藏的不变量),试图否认演化的特例。但它自身却不可避免地被我们所记录和分析的真实过程,被各种物质的、观念的和社会的转换所捕获。②

说科学只是多种可能性之一并不是反对或谴责科学。然而,这的确是对置身于我们的本体论想象和广泛的实践之上的霸权的一种挑战。我们并不是必须根据术语来感知这个世

① V. Scheid, *Chinese Medicine in Contemporary China: Plurality and Synthesis* (Durham, NC: Duke University Press, 2002), p. 51.

② M. Heidegger, 'The Question Concerning Technology,' in *The Question Concerning Technology and Other Essays*, transl. W. Lovitt (New York: Harper & Row, 1977), pp. 3—35.

界，把世界视作永恒的并且拥有隐藏的秩序的一种场所。我们并不是必须没有停顿或没有暂缓地实现这一图景。我们肯定具有严肃地采用其他的认知方式的自由，在物的拥挤中我们肯定能够生存于一个不采纳现代捷径的方式而运行的世界，从前现代的炼金术到21世纪西方的生物医学，最终，我发现自己逐渐被那些科学，如进化生物学、控制论与复杂性和自组织理论方面的工作所吸引，这些科学在事实上并没有认可或重复那种在隐藏规律意义上的科学本体论。我当前的研究是通过追溯这些科学之一——控制论的历史，来探索一种向演化的本体论的转移中存在的重要的东西——社会方面的、物质方面的、概念方面的、政治方面的、艺术方面的和精神方面的。①

我十分感谢我的朋友邢冬梅与蔡仲倾力把我的书介绍给中国的读者。通过把《实践的冲撞》一书放在一个更广阔的本体论背景之下、而不是放在我写作它时所承袭的背景之下，我希望这个序言能够使读者更容易接受它。

**安德鲁·皮克林**

**2002年于柏林**

① 简短的概括，见我的"控制论与冲撞"(Pickering, 'Cybernetics and the Mangle: Ashby, Beer and Pask,' *Social Studies of Science*, 32(2002), 413—37)。

# 英文版原序

在导论部分能够实现自己的两个尝试对于写作一本书而言是一件极其美妙的事情。本书的第一部分是对我所关注的问题的完整的展示：我讨论这些问题的目的是什么？我是如何思考我的例证所显示的东西的？我以有些类似于传记的方式说明我所关注的问题，这样会有助于理解本书的内容，即我所讨论的问题是如何发展成为现在的形态。 ix

长久以来，关于知识的问题一直令我着迷。从我做学生的时候起，我始终对知识与我们的世界的关联问题存有疑惑——对哲学家们称之为实在论的问题存有疑惑。获取了相当多的知识以后，以至后来作为基本粒子理论研究学者，1976年我在爱丁堡大学参加科学元勘[①]小组（Science Studies Unit）的研究活动后，我才发现有许多人同我具有同样的疑

① “科学元勘”（science studies），一个涉及面非常广泛的词，其基本的内容是指从社会的维度（元）去研究（勘）科学，它包括科学社会学、STS、女性主义科学观、后殖民主义科学观、生态哲学、科学与技术的经济学、科学伦理学等等。就最广泛的意义上来说，它还包括科学史与科学哲学。但其中某些主要的研究已经走向极端相对主义，并对科学进行激进的意识形态化。本书中皮克林在一定意义上是想纠正这种错误倾向。——译者注

惑。研究小组是对科学知识进行社会学研究的研究中心之一,我尽最大的努力去参与围绕这个主题的极具魅力但又极其困难的各种讨论。基于我先前的研究学科——基本粒子物理学,通过对几个案例的深入研究,我最终完成了一部著作——《建构夸克》(1984)。在那本书中我得出结论:以孤立的方式去研究知识是毫无用处的。似乎只有理解了特定的知识如何适应了知识的使用者和创造者的实践活动,才能真正理解人们为什么相信他们所相信的东西。确实,通过例证式研究来分析科学实践中的一个简单模型,《建构夸克》试图展示 20 多年来基本粒子物理学的历史发展过程。在这本著作之后,我便处于对我所关注的问题的自我挑剔状态。我进行研究的起始问题还没有最终解决:知识与人的关系我认为已经足够清楚了,但知识与我们的世界的关系却远非如此明白,除非难以置信地去想象科学知识理所当然地反映自然的内在结构。实在论的问题依然困扰着我。

1986 至 1987 年,在我作为普林斯顿高级学术研究所研究员的研究期间,对我所关注的问题而言的重要的思想发展时刻降临。在我刚到达普林斯顿不久,我打算对一篇来自金格拉斯(Yves Gingras)和斯韦伯(S. Schweber 1986)的针对我的著作的评论文章进行应答。他们错误地预先假定一组与奎因-杜恒这些哲学家的名字相关的争论谴责我(自然是错误地,滥用奎因-杜恒命题)。对这些谴责的思考,引发我去关注已经被对科学的建构主义社会学研究所强调的事实评价问题。科学的建构主义社会学研究认为:科学文化绝对不是单一的、铁板一块(即:单一的大理论,在奎因-杜恒式的争论中,这一点被视为理所当然)。事实上,科学文化是多元的、异质的要素的集合体。我认识到我可以基于这一点,对实在论进行讨论。我对探索夸克的实验历史的早期研究,可以被认为是在艰难的和不确定的意义上，对科学的异质要素——在此案例中是观念的要素和物质的要素——之间建立联结的知识产生过程的分析。在随后发表的文章《生活在物质世界》(1989)中，我扩展了基于对物理学家莫柏哥(Giacomo Morpurgo)的实验工作进行例证分析而提出的在知识问题上的"实用主义实在论者"(pragmatic realist)的先前见解。这种见解之所以值得被精确称为实在论，是因为它刻画了知识表征和实在世界之间的科学家所建立的非确定性的、复杂的关系。

对我而言，《生活在物质世界》之所以重要有几个原因。第一，正如上述提及到的，它讨论了困扰我多年的疑难。第二，思考文化的多元性和异质性，有助于我理解已经被卡伦(Michel Callon)、拉脱尔(Bruno Latour)以及劳(John Law)发展起来的科学问题的行动者网络(actor-network)研究方向的起源问题。从那时起，我一直研究行动者网络思想。第三，从普林斯顿回到伊利诺伊大学，我认识到这篇论文同样可以视为在《建构夸克》中已经进行了的对科学实践的分析的重要扩展。我在《构造夸克》中提出，科学实践是筑模过程(process of modelling)的核心。但是，我没有能够对筑模过程的开放式终结进行充分地评价。人们可以尝试许多不确定的方式来扩展既定的科学文化，但是，不很严格地说，莫柏哥的实验历史向我们展示：这些方式大多都不能奏效。当莫柏哥寻求扩展其文化的物质的和概念的层面时，它们通常难以匹配。相对于他所期望达到的能够产生科学事实的物质-观念联合体(material-conceptual alignment)，在他的研究工作中，"阻抗"(Resistances)持续地出现。同时，从各种可能性的不确定范围中，在他的实践活动中一些特定的筑模向量被准确地挑选出来，而它们正是这类物质-观念联合体中的内在构成。这样，实践作为筑模过程，便具有一个重要的真实的时间结构，这种结构拥有受制于在阻抗中的瞬时突现、受制于成功地或失败地适应阻抗的文化扩展的轮廓。作为阻抗与适应辩证统一的这种实践的时间性构成过程，在一般意义上，就是我所提出的实践的冲撞。冲撞、冲撞的哲学蕴涵以及哲学后果、冲撞的社会理论、冲撞的历史图景便是本书讨论的内容。

得出冲撞的思想之后，我开始思考这一思想的普适性问题。正如我所理解的那样，冲撞运行于细节层面，通常不易通过实验研究而触及，但最终我发现并开始通过研究下述的例证而达到了这一点。这种研究显示：冲撞可以走得很远。这样，在我从伊利诺伊大学出发到剑桥大学的科学哲学和历史系进行 1992 至 1993 年度的研究期间，我的愿望就是写出关于冲撞的著作。然而，困扰又出现了。当我最初认识到 莫柏哥的探索夸克的实验如何引导我能够对实在论置疑后，这个实验便成为拓展我的思想的案例。为写作这本书，我试图把我的分析扩展到这一实验的最初的形态，然而此时我发现我使我自己处在茫然的境地。在我试图说明莫柏哥的早期努力如何最终使其所期望的仪器运行时，我发现我自己无法说服我自己。以不断地在多元的、异质的文化要素之间建立和破坏各种联结的方式说明其努力过程是完全可能的，但这其中似乎又丢失了什么。这种丢失的东西恰恰显示为一种物质力量。在建造仪器的过程中，莫柏哥努力从物质世界中获得他所需要的东西，这种努力过程需要重笔陈述。当我认识到这一点，我重构了我的写作构架。

恰如在本书中所讨论的那样，讨论物质力量通常受到科学知识社会学(SSK)研究的置疑，而为行动者网络理论研究所接受。在行动者网络理论中，包含有太多的物质力量，这种物质力量与人类力量构成对称关系。很明显，如果我要讨论物质力量，我必须思考关于人类力量我要讨论些什么？在剑桥大学，它引导我进行各个方向的思考。我思考人类力量的动机构成，思考行动者之间的作用关系和范围，思考科学活动的受约性质，等等。最后，我对福柯（Michel Foucault）和林奇（Michael Lynch）这些作家有了新的认识和评价，并开始高度重视行动者网络理论的见解。反过来，我自己现在的这本书则极大地关注人类力量与物质力量，关注人类力量与物质力量如何在时间中相互缠绕，关注知识如何参与这种相互缠绕之中。这样我便完成了一部我从来没有计划写作的著作。在这本书中，原初的知识领域被并入更广阔的人类力量与物质力量的作用领域，科学活动本身也显现为被包含在周而复始地创造和破坏相交织的广阔领域。我不再疑惑科学知识如何与我们的世界关联，也不再疑惑知识如何与科学实践关联。现在我感到需要理解的是：这个我们生活在其中的受约束的、工业化和军事化的、科技的世界，它是如何演变为今天的形态的。 xii

这就是《冲撞》形成的历史。我希望这个简短的历史将会帮助读者理解和掌握下述章节的形式和内容。

现在我要表示我诸多的感谢。正如上述所提到的，这本书起始于普林斯顿高级学术研究所，最终也完成于普林斯顿，不过是在普林斯顿大学。1993—1994年间，作为普林斯顿大学历史系 Shelly Cullom Davis 中心的研究员，我完成并最后一次修改了手稿。其间，大量的工作是在 Urbana-Champaign 的伊利诺伊大学完成的。因为友谊、因为支持、因为犀利的批评，我感谢社会学系的同事们，感谢我的诸多的学生——特别是那些参加高级研讨班的学生（书稿的最初的形态经受了发生在那里的严肃而挑剔的艰难讨论），感谢所有参加哲学、历史学、社会学跨学科高级研讨班的非正式成员。HPSS 高级研讨班是社会的和知识的共同体的卓越展示，没有这个共同体，我的工作是不可能完成的。还是在 Urbana，参与批判与解释研究小组(Unit for Criticism and Interpretive)活动,引导我进入对当代思想的全盘综合把握。为广泛地阐释思想和见解,批判与解释研究小组的工作与经费由不同的部门分担。国家科学基金哲学和社会学分部资助的两个重要时期是我研究工作的分水岭。1989—1990 年的资助,使我有时间脱离对科学实践的细节分析,转而开始思考科学实践过程的意义。国家科学基金的第二次资助使得我于
xiii 1992—1993 年能够在剑桥大学度过我的休假年。

在写作这本书的全过程中,我还要感谢更多的帮助我的人。在相互通讯中,在办公室、在高级研讨班教室、在餐馆、在家里、在酒吧、在俱乐部,我感谢他们对全部手稿、对每个章节、对一段论述与我进行的反复讨论,感谢我能够分享他们众多的见解,感谢他们以打哈欠方式告知我正在胡言乱语。历经数年我才发现我是多么的幸运,我的见解、我的写作竟然处在一个如此丰富和激动人心的谈话领域。对于我是否能够列出一个完整的名单以表达我的谢意,我真的没有信心;但是我还是尝试着去这样做,同时我希望对可能发生的惊人的疏漏得到谅解。从注解到正文,对这些人我都表示深深的谢意,但在此我能做到的只是向 Susan Abrams, Brian Baigrie, Davis Baird, Barry Barnes, David Bloor, Geof Bowker, Nancy Cartwrright, Soraya de Chadarevian, Harry Collins, Natalie Davis, Norman Denzin, Irving Elichirigoity, Paul Feyerabend, Owen Flanagan, Paul Forman, Peter Galison, Dilip Gaonkar, Gerry Geison, Yves Gingras, Laurel Graham, Ian Hacking, Mary Hesse, Joann Hoy, Piet Hut, Robert Alun Jones, Vera Ketelboeter, Yiannis Koutalos, Martin Krieger, Thomas Kuhn, Bruce Lambert, Michele Lamont, Bruno Latour, John Law, Peter Lipton, Michael Lynch, Michael Mahoney, Peter Miller, Giacomo Morpurgo, Malcolm Nicolson, Ted O'Leary, Ronald Overmann, Trevor Pinch, Michael Power, Diederick Raven, Joseph Rouse, Simon Schaffer, Sam Schweber, Steven Shapin, Otto Sibum, Barbara Herrnstein Smith, Betty Smocovitis, Leigh Star, Adam Stephanides, Frrred Suppe, Peter Trower, Stephen Turner, Adrian Wilson, Norton Wise, and Alison Wylie 表达我的谢意。

在上述的致谢之中,我应该再次提及两个人。从我们在普林斯顿高级研究院共处开始,斯密斯(Barbara Herrnstein Smith)便始终如一地给予我富有洞察力的建议和尖锐的批评。我们的思想合作,彼此相互交织。我从她的论著中学习到了许多,在与她的交谈和争论中学到了更多。另一个人是沙夫(Simon Schaffer),正是他最初鼓励我撰写《生活在物质世界》,以至在最后,作为系执行主任,他使我在剑桥度过我的休假年成为可能。我在剑桥期间,他挤出时间阅读和评注这本书的两个不同的草本。远不止于此的是,他比我自己还要清楚地把握了我要走向何处以及我如何走向那里。有这样一个机会在相当一段时间里与他在一起相互促进,实在是一种陶冶。谢谢西蒙和芭芭拉。想到剑桥,我还想向我的老朋友吉姆、荣达、李和保拉表示感谢,为他们给予我的超乎友谊的帮助。在仓促混乱之际,是他们帮我、珍和孩子回到我的故乡。我曾经几次以半开玩笑的口吻提到:是他们救了我全家的性命。1992—1993 年间我的大部分写作是在李与保拉的旧餐桌上完成的。Paula Wadmann 的木工长凳可以为此作证。 xiv

最后,我感谢珍,为她所做的一切。

我想,通向这本书写作的思想路径已经由一系列发表的文章表明。基于我上述陈述过的原因,我首先解剖一些案例,然后分析它们，并且尤其关注我新发现的一些与各种力量相关的问题。这些关于各种力量的问题出现在本书中的各个地方，伴随新的物质力量不断转换、重组和相随。与此相关的已经发表的文章和章节是：《生活在物质世界：论实在论和实验活动》，由 D. Gooding，T. J. Pinch，和 S. Schaffer 编辑；《实验的用途：论自然科学中的实验》（剑桥：剑桥大学出版社，1991，第三章，第 275 页到 297 页）；《知识、实践与建构》（《科学的社会研究》1990 第 20 卷，第六、七章，第 682 到 729 页）；《客观性与实践的冲撞》（《学术年刊》1991 第 8 卷，第六章，第 409 到 425 页）；《构造四元数：概念活动的分析》（与 Adam Stephanions 合著，《作为实践和文化的科学》，芝加哥：芝加哥大学出版社，1992，第四章，第 139 到 167 页）；《反学科限制或幻影的叙事》（E. Meeesser-Davidow，D. Shumway，和 D. Sylvan 编辑，《知识：在约束中的历史性与批判性研究》，Charlottesville：University Press of Viginia 1993，第七章，第 103 到 122 页）；《实践的冲撞：科学社会学中的力量和突现》（《美国社会学月刊》第 99 卷，1993，第一、二章，第 559 到 589 页）；以及《超越限制：实践的时间性和知识的历史性》（J. Buchwald 编辑，《科学实践：理论及物理学中的案例》，芝加哥：芝加哥大学出版社，1995，第二、五、六章）。

# 第一章 实践的冲撞

在我们试图发现引导可见的未来的原因时，未来总是成为过去；未来轻易地略过过去，就像火车略过道岔。 1

威廉·詹姆斯：《真理的意义》

愿望只有在被装配起来或被机械加工时才存在。在一个预先并不存在，但又必须完成自我构造的平面上，在一个确定的集合体之外，我们无法把握和想象一个愿望……反思任何一个集合体，都是在构造一个平面的过程中表达和产生一个愿望，这种构造使愿望成为可能，通过使愿望成为可能，最终实践这一愿望……(愿望)是建构主义的。而不是自发产生的。

吉里斯·德勒兹与克里斯汀·帕累特：《对话》

这本书是一部关于科学闯入数学的、技术的世界，闯入工厂的历险故事。它对科学实践给出了一般的分析，我称之为冲撞，它扩展了我们对于科学、技术与社会(STS)之间相互作用的认识[1]。它又是一部关于时间和力量的著作，阐释了时间和力量这一哲学、社会理论以及科学的历史编纂学研究领域内的核心问题。本章阐述了我的立场的基本点,本书的其他部分则是例证分析和对分析的综合。

## 1.1 作为实践和文化的科学

在过去的数十年中,科学的文化研究是一个激动人心的活动领域,这种激动人心存在的一个重要源泉就是:科学是对客体的研究这个观念得到持续的扩展[2]。直到 20 世纪 50 年
2 代末期,人们似乎极为充分地认为:科学是知识体,是关于我们世界的理论和实证命题的集合。例如:对于专门探讨并且可能试图为科学所包含的各种命题建立形式化的关系的科学哲学来说,科学知识体构成一个自足的体系。但是,汉森(Norwood Russell Hanson, 1958)、库恩(Thomas Kuhn, 1970)和费耶阿本德(Paul Feyerabend, 1975)彻底改变了这种见解。特别是库恩具有说服力的关于"科学革命"的鸿沟切断了"常态科学"的连续性的科学发展历史的阶段性学说,挑战了科学的自足性[3],并且为清理和重新认识科学的新的学术潮流开辟了道路。这样,从 20 世纪 70 年代末期开始,SSK 方向的研究工作开始日渐强调科学知识的人类的和社会性的创造和使用的重要性[4]。社会结构、社会利益、人类技能,这些要素都被视为科学的组成部分,并以极为重要和有意义的方式与科学有机结合。更进一步,尽管 SSK 研究一直主要关注知识,但是 SSK 的实证研究和社会研究开始突出当代科学的物质维度的作用——在科学研究中全景展示仪器、设备、实验组织体系。这个物质维度在主流科学史研究和科学哲学研究中,长期被忽视。但是现在,SSK 研究与一个由哈金(Ian

Hacking,1983)综合完成的哲学见解相结合,这一哲学见解极力强调科学活动的周而复始运转方面(machinic aspects of science)。最后,从20世纪70年代末至今,研究者们对科学研究的日常工作的细节的兴趣与日俱增。这种兴趣由于它特别突出了科学活动中惊人的多样性和异质性,更进一步扩展了我们关于科学客体的概念。我们所提及的科学的所有维度——概念的、社会的、物质的——必须被视为是片段的、分立的和不连贯的[5]。 3

我可以通过下述方式勾画出本书的问题框架。第一,在扩展的意义上阐释科学文化的概念。在已往人们仅把科学文化视为知识领域的地方,我采用更广泛意义上的文化概念,指明科学是"被制造的事物"(made thing)而不是别的什么。这种"被制造的事物"的过程包括技能、社会关系、仪器和设备,以及科学事实和理论。然后,我将陈述我对科学实践的永久关注,把科学实践视为一种文化的扩展。这样,我的问题将包含传统研究:新的知识是如何在科学活动中产生的?同时又超越传统研究:其着眼点在于科学活动的社会维度和物质维度的转换。

必须提及本书需要阐明的两个重要之点:第一,在本书中我寻求对实践的一种在真实时间中的理解。我要说明的是:当科学在时间中发生和演化时,科学是一个文化扩展过程。这种视角不同于回顾研究:即从文化扩展的某些终结反思科学,在扩展终结的意义上讨论科学活动的作用。对科学进行回顾式研究的例证,我称之为"科学家的立场"(Pickering 1984b),这种观点认为:科学知识的功用就是用科学知识自身的产物作为重建历史时的解释标准。我认为这种对科学的反思性研究,存在着一个严重的历史编纂学问题(1989b),但问题远不止于仅仅复述这个问题,我要强调的是:我的观点与此完全不同，从我的立场出发，沉浸于对科学的历史反思，科学只能严重地自我摧毁，并且自食其果。

需要阐明的第二点，要求我们回到近期的科学元勘的历
4 史。事实上，我认为许多研究者已经进入我在20世纪80年代早期所关注的对科学的时间演化研究领域。但在我撰写本书时，我开始意识到一种问题研究的纯化过程已经发生。现在大多数最有影响的工作并不关注我所界定的在时间中演化的实践，而是以非时间性的文化摹写和理论反映来研究实践。我现在所关注的文化扩展的时间性，使我成为主流的科学元勘研究领域的少数派[6]。我并不是基于批评和挑衅所谓的文化研究主流，才强调自己的少数派地位（事实上，伴随着本书写作的进展，我始终不断地广泛吸收他们的最新研究成果。正如我在第七章第二节所宣称的那样，他们的研究是我自己的研究方向的补充），而是试图以此表明我自己著作的思想倾向。并且，我与主流科学元勘及成果的这种关联，能够帮助我们明白："实践"概念本身，存在着相当的模糊性。这种概念的模糊性至少可以解释为什么我花费了极长的时间才认识到我自己的研究方向与其他人的研究方向的不同。

有一种一般意义上的"实践"，它把实践视为在时间中的文化扩展和转换，关注的是：围绕这种实践，各种要素是如何组织起来的。另一种意义的"实践"涉及科学家日常工作的具体的、重复的活动序列，就像乔丹与林奇（Jordan and Lynch 1992）所讨论的分子生物学研究中类似于"准备血浆"的工作。不同于一般意义上的"实践"，这种具体的实践具有双重形式。例如，你可以认为它是具有既定学科或既定的实验室特点的一组活动。这正是一个我所关注的重要之点。按照我的定义，科学实践汇入了文化的领域，因而对科学实践的研究也自然汇入科学的文化研究领域。与此相比，我的兴趣所在不仅

是因为这类具体实践活动本身，而且因为它们本身就是科学实践的组成，与构成科学文化的所有其它要素一起，在实践中它们被转换或具有可转换的性质。在第一章第三节，我将讨论具体实践和一般实践的区别，在这里我只想简单提及：在决定“实践”是否具有双重形式时，需要思考一下科学本身的 5
分化。

## 1.2 表征与操作

> 满足于认为人类的序列导致一种虚无，社会的序列不会延续更远，而只有时间的序列是人为的，思想的序列是各种混沌，他最终转向力量的序列；经过十年的追寻，结果是他躺在1900年博览会上的机器展台上，他的历史性脖颈被突然介入的全新的力量折断。
>
> 亨利·亚当斯：《亨利·亚当斯的教育》

在我进入我对科学实践的详细理解之前，我需要探讨一下内在蕴涵它的形而上学。特别是，在思考科学实践时，我需要对所谓的表征性语言(Represenitonal Idiom)描述和操作性语言(Performative Idiom)描述进行比较。首先，表征性语言描述视科学为寻求表征自然并产生描摹、映照和反映世界的真实面貌的知识的活动。正是因为这样，它陷入了关于科学是否恰当地表征了自然的恐惧之中，这种恐惧构成了我们所熟悉的实在论与客观性的哲学问题(这一点我在第六章讨论)。显然，基于科学作为严格知识体系的传统观点，表征性语言描述或多或少地具有一些强制性——除了科学知识能否真实地表征客体外，人们还能质问科学是什么？但是，直至现在，它依旧强有力地代表着我们对科学的理解。例如，由迈克尔·马尔凯(Michael Mulkay 1985)、斯蒂夫·伍尔伽(Steve Woolgar 1988b,1988c)和马尔科姆·阿什莫(Malcolm Ashmore 1989)发展起来的科学元勘的反身性方法，表征语言描述就颇具强势。反身性确实显示了有关表征的充分性的通常恐惧——正如伍尔伽所称之为的那样，这是“方法论恐惧”。但它绝不怀疑科学观点和科学研究确实是在表征自然[7]。

然而，基于科学文化的扩展概念，我们完全可以认为科学
6 不仅仅关注表征——我们可以超越仅仅作为知识的科学，把物质的、社会的、时间的维度纳入科学。对本书后续内容的研究使我确信：如果我们要真正把握科学实践，脱离对科学的表征语言描述不仅是可能的，而且是必要的。我的观点是：基于表征性语言描述，人或事物以自身影子的方式显示自身。作为智慧化身的科学家，则扮演在观察和事实(还有语言，如反身论者指出的那样)的领域内制造知识的角色。但是，还有一种完全不同的思考科学的方式。我们可以起始于这样一个见解：世界不仅充满着观察和事实，而且充满了各种力量。我要说，世界始终不停地处在制造事物之中(doing things)，各种事物不是作为智慧化身的观察陈述依赖于我们，而是作为各种力量依赖于物质性的存在。试想一下气候。风、风暴、干旱、洪涝、酷热与寒冷——所有这些通常都以威胁我们生命的方式介入我们的精神和肉体。关于这个世界我们所知道最多的部分，正是那些如果不以最直接的方式去与物质力量较量就不能生存片刻的地方——仅仅是在英国的夏天(更不用说中西部的寒冬)，在没有衣物、没有房屋、没有空调而赤裸暴露在露天的情况下，人也会很快地死去。我会说，我们日常生活中的绝大部分，都具有这种与物质力量较量的特点。这种物质力量来自于我们人类王国之外，不能纳入人类王国的任何

部分[8]。

我的见解是:我们应该把科学(自然包括技术)视为一种与物质力量较量的持续与扩展。更进一步,我们应该视各种 7 仪器与设备为科学家如何与物质力量进行较量的核心。作为人类力量,科学家在物质力量的领域中周旋,正如我们所知道的那样,构造各种各样的仪器和设备捕获、引诱、下载、吸收、登记,要么使那种力量物化,要么驯服那种力量,让它为人类服务。在这种过程中,人类往往得到远远超越单纯的人类体力和脑力所能的成果,无论是以个体方式还是以群体方式[9]。风磨碾谷的速度比手工磨快得多。电视机向我展示了不能以其它方式展示的遥远的时空中的事件。机械工具以其他手段所远不能及的速度和精度切割金属。

所有这些,勾勒出了基本的科学的操作性图景。在其中,科学处在各种力量、各种能力、各种具体操作之中,使用各种机器捕获着物质力量。在本书的其余部分,我的目的就是要在这种对科学的操作性语言描述中理解科学实践。我要补充的是,思考科学实践的物质操作性,并不意味着我们可以忘记科学的表征性质。科学绝不仅仅是制造各种机器。如果没有科学的观念的和表征的维度,任何人都不能声称能够对科学进行分析。本书的许多内容(第三、四、六章)直接关注科学知识的产生问题。转向科学的操作性语言描述,仅仅意味着思考科学知识的一种特定的策略。它表明我们可以从许多不同的角度、以许多不同的方式探索贯穿于科学活动领域的知识的产生和作用。可以认为:操作性语言描述包含着对表征性语言描述的关注,它使我们脱离以纯粹持有知识来理解科学,从而走向对作用于科学的物质力量的承认[10],走向知识和物质力量的重新平衡。正如我们所理解的那样,机器是平衡点,是人类世界与非人类世界的域限(域限同样存在于科学、技术

与社会之间)。我还要补充的是,从表征性语言描述转向操作性语言描述来理解科学,具有相当的历史合理性。对科学的
8 表征性语言描述可能适合于经典的裸眼观测的天文学,我们今天的科学研究则与各种各样的机器携手并进,这种携手并进是18、19世纪工业革命的核心(在第七章我将对此讨论)。马丁·克里尔格(Martin Krieger)的精彩的"制造物理学"(doing physics)(1992)的哲学人类学分析表明:对科学的操作性语言描述同样具有现象学的根据。克里尔格的见解是:物理学家把世界看作一个工厂,这个工厂需要通过管理而生产各种仪器。

在科学元勘领域之外,从表征性语言描述转向操作性语言描述,对科学进行思考似乎更为明显。恰如克里尔格所言:总的说来,科学家自身把世界看作一个各种力量作用的领域,它们每日每时所应对的机器维度和物质维度的作用,对他们而言几乎不算是神秘之物。我猜测,科学是对自然的表征的思想,对于科学的门外汉们来说,其影响远远小于科学是机器力量的展示。流行期刊的科学版面几乎不去区分科学理论和最新的高科技仪器,甚至为后者保留更大的空间。因而人们甚至会想象对科学的表征性语言描述会被轻易地驱逐出对科学进行研究的领域。确实,从对科学的表征性语言描述转向操作性语言描述,有许多问题需要探讨,在此,我们可以对其中一部分进行简述。

第一个问题不很困难。对科学进行研究的历史偏重于对科学的表征语言描述。仅仅回到17世纪,总体而言,哲学家们总是试图把物质力量置于对科学的讨论之外[11]。甚至在科学哲学研究领域内,一个我们可以选择的研究分支——例如伊恩·哈金(Ian Hacking 1983)、南希·卡特赖特(Nancy Cartwright1983,1989)、戴维斯·贝尔德和阿尔弗莱德·罗

德曼(Davis Baird and Alfred Nordmann 1994)还有其他人的工作——也提出这样一个结论:局限于科学的表征语言描述毫无必要[12]。正如所提及的那样,科学的世界明显并大量地充满着物质力量。哈金的非常著名的口号(1983,23)——“如果你能喷涂它们,它们就是真的”,他是指在夸克探索实验中,使用放射性物质改变了样本的电荷[13]。我不能被哈金的实在论说服,但这种放射性物质却被我视为物质力量作用的例证——它们是在世界中活动着的客体。因此,隐蔽中的历史对表征语言描述的偏袒以及习惯,并不能阻止我们由对科学的表征语言描述转向操作语言描述。但许多问题迫使我们必须做出停顿,这些问题从社会学角度比从哲学角度更好接近[14]。 9

## 1.3 力量和突现

科学知识社会学(SSK)研究的最大的成就,就是把科学的人类和社会的维度置于首要位置。我们可以这样认为,SSK使科学中的人类力量主题化。认为科学知识的生产、评价和使用,受制于人类力量的约束和利益,便在一定程度上部分取代了对科学的表征语言描述。按照SSK的见解,各种科学信念,只能社会学地按照这些信念自身的意义去解释。在关于爱丁堡学派19世纪早期对颅项学的精辟研究中,夏平(Steven Shapin,1979)指出:由于不同学派的竞争而产生的对脑功能意义的不同解释,不能在大脑是否真的具有某种反应或没有某种反应的意义上去理解,而应该与颅项学家们的社会利益以及他们所确立的评判标准联系起来理解:颅相学家们试图以已经建立起来的评判标准来改造社会。这样,基

10 于这种观点，对自然的科学表征只能理解为它是人类力量的某种特殊构成。

在科学元勘研究领域，我不能否认 SSK 汹涌澎湃、硕果累累。它不可逆转地推动了这一研究领域的积极进展。但同样不可否认的是，它也阻碍了对科学的最充分的操作性理解的发展。问题就是：SSK 研究使严肃认真地对待物质力量成为不可能。SSK 着力于科学活动中的人类力量而无视物质力量。SSK 非常热衷于讨论作为科学知识的构成要素的物质力量，但它却始终坚持，物质力量要素同其它的科学知识构成要素一样，应该归并于人类力量的某一特定领域进行分析。SSK 的问题永远是：为什么有些科学共同体的科学家总是要基于独立的物质领域理解物质力量？于是，任何显示物质力量和科学的操作性的答案在一开始便被清除掉[15]。SSK 意义上的科学，充其量具有半操作性特征。

那么，为什么 SSK 对物质力量和人类力量的关注，竟然具有如此鲜明的非对称性？我认为，部分原因是，他们未经反思地接受了传统科学哲学中的对科学的表征性语言描述[16]，更有意义的部分原因是，SSK 领域内部的争论，使得同时承认物质力量和人类力量的作用、从而转向对科学的完全的操作性语言描述变得相当艰难。我现在要评论一下这个称之为认识论的鸡的争论（这个争论由柯林斯和斯蒂文·耶尔
11 莱的文章《认识论的鸡》1992a 引发）[17]，正是这个争论，使这些问题具体化。哈里·柯林斯和斯蒂文·耶尔莱的论战目标是由迈克尔·卡伦、布鲁诺·拉脱尔和约翰·劳（John Law）的工作发展起来的行动者网络理论。我相信，早在 20 世纪 80 年代，行动者网络理论就显示出对科学的完全的操作性理解的研究方向。围绕卡伦和拉脱尔对柯林斯和耶尔莱的反击的讨论，达到了两个目的：一方面，它给我提供了一个机会，强

化了我对已经学习了很久的行动者网络理论的认识。从正文到注释,此书中行动者网络理论的痕迹随处可见,并且,如果我的这本书能够被看作是与行动者网络理论进行一个建设性的对话的尝试,我将倍感荣幸。另一方面,我的讨论中与行动者网络理论的不同观点,将有助于我更充分地展示我自己关于时间、力量和实践的思想[18]。

行动者网络理论的基本的形而上学思想是:我们应该把科学(包括技术和社会)看作是一个人类的力量和非人类的力量(物质的)共同作用的领域。在网络中人类的力量与非人类的力量相互交织并在网络中共同进化。在行动者网络理论的图景中,人类力量与非人类力量是对称的,二者互不相逊,平分秋色。任何一方都是科学的内在构成,因此只能把它们放在一起进行考察。这种人类力量与非人类力量的扩展了的对称性,正是柯林斯和耶尔莱攻击的目标,这种攻击进而引发了下述的两难。正如所分析的那样,柯林斯和耶尔莱认为,我们 12
只能二者择一。我们可以把科学家看作生产意义上的物质力量,在这种意义上所有这些又都落入科学知识的领域,应该被社会学分析为依旧是人类力量的产物。这就是柯林斯和耶尔莱所努力捍卫的标准的 SSK 观点[19]。或者,我们可以在物质力量本身的意义上审视物质力量,那么,我们就必须放弃我们对科学家本身进行分析的权威地位。因为,毕竟不是社会学家,而是科学家在使用仪器设备和概念工具,他们会告诉我们物质力量到底是什么。这种两难的后果似乎自然是:任何稍有自尊的社会学家最好坚持对物质力量的 SSK 式的科学解释,最好不要依从物质力量,而陷入用物质力量解释物质力量的解释圈套。这种二者择一,似乎是曾经有过的关于世界到底是怎样的问题的科学的/工程的观点的回答的简单重复,在这种回答中,人类和社会都统统消失了。我们要么接受人类力量,要么接受物质力量,但绝不能同时接受两者。正如我们在 SSK 见解中看到的那样,这正是不能转向对科学的完全的操作性语言描述的关键问题所在。

站在行动者网络理论的立场,卡伦和拉脱尔(1992)回答柯林斯和耶尔莱,他们绝对不以这种方式看问题,我也同样(尽管在下述的讨论中,我的一些观点不同于卡伦和拉脱尔)。卡伦和拉脱尔针对柯林斯和耶尔莱的两难选择的锋芒,坚持认为在对待非人类力量时,并非必须二者择一。如果我的理解正确的话,按照他们的观点,我们不能在科学家的意义上、也不能在 SSK 的意义上,而应该在符号学意义上来理解非人类力量。符号学[20],也就是关于各种记号的科学,教导我们如何对称地思考人类力量与非人类力量。在人类与非人类作用领域中,各种力量之间彼此持续不断地生成、消退、转移、变化,循环不已。重要的是,各种力量非常自如地在真实物质实体和社会结构之间变换地位。这样,符号学就提供给我们避
13 开柯林斯和耶尔莱提出的两难选择的犄角的路径:在符号学意义上我们所讨论的各种力量,不受 SSK 和工程学意义的僵硬分类的限制。

这实在是一个聪明而天真的应答!但它同时又带来另外两个不同种类的问题。一个涉及人类力量(我回头要讨论它),另一个涉及物质力量。从我的观点看,行动者网络理论最具吸引力的特征就是:它对物质力量的承认能够帮助我们避开表征语言的“咒语”。它为我们指出了一条直接转向对科学的操作性语言描述的道路。但从这一点出发,柯林斯和耶尔莱的两难选择经由符号学的表现,本身看起来又是对这种表现的反诘,又回到了我们不愿意建构的文本和表征世界。庆幸的是,还有另外一条道路能够导引我们走出这个两难。

针对科学的非时间性描述，我则选择对时间进行严肃认 14
真的思考。如果我们注意到物质性力量是在科学实践中瞬时性突现出来的，那么，我们可以像 SSK 重视人类力量那样重视物质力量，同时避免面对柯林斯和耶尔莱提出的两难。物质性力量的轮廓在预先绝不会明确地被知晓，科学家们在他们的工作中持续不断地探索，在新的仪器设备的不断发展中[21]，问题一次次地出现，又一次次地被解决。诸如此类的各种各样的问题解决——如果能够被完全把握的话——至少采用了某种相当精细的物质性定位和物质性调节的方式。我是在调节收音机或者是汽车发动机的意义上使用调节的概念的，它特别针对在科学实践中不会被预先知晓的作为警告的“信号”特征[22]。因此，我们的着眼点在于要达到对科学实践的一种在真实时间中的理解，这样，一旦科学家进入物质力量领域，他们就不再处于优越于社会学家的地位就易于理解了。没有人知道未来仪器设备的形态，也没有人知道这些未来形态的仪器设备能够做些什么，但是我们完全能够以不回到仅
仅关注人类力量的 SSK 的立场方式，追踪这种形态建立的过 15
程。当然，基于一定的事实，科学家通常会对为什么仪器和设备会以特殊的方式得以发展给出具有说服力的技术说明。但是，正如我早些时候提及的，为在真实时间意义理解科学实践，这种对仪器设备发展过程的反思本身，正是需要我们分析的。去迎合科学家并把他们的这种反思归并为我们对科学的理解和解释是毫无意义的。这就是我对如何认识科学实践中非人类力量的地位的基本观点。

现在我们面对行动者网络理论的符号学转移的第二个困难，这一困难集中于人类力量。符号学在人类王国和物质王国之间强加了二者之间完全对等和相互转换的严格对称。正像行动者网络理论所坚持的那样，在符号学的意义上，人类力

量与物质力量之间不存在任何区别，人类力量与物质力量能够持续地相互转换和相互替代。当对科学进行分析时，不仅仅是我一个人认识到这些见解中存在着严重的问题。作为存在的力量，我们人类与气候、电视机、粒子加速器这类非人类力量有着明显的不同。确实，即便是行动者网络学说的支持者，当其讨论科学时也会在人与物的区分问题上遇到困难，正如金格拉斯（Y Gingras 1994）强有力地指出的那样。更准确地说，这种观点认为人类力量可以被机器所替代，反之机器力量也可以被人类力量所替代，这本身就是错误。很难想象任何纯粹的人类的体能与智能的组合可以代替望远镜工作，更不用说电子望远镜、或一种机器工具、或原子弹（或青霉素等）。在符号学意义上，所有这一切都可以被视为对等的，但在实践上情况则绝非如此[23]。尽管如此，我还是相信行动者网络理论对其扩展了的对称性有其自身的认识，这种认识实际上涉及两方面。其一，在人类力量与非人类力量之间存在着重要的并行关系，这种并行关系同时涉及它们的重复性质以及它们的瞬时突现性质。其二，在物质力量与人类力量之间存在着有机构成性的相互交织。我对实践的研究强化了我的这种认识。我现在试图以操作性语言而不是符号学语言的
16 方式解释这种特征。当我完成这项解释时，构成我对实践理解的最重要因素将正归其所，在其它部分我将实现对这些重要因素的综合。

我的分析起始于科学的文化，而不是科学的实践。思考一下在任何给定时代构成物质力量建造过程的机器的领域。机器的领域不能存在于纯粹的人类空间。尽管科学仪器和设备通常具有超人的能力，但人类王国从来不能包揽它们的操作过程。它仅仅被人类的各种实践活动所包揽（在第一章第一节对此已经讨论）——被某种动作（gesture）、某种技能、某

种能够使仪器和设备运作起来、沟通起来、其能量能够被激发出来的力量所包揽。尽管这种作用不仅仅限于机器，例如我们可以考察一下弗莱克(Fleck)对梅毒实验的瓦塞尔曼反应(Wasserman [1935] 1979)的演化历史的经典讨论。在这一讨论中，弗莱克强调建立有能力进行这种实验的从业者(主要是医生)共同体的特殊重要性。缺乏这种共同体，缺乏这种共同体的特殊的人类操作，关于梅毒实验的瓦塞尔曼反应将不存在。更进一步，正是因为机器的操作是重复性的(我的个人电脑也是日复一日地显示其自身的力量)，所以人类的操作可以包揽它们。实践的领域是日常化的、受制约的，像机器一样的，正像柯林斯所指出的那样[24]。瓦塞尔曼反应的恰当运行需要遵循严格的标准化程序和操作；围绕机器，我们就必须像机器那样活动。在这种单纯的意义上，即便不存在一个人类力量与物质力量的完全的相互转换性，也在相当程度上存在着人类力量与物质力量的对称性和相互作用性：前者在实践活动中被规训，后者在机器运行中被捕获。二者都是重复性的，像机器一样，在各种操作中它们相互合作。

现在我们转向实践，转向科学文化的扩展，特别转向科学在机器领域的扩展。我已经把这种实践扩展描述为调节过程。我现在所论及的调节过程是指它基于人类力量和非人类力量的双向运作(works both ways)。正如物质性的过程以及机器的新功能在实践的真实时间演化中被发现一样，人类的技能、行动以及包容这些技能和行动的各种实践也在真实的时间演化中被认可。例如，在没有特定的物质技术条件和过程的情况下，去设想从业共同体开发出了隐含在瓦塞尔曼反应中的技术是毫无意义的。各种行动、技能等，所有这些被制约的人类力量与处于运作状态的各种机器结合在一起拓展自身[25]。这里，我们注意到更进一步的人类力量与物质力量 17

的对称性。正像物质力量是在实践中瞬时突现的一样，受制约的人类力量也在实践中瞬时突现。尽管二者不能随时随地相互转换——我们不能用人替换瓦塞尔曼反应中的试剂，但是二者却内在地彼此相联，在循环中、突现中相互界定、相互支撑。恰如我所认为的那样，受制约的人类力量与被捕获的物质力量有机地相互交织，它们在相互作用中实现稳定(Pickering 1989c)[26]。

当我们继续深入讨论时，除却机器一样重复的实践活动外，人类力量的另一方面同样需要探究。我随后将要讨论人类活动者的社会关系与活动范围，并且表明这种社会关系与活动范围同样相互调节并在实践中、在相互作用中实现稳定。但现在我要探讨的是：显示人类力量与物质力量之间对称性破缺的另一方面内容：人类动机性。动机，我在日常意义上使用这一术语。它指的是这样的事实：科学活动是基于特定的计划、围绕特定的目标而特别组织起来的[27]。尽管我没有发现对事物动机的洞察之于科学活动的必要性，但如果不去涉及科学家动机、目标和计划，我不知道对科学、对科学家所进行的任何研究如何实现。我们清楚地看到：科学家通常基于看得见的未来目的而工作，而机器无论如何不会这样做。这
18 样，人类的动机性在物质性王国中找不到它的对应物。但尽管如此，我在这里还是要强调在人类动机结构与物质力量之间的显著的并行性和相互交织性。我特别要强调计划与目标的瞬时性突现以及遭遇物质力量后的转换特性[28]。

我们可以起始于这样一个思想：在人类力量与非人类力量之间或许存在一个完美的对称，即便是人类动机存在于这个对称图景中。在更深的层次上，也许恰如物质力量在一种条件向另一种条件转换中突现一样，人类实践的维度在一种时刻向另一种时刻的变动中突现。恰如我们不知道新的仪器

设备将会做什么,我们不知道其他人甚至我们自己下一步将会做什么一样。思考一下巴拉德(J. G. Ballard)故事中的角色,总是在行为,但从不知道他们的行为引导他们走向何处。基于这种观点,在任何机械捕获之前,在人类动机力量和物质力量之间存在着绝对的并行性:无论是人类力量还是物质力量都是狂野的、未被驯服的。然而,人类的目标和动机似乎并非如此狂野,它们已经部分地被驯化,就像我即将解释的那样,已经处在就范于它们所处的文化的状态。

要理解科学实践的动机性,继续保持对时间的关注是相当重要的。至少在有些时候,我们人类以特定的方式生活在时间之中。与 DNA 双螺旋结构和立体声音响系统不同,我们基于现在并不存在的未来状态构造我们的目标,然后设法实现它们[29]。我们的目标是建造将会展示某种力量的新的仪器设备。对我而言,这种扩展了的人类力量的时间延伸,正是人类力量与物质力量的对称性的破缺,如果不明确表明人 19
类力量与物质力量的这种区别,我将无法进行下述的讨论。但仅仅表明这种区别是不够的。如果我们在人类计划和人类目标的意义上定义动机性,就会引发这类计划和目标的起源和构成问题。这里,传统的科学文化研究已经给出答案。科学实践的各种目标是对其现状在想象中进行翻版。科学实践指向的科学文化的未来状态是在筑模(modelling)过程中(一种隐喻、类比)[30]从现存的文化状态中构造出来的。简要地说,这就是我关于现存的文化如何预先制约人类动机的时间延伸的基本思想。我将以例证和论证的方式展开我的思想,这里我仅对我现在的主题——人类力量与物质力量的并行与交织做三点阐述。

首先,现存文化对动机仅仅是部分地预先制约。筑模是一个没有既定的目的的开放式终结(open-ended)过程。基于一个给定的模型——一个有特定功能的机器——组合不确定数量的未来变量。模型本身不存在任何固定的东西用来为未来实践的特定阶段构造目标(对此,Barnes1982 非常精辟地阐述过)[31]。不存在一个决定文化扩展向量的算法规则,科学实践的目标只能从在真实的时间中演化的实践中突现出
20 来。借用福柯的说法,对拥有动机结构的人类力量来说,现存的文化其实仅仅是突现的表面。即便是在人类动机领域,瞬时突现特性在人类力量与物质力量之间同样构成显著的并行性。第二,对于科学实践活动的目标来说,如果现存的机器运作领域仅仅充当突现特性的表面,那么,人类力量则与已经被捕获的物质力量紧密相关和相互交织,这种被捕获的物质力量恰恰又是受制约的人类活动与机器运作反复调节的结果。尽管二者不能相互替代,人类动机世界依旧构成性地参与物质力量的世界。第三,调节可以转换科学实践的目标。科学家们不会孤注一掷地固定其活动目标,并且不论发生什么事情,始终坚持这种目标不变[32]。在我称之为调节的与物质力量的各种抗争中,计划、目标自身便处在问题之中,同样趋向于不断修正。这样,人类力量中的动机角色便更具有了瞬时突现的特性。在实践的真实时间演化中,人类动机重构自身,同时更进一步成为与物质力量相互交织的一部分,并在不断的调节中被物质力量的轮廓反复界定和修正[33]。

这就是我对人类力量的动机结构的基本分析。我不得不承认,由于人类力量的动机性能够指向定位于未来的目标,人类力量与物质力量在突现结构方面确有区别。即便如此还是要强调,这种目标还是置身于实践活动的层面上(in the plane of practice),而不是外在于实践来控制实践(引用德勒兹和帕累特的释义)。目标从文化中(包括机器及机器的物质运作)瞬时性突现出来,并在实践的真实时间演化中转换自身,作为

实践过程的有机构成,它包含着与物质力量之间的微妙撞击和融合[34]。

## 1.4 实践的冲撞

> "如果你认为太暗,请不要担忧",他告诉我,"因为我 21
> 就要把灯点亮,为掉转方向、为科学真理,使其冲撞"。
>
> F.奥伯里:《第三个警察》

正像所期望的那样,在披荆斩棘地通过认识论的鸡的争论中,我表明了我对科学实践理解的主要观点。现在我对其进行总结并开始详细阐述这些观点。我对科学的基本理解是:科学是操作性的,在其中,行动,也就是人类力量与物质力量的各种操作居于显著位置。科学家是他们借助于机器奋力捕获的物质力量领域的行动者。进一步地说,在这种奋力捕获中,人类力量与物质力量以相互作用和突现的方式相互交织。它们各自的轮廓在实践的时间性中突现,在实践的时间性中彼此界定、彼此支撑。对科学实践的动机结构而言,现存的文化构成突现的表面,同时这种实践成为人类力量与物质力量相互调节的内在组成,并且调节本身可以重构人类动机。这种过程的结果就是科学文化的重构和扩展——新仪器设备的建造及相互作用式的稳定。受制约的人类操作活动及相对应的社会关系始终伴其左右。这就是我的全部构想的框架。现在我试图通过再次回到调节思想来对它略加扩展。这种扩展将把我们带入冲撞。我发现调节概念是一个极富洞察力的隐喻,在更深入的对实践的分析中,它有助于我们对其进行如下的解析。我认为,调节在目标指向的实践活动中以力量的舞蹈的方式发挥作用。作为积极的、有动机的存在，科学家们尝试性地构造一些新的机器。随后他们接受一个被动角色，监控机器的运作，去发现被捕获的物质力量的可能功效。与之对称，物质力量恰恰是在人类被动的观望阶段主动地展示
22 自身。机器是在有目的地运作吗？被有目的地捕获的力量在主动地运作吗？典型的回答是：不。与其对应的是另外的相反角色：人类力量再次主动地修正筑模向量，随后又是人类的被动观望与机器的运作，循环往复[35]。力量的舞蹈，从人类角度看是反对称的，其方式是阻抗与适应的辩证运动。阻抗体现在实践中有目的地捕获物质力量的失败，适应则是应对阻抗的积极的人类策略。这种积极的应对包括对目标和动机的修正、对机器的物质形态的置疑，以及对人类的行动框架和围绕行动框架的社会关系的调整[36]。

23 实践的、目标指向的以及目标修正的阻抗与适应的辩证法，就是科学实践的一般特征。这也正是我称之为实践的冲撞，或者说冲撞的要旨所在。我发现"冲撞"是对实践辩证法的便捷但蕴涵丰富的一种速记。因为它构想了一幅不可预期的转换图景。它以向具有相同名称的旧的设备馈入新要素的方式将水挤出洗涤过程。它的诱人之处在于其恰当地构画出机器捕获和人类动机的突现式的重构和相互交织。"冲撞"作为一个词，还可以贴切地以其他方式使用，如作为动词。因此，我所认为的物质力量和社会力量的轮廓在实践中冲撞，其内涵在阻抗与适应的辩证运动中被突现式地转换和刻画[37]。在更广泛的意义上，贯穿全书，我不仅仅在阻抗与适应的辩证运动及其转换效应意义上使用冲撞，而且还在包括了辩证运动的实践全景中使用它——冲撞是一种世界观，一种形而上学。这种世界观和形而上学把科学视为一种人类力量与物质力量经由阻抗与适应辩证运动的人类文化的一个进化领域，

其中前者寻求捕获后者。

这样，冲撞便在如下主题中蕴涵有多种含义。为求得更深入的认识，我们的确要给出一些例证说明。但在例证说明之前，另一种说明是必要的。在任何特定例证中，把握冲撞的作用机制并不艰难，但在总体分析中有两方面的问题不易把握。一个概念是：瞬时突现。突现的具体内涵在对物质力量 24
的简要讨论中已经说明。预先，我们对组成一个正常运作的机器的确切的要素集合毫无认识，我们也不知道它的确切功效会是什么。在当下我们不能牵引出任何能够决定未来文化扩展脉络的线索。在实践中，我们只能通过冲撞去发现下一个被捕获的物质力量如何被建造出来，它看起来可能的面貌如何。在这个意义上，捕获及其特性只能是发生。这便是突现的基本含义，一种在时间中发生着的纯正的偶然——这实在是对根深蒂固的思想模式的冒犯。这种思想模式寻求一种类似于经典物理学的机械解释——一种致因解释。但对于在真实的时间中演化的实践而言，我认为不存在这种确切的致因，至少在某些方面是这样。对于对冲撞过程的这种致因解释的寻求，我无能为力。冲撞的世界中缺乏传统物理学和工程学、乃至研究这类问题社会学的令人信服的致因。这类物理学、工程学及相关的社会学的传统曲目就是持久不变的致因与约束。在我的分析中，纯粹的偶然性构成性地融入我们所理解和把握的冲撞模式中，并且这种构成性融入完全可以解释将要发生的事情。这就是我对筑模过程目标形成的解释，是力量的舞蹈，阻抗与适应的辩证运动在力量舞蹈的过程中实现。这种冲撞模式无休止地重复自身，阻抗与适应的力量持续地、不可预期地在其中突现[38]。

冲撞还有另一难点需要把握。我们暂时回到认识论鸡的争论。较之卡伦和拉脱尔（可以通过研读卡伦和拉脱尔的论 25

述来充分地认识他们的思想），柯林斯和耶尔莱 运作起一个我更为熟悉的领域，这里，我们进入“后什么”（posts）问题。我们更熟悉柯林斯和耶尔莱的争论，因为他们是现代主义者、人类主义者（humanist）、二元论者；而对卡伦和拉脱尔略感陌生，因为他们是后现代主义者（尽管拉脱尔不喜欢这种称谓1990，1993b）、后人类主义者（posthumanist）、后二元论者（如果这是一个词的话）[39]。为更进一步的解释，我需要驻足于这种区别的最精细方面：人类主义的与后人类主义的。由于驻足于作为一种学科的社会学的人类主义，柯林斯和耶尔莱的立场与一般的SSK相同，即视人类主体为活动的中心。一旦SSK觉察到任何改变这种中心位置的趋势——人类主体的去中心化，它便实施我们讨论过的警察行为。任何非人类力量的迹象通过移植进入最终从属于人类力量的非人类力量而迅速被复原。或者，恰如我们看到的那样，我们可以幼稚地讨论非人类力量，但依照柯林斯和耶尔莱的见解，一旦这样做，所使用的可能是更陈旧的、反人类主义的语言，像科学家和工程师一样——他们的论域是没有任何人类迹象的纯粹的物质力量（这就是柯林斯和耶尔莱的二元论）。

尽管尚未为之耗竭，这种人类主义者与反人类主义者的争论已经深深浸透到日常的思想活动中。在他们得以生长、且又促其分离的传统的学术领域，他们的处境也异常艰难（在第七章中我将着重讨论）。做一个传统的社会学家势必是一个人类主义者；做一个物理学家势必是一个反人类主义者（在专业实践意义上）。但是，冲撞则消解了强加在这些争论和学科间的分明界限，就像行动者网络理论一样。冲撞与行动者网络不仅仅整合了各种力量空间，使人类力量与非人类力量在同一时间共现，而且以各种不同的方式坚持人类力量与非

26 人类力量相互交织与相互界定。我所寻求的对科学活动的操

作性语言描述，瓦解了人类主义者与反人类主义者之间截然分明的界限，进而转向后人类主义者的空间。在这一空间中，人类活动者依旧存在，但他们与非人类力量内在有机地相互缠绕，人类不再是发号施令的主体和行动中心。世界以我们建造世界的方式建造我们。由于所具有的后人类主义特性，冲撞被认作是一种畏缩和倒退。但我对此丝毫不存歉意。对我而言，要明了在实践中事物到底是怎样的，一种有意义的但却相当困难的观点必须明确地给出，冲撞则使这一观点进入我们的视野[40]。坦率地说，我并不清楚冲撞中的瞬时突现特性或后人类主义特性是否不易把握。也许结果正是二者的相互缠绕，因为我对人类力量与非人类力量相互联结的理解是具有内在的时间性的。

为阐明存在的疑难，在此书思想进展的全过程中，一旦可能我便回到突现及后人类主义的主题。纵观全书，我尽我所能地详细说明在文化扩展中的瞬时突现和人类主体的去中心化。一次又一次，我明确地将我自己的分析与传统的人类主义及非突现特性进行比较[41]。对于后者，我最主要的例证就是 SSK，一些其它例证则是必要的解释和选择陪衬。我努力使这部书富有建设性，尽我所能阐释我对科学文化的理解。我有一个建议，最好从我与较传统的观点的阶段性冲突中去把握我所关注论题的一般趋势。在较传统的观点中，我之所以特别选择源于 SSK 的那些冲突有三个原因：第一，我发现在那里能够找到最富言辞技巧和最具趣味的关于科学的非突现性的人类主义观点（远远超过认识论规则支配的意义限制，对此我在第六章第四节还要讨论）。第二，因为我怀疑 SSK 工作真的富有成效。我曾经提及过：在把科学作为对象进行研究的科学的文化研究中，在理论和概念扩展意义上，SSK 扮演的角色无足轻重。科学的文化研究目前似乎仍然滞留在 27

20 世纪 80 年代早期 SSK 的研究地带。尽管其奠基人(如:Steven Shapin)后来的研究工作,经常与 SSK 的原初形态不尽相同,这也是我借用“早期的”或“殖民时期的”这类术语来讨论冲突和进行比较的原因,但是对科学的社会维度已经相当敏感的历史学家和哲学家依旧视 SSK 为这一主题的当然代言人。之所以把 SSK 作为非突现性的、人类主义的主要例证进行讨论,我的目的是对其实施催眠疗法,要终止由这一特殊“咒语”引发的沉睡[42]。讨论 SSK 的第三个原因是第二个原因的建设性重组。在科学的文化扩展中,SSK 对社会力量做非突现的致因性解释。与之相反,我的研究使我相信:社会与科学紧密相连,其本身受制于科学实践过程的冲撞。与 SSK 不同,我直接关注社会转换过程。我要分析这种转换,与 SSK 的特定比较有助于突出分析中存在的问题和疑难。

## 1.5　冲撞及其他

冲撞过程的许多方面需要提及,理解它们的最便捷的方法就是向前行进。本书的主要内容分为两部分。第一部分包括第二章至第五章,意在通过四个案例研究,具体说明和阐述
28 冲撞的各个方面。第二部分包括第六章至第七章,总结冲撞的意义蕴涵,导引关于科学的哲学理论、社会理论和历史编纂学工作。

正像我们所期待的那样,第二章涉及科学的机器基础。它关注于一种仪器——作为基本粒子物理学的工具的气泡室的建造。追寻彼得·伽里森(Peter Galison),我描绘出了从概念的最初提出到最终成为工作机的气泡室建造的演化途径,并把它作为冲撞过程的一个案例具体说明它的历史发展

过程。这样，这一章就为我所关注的对物质力量的捕获、筑模、动机性、在阻抗与适应的辩证运动中物质力量与人类力量相互交织式突现的抽象思想，注入了丰满的血肉。基于对人类力量的关注，我首先讨论了冲撞过程的动机结构，然后转向尚未深入触及的另外一些方面：强调冲撞过程中人类力量的社会轮廓——社会活动的范围、层次、活动者要素之间，以及这些要素与其它活动要素之间，在实践中转换，在相互作用中稳定。为明确我的分析中的疑难和问题，通过比较我所理解的人类力量与传统意义上的受制于因果链条与持续约束意义框架中的人类力量，我强调冲撞的突现思想、后人类主义思想对传统的因果持续思想、人类中心思想的取代。我注意到非突现的持续约束的思想目前正在泛滥，即便在传统哲学和社会理论的反对者那里也是如此。我希望我的分析有助于遏止这股潮流，在第五章（讨论与限制有关的问题）以及第六章（讨论相对性问题）我将继续关注这个问题。除却讨论力量这一主题外，在第二章我同时开始分析：何以科学知识应该在操作意义上理解，并阐明气泡室功能的表征本身就是在实践的冲撞中实现的。

与第二章相同，第三章关注科学及对力量的捕获的机器基础，有所不同的是，我更直接地关注知识是如何贯穿于科学的机器活动领域的——关注我们何以用操作语言来思考表征语言，尤其关注科学事实的产生。实证研究性地讨论为探测微小粒子夸克的存在而设计的一个仪器的建造过程，讨论使用这种仪器产生的实验知识与当下理论的关联。在此，一个我曾经涉及但尚未充分展开的问题变得异常突出：文化的多元性和异质性。我阐明，一般意义上讲，科学实践是通过在多元的文化要素之间建立或摧毁某种连接和联结而被组织起来的，特别是，科学事实的产生紧紧依赖于在机器操作的异质性 29

王国和知识表征之间建立的各种联结，这种联结过程具体显示二者之间的突现式冲撞和相互作用式稳定。在包含了已经捕获了物质力量的人工构架的形成过程中，精细的知识与机器的操作二者之间相互调节。在第三章的结尾，我采纳了科学的文化研究的其它成果，先是阐释了支撑不断扩展的知识表征链却终止于对物质力量和物质构架的捕获的科学知识的全貌，随后申明：受约实践活动的冲撞特性和相互作用式稳定足以容纳、支撑、延续这种知识表征链，并由此受惠于这种表征。

第四章继续尝试以操作性语言描述理解知识表征，但完全限于概念实践——科学活动中概念工具的扩展。它审慎地关注概念实践何以会有这样一种形态：为什么它不是完全任意的和纯粹主观的？因为概念实践活动是在缺乏我所反复讨论的与物质力量较量的阻抗与适应的辩证运动过程的条件下进行的，新的问题由此产生。在单纯的概念王国和思想王国中，科学家与何种力量抗争？在科学家和他们的目标之间隐藏着什么？我对这些问题的回答是：把科学的概念实践再次视为对在多元的文化要素之间建立联结的执着寻求，但阻抗的可能性不是植根于物质力量，而是我所谓的规训力量——沉淀下来的、由与概念结构和机器活动相伴的人类力量社会性地支撑着的力量。我表明了在概念实践中规训力量何以能够充当物质实践中物质力量的角色，还表明规训力量本身如何在概念实践的冲撞过程中扩展自身。我应该申明我的概念实践的例证来自于数学而不是一般的科学：它针对哈密尔顿
30 (William Rowan Hamilton)爵士 1843 年“四元数”体系的形成过程。我很高兴我对冲撞的分析能够扩展到数学领域，但我更希望它能够被视为一个如何在冲撞中把握概念实践（包括社会理论王国）的明证。此章以总结第二章、第四章的分析

结束，同时在附录中讨论了大卫·布鲁尔(David Bloor)对哈密尔顿工作的SSK式的分析。布鲁尔认为，哈密尔顿的形而上学指向紧紧依赖于他的社会地位和利益，我则认为，哈密尔顿的形而上学指向是其专业实践中突现式的、后人类主义的冲撞过程的产物。

第五章转向完全不同的另一空间。在我进入这一空间之前，我需要对第二章到第四章的内容做概括式的评述。这些章节构成我对科学实践的操作性理解的实证主体。它们沿着从建造与使用仪器和设备，经由科学事实产生及科学事实对科学理论的参与，最终到达思想和表征自身运作的准自主动力学(quasi-autonomous dynamics)的路径演化。这种演化过程看起来有着丰富的意义蕴涵，但在审视和回顾这些研究时，我意识到：在物理学领域和数学领域，与我所理解的那种具有广泛复杂性的科学文化与科学实践直接相关的例证集合是多么稀少。更为特殊的是，我所理解的科学实践的参与性特征，在物理学/数学领域(可能同时包括工程学的许多分支)比在其它科学领域要逊色得多。在由物理学领域向化学领域转移中，“机器”一词的本质表现得越来越不自然，更不用说其在生物学领域、甚至社会科学领域的运作了。我坦言，尽管如此，我并不为其所扰。因为，正像行动者网络理论所充分阐明的那样：非人类力量作用的思想在生物学领域上比在物理学领域上更容易理解和把握，米歇尔·福柯的工作也对人文科学进行了并行的分析。我们可以清楚地看到：我所理解的科学实践势必超越我所分析的例证领域而走向更广泛的空间(这并非意味着这些例证分析不足以说明问题)[43]。

第五章中断了第二章至第四章建立起来的序列，它不再仅仅讨论科学。它要讨论技术和工厂，讨论工业、生产、资本，讨论劳动关系。它特别要讨论数控机器设备技术向工厂的引 31

进。我之所以要特别讨论这一问题，是要表明：我对冲撞的分析完全适用于科学王国之外的广大空间。像第二章和第三章所论及的那样，捕获物质力量是第五章的核心，它关注社会性力量的冲撞过程——这里意指形式化与受约角色、工人与管理之间的关系及转换。在第五章我强调的是：操作性分析使冲撞过程在科学、技术和生产领域运作得更直接、更通畅：它必将成为 STS（科学、技术与社会）研究的核心观点。当然，单独的案例不足以说明问题，但基本的结论在一定意义上已经由行动者网络理论做出（参考拉脱尔 1987），我要做的仅仅是我们如何以操作性语言描述得出这一结论。第五章的附带任务是继续讨论在实践理解问题上与传统理论的冲突。我从大卫·诺贝尔（David Noble）的《生产力》（*Force of Production*）中获得我的实证资料，在其中诺贝尔提供了针对实践问题与我完全不同的解释，他的解释是基于持续性社会角色、社会利益的 SSK 式的、传统的、非突现的、人类主义的立场，其中对实践活动的永久限制思想扮演着决定意义的角色。我的解释是突现的、后人类主义的，把参与抗衡物质力量的社会的转换过程置于首要位置。两种观点对比鲜明，使在冲撞转移过程中所存在的关键问题明了化。

构成第二部分的章节把第一章的内容视为分界点。第六章特别关注从冲撞的视角评价科学知识。它起始于尝试解决实在论问题，我主要集中于讨论知识作用于世界以及世界作用于知识的交换性本质。我申明：由于强调知识表征链的结
32 构在对物质力量的捕获和构架方面断裂所具有的非确定性的复杂的（nontriviality）特征，冲撞为我们提供了对科学知识的现实主义评价，我称之为实用主义的实在论，以此区别于同哲学中传统的实在论-反实在论的争论对应的反映论的实在论。首先我申明：实用主义的实在论并非置身于知识是否表征自

然的争论的某一位置，它要做的是彻底颠覆这一争论。一旦我们接受实用主义的实在论对世界的知识性介入，反映论问题便不再显得紧迫。基于实用主义的实在论，我们可以发现反映论的实在论中存在许多的问题。认为我们的世界是不确定的、具有多样性的本体论和知识体的集合，每一种集合在其特殊的周而复始的惯常领域是自洽的，这是实用主义的实在论内在蕴涵着的结果。我将用历史例证具体说明这种可能性。这里的问题是：机械的不可通约性（machinic incommensurability）不可能在表征语言描述框架中形成，但它使存在一个能够以特殊关系表征自然的科学本体论的推测变得异常艰难。

在第七章，我将回到不可通约性讨论，第六章的其他内容将关注科学知识的客观性或主观性问题。我的讨论起始于冲撞是对科学知识客观性的一种分析的见解。我认为：在物质力量与规训力量作用领域内的操作，很快就会冲破领域的限制，继而带给科学实践活动的产品一定程度的客观性，即便是在个体活动层面也是如此。按照我对科学实践的分析，科学远非"怎么都行"这般简单。然而，从我的不可通约性观点可以引申出：冲撞过程的客观性本身就与科学知识的一定程度的相对性相关——科学知识对其生产、评价和使用的依赖。按照我的观点，科学知识既是客观的，又是相对的。我们必须谨慎对待这些术语。比较一下我对客观性的分析与传统哲学的对应分析：传统哲学认为非突现的、人类主义的推理规则能够保证理论选择的客观性，我认为冲撞要彻底颠覆这种图景。被视作科学实践活动的运行规则本身就与实践处于同一层面上，这种规则本身就在科学文化的异质要素的相互作用的同一过程中，突现式冲撞。同时，针对过分强调科学知识对社会的依赖性、强调持久利益和约束的关于科学的相对主义观点，我进行了类似的批判讨论。作为第一部分研究内容的推进，我认为值得我们关注的任何社会特性，都应该成为实践活动中冲撞的主体，并且它们本身在实践中再造自身。我认为，在什么是文化以及文化将变成什么之间，不存在任何把二者牢固地链接在一起的持久的实体性链条——认识论规则和社会特性都不能实现这种链接。只有冲撞，只有以突现方式关注二者的冲撞，能够使它们磨合。反过来，这实际上申明了科学知识产生的不可逆转的历史性(一般意义上文化也是如此)：即知识是一种具有特定历史轨迹的函数，实践从它的过去中导引出来。为强调这一观点，第六章以围绕对第三章夸克探测实验的讨论的争论结束。对 SSK 而言，争论是其展示雄辩的经典场所，他们声称：关于本质问题的观点分歧呼唤明晰的社会学解释。与其相反，我认为：在冲撞以及冲撞在真实时间的运作之外，针对任何问题的歧异都无须解释。在这个意义上进行讨论的结论是：科学知识是客观的、相对的、历史的。这就是问题的全部。

第七章由对科学实践的研究转向科学研究的实践，主要阐述两个主题。其一涉及在科学的文化研究领域进行综合的可能性。我注意到：传统的解释结构直接导致围绕科学问题的学科间(哲学、社会学等)的分歧和纷争。按照争论各方的观点，克服分歧的最好策略就是把不同观点进行叠加，我称之为多学科折中主义。与之不同，通过提供一个理论原则，冲撞将促成一个新的、纯粹的反学科限制的综合——通过把学科变量(规则、意义、利益等)置换到同一的技术、科学自身实践的“平面”上，消解传统解释构架。这样我们就回到了新的综合的核心：对科学的文化研究。我认为，对于科学的文化研究来说，冲撞和对科学的文化研究应该视为交叉互补的，二者均围绕其各自的轴心拓展和增进对科学的理解。我试图展示科学的文化研究中的新的综合如何开辟了更广阔的超越学科限制的领域，其中对科学的文化研究本身成为中心标志。

第七章的另一主题是冲撞如何从微观扩展到宏观。第一部分的研究主要与个体实践或相对小的群体实践相关，我试图探询在更宏大的社会实践层面，冲撞的意义将会怎样。在本书的其他部分，我在哲学和社会学层面讨论过这一主题，这一主题集中于编史工作，特别集中于我们如何更宏大地书写历史。我认为从表征语言描述转向操作语言描述便导引了STS领域的有机的编史工作：形象地说，工业革命取代了传统科学史所界定的被科学革命占据的特殊地位。通过讨论第二次世界大战以来的科学与军事领域的相互交叉，我具体说明了用宏观冲撞把握宏观历史的可能性。我的分析是一种标尺不变的(scale invariant)描述：实践在任何层面的扩增都可以在突现的、后人类主义的意义上来理解。我更进一步认识到对宏观冲撞的研究推进了一种对科学、社会、历史的二重性认识：无论是具有冲撞特性的一般历史，还是特定阶段的历史发展和形成，对于历史编纂学的描述都具有高度的敏感性。 34

第七章以两个附录结尾。本书的主体部分，我视人类和机器的一些基本的活动准则之间的规范性为不言而喻。在第一个附录，我注意到在工业化社会以外对人类力量和物质力量的非规范性理解非常普遍。我认为，首先，我的分析可以便利地扩展到这些非规范的力量；第二，对非规范力量的承认指向了一个不可通约性的极端形式：力量的不可通约性。第二个附录发展了冲撞作为普适性理论的思想。如果我们去除我的分析中的人类特征（尤其是对人类动机的讨论），我们不难看到它同样适用于这个世界本身：适用于化学系统、生物学系统、地质学系统、宇宙学系统，还有其他系统。自然，现存科学提供给我们的非突现的思想是扩展这一普适性的障碍。本书以提出绕过这些障碍的思想作为结束。

[注释]

[1] 这里,我希望"科学"应该在较通常使用 范围的更广泛意义上被解读。

[2] "科学的文化研究"的核心领域是历史学、哲学和科学社会学,但是,正如前面提及到的,我把对科学发生兴趣的其他的学科(人类学、政治科学)以及扩展到数学研究和STS研究的所有研究成果都包含在这个术语之中。

[3] 关于这些作者在科学哲学领域的工作,Suppe(1977)做了综述。

[4] SSK研究领域规范的著述包括巴恩斯(Barnes1974,1977,1982)、布鲁尔 (Bloor1991,1983)、柯林斯(Collins1992),以及麦肯齐(Mackenzie 1981b)的工作。参见夏平(Shapin,1982)从SSK的视角对科学社会学以及历史学的精彩的评述。这里我需要解释为什么我在此选择SSK,而不是选择先存的对科学的默顿式的研究(对二者的比较性评述,参见Zukerman 1988)。尽管后者通过挖掘科学的构成结构,把科学作为研究对象,从而扩展了我们对科学的概念,但它没有揭示社会和科学中的技术之间的具体的相互交织,而这种相互交织正是SSK和本书所关注的核心所在。默顿式研究,就像人们认为的那样,与其说是科学社会学,不如说是科学家社会学。

[5] 许多方面的工作成果,促动着有理由把科学的制造(doing of science)作为一个研究的主题。在传统科学史研究中,Holmes(1974,1981,1985)一直顽强地追逐着这个主题(一个新近的重要研究是科勒(Kohler 1994)),但是,恐怕最有影响的研究当属对"实验室生活"的人类学研究成果(Latour 和 Woolgar1996);塞蒂纳(Knorr-Cetina 1981);林奇(Lynch 1985a)。从另外一个角度看,科学工作中的利益则是SSK持续关注的内容:皮克林(Pickering 1984 b);古丁(Gooding 1990)。另外还有一个思想来源是对科学的实用主义研究(可以把Howard Becker的工作,特别是Anselm Strauss的工作作为分界点),参见斯达(Star

1991 b,1992)。对于当前观点的综述,参见皮克林(Pickering 1992b),以及克拉克(Clarke)和富杰姆那(Fujimura 1992)。

[6] 关于这一点我无法提供统计证据,但即便这个证据是错误的,也不会影响我在本书中阐述的观点。尽管如此,对科学的文化研究领域中我最欣赏的作者的最新著述的阅读使我知道:他们在相当程度上参与了不同于我的研究的研究项目。当我回到我最近编辑的一部著作《作为实践和文化的科学》时,我才明白(我在编辑此书时并不明白),只有古丁的文章与我对时间中文化转换的研究兴趣一致。在第一章第三节讨论的科学的文化研究的行动者网络理论研究方向,对我对实践的时间性思考非常重要,但这一理论极大地被文化研究的其他思想影响和侵蚀,这一点也许是因为行动者网络理论的许多关键术语——"计算中心"、"义务通道点"(obligatory passage points)以及"网络"概念自身,都是文化描摹的艺术术语。

[7] 伍尔伽(Woolgar 1988a,1992)清楚地给出了发生在科学和人文科学领域尤其是人类学领域转折点之间的连接。对表征语言的把握,在林奇(Lynch)的文章《表征被过高估计》(1993a)中得到具体的说明。林奇的结论是:我们应该以不同的方式研究表征,但我们不应该避开表征语言来研究表征。

[8] 感谢尼克尔森(Malcolm Nicolson)和查达里来亚安(Soraya de Chadarevian)向我强调了这些观点与欧洲大陆哲学现象学传统之间的关系。我承认,我对胡塞尔、海德格尔和庞蒂这些大师的著作知之甚少,尽管罗斯(Rouse 1985,1986,1987a)在寻求把这些作者的思想融入当代英美科学哲学的尝试中,在它们之间给出了精彩的连接。可以参见罗斯(1987b);尼克尔森(1991);以及随后的注释 27。我还要感谢沙佛(Simon Schaffer)和夏平(Steven Shapin)促进了我关于物质力量思想的产生。他们激发我提出这样一个观点,即:观念力量和动机是浑为一体的,并且这种力量只能归于人类本身。在下述的讨论中,我将明晰这个问题。与此同时,我注意到并非只有我一人发现了物质力量的作用,也并非只有我一人乐于讨论物质力量。例如,哈里(Harre)和麦登(Madden)非常兴奋地讨论过自然的力量,甚至从未设想将人类动机注入其中;还有怀斯(Wise)和斯密斯(Smith 1989—90)援引惠威尔(Wil-

liam Whewell) 1841 年的著述:"在许多情境下一件事情是由许多力量运作而成的:人的力量,马的力量,风的力量,水的力量。"

[9] 这一点应该清楚说明了我的研究与行动者网络理论家之间的联系,随后我会回到对这些人的讨论。驯化这个隐喻,我专门引自于卡伦(1086),拉脱尔(1987)。

[10] 关于对科学语言自身的操作性角色作用的分析,参见罗斯(Rouse 1994);更一般地分析,参见斯密斯(Smith 1993a)。

[11] 哈金(Ian Hacking 1993)把对自然中力量和致因的讨论的哲学版本追溯到牛顿关于引力的著作:用他所生活时代的术语,牛顿对不包括运动的具体原因在内的行星运动给出了一个解释。无论是布鲁尔(Bloor 1983,152—55)还是夏平(1982,181—84),都对 17 世纪英格兰关于物质的被动性观点的著述进行了评述,他们把这些观点同那个时代的社会的、道德的、宗教的和政治的背景联系起来。针对操作性,而不是表征性的哲学观点,从哲学讨论中祛除物质力量的思想,确立了休谟在其中的核心地位,参见卡特赖特(Cartwright 1989,2)以及胡塞尔从另一不同角度的讨论(1970,84—90)。

[12] 还可参见汉斯卡 (Bhaskar 1975)、查尔默斯(Chalmers 1992)、哈里与麦登(Harre & Madden 1975),以及梅罗(Mellor 1974)。我感谢李普顿(Peter Lipton)引导我进入了这一哲学思想线索。

[13] 在讨论费尔班克(William Fairbank)的工作时,哈金明确地表达(第六章第六节的图示)了这一口号。

[14] 在哲学上,对表征主义的最著名的一般批判是罗蒂(Rorty 1979)。哈金(1983)在科学哲学领域打了头炮,但对表征主义更持久的交锋和评判,则是罗蒂后来的著述。罗蒂所主张的选择是转向对话性语言描述(conversational idiom)。我在此主张的转换更接近于哈金的从表征转向干预。罗斯主张一种对科学的文化研究。

[15] 我承认,沿着这些思路我进行了许多讨论(Pickering1984c,第一章;1984 a)。关于标准的 SSK 的观点向技术领域扩散的研究,参见平奇与比杰克(Pinch & Bijker 1984)。

[16] 也许,在其 SSK 立场的典范式的解说中,布鲁尔遗憾于其中对物质力量讨论的缺乏:"毫无疑问,既成观点中的缺陷是大量的。我

认为最为严重的一个缺点是:在我强调社会学研究的物质特性的同时,物质主义似乎趋于被动而不是主动。不能说它完全是非辩证的,但毫无疑问它代表着理论的知识,而不是实践。”有意思的是,布鲁尔一直把其自己的立场同卡尔·波普的哲学相比较,认为波普“使科学成为一种纯粹的理论而不是可靠的技术”。我感谢布鲁尔把我的注意力引向这些隐喻。与之形成对比,巴恩斯(Barnes 1991,331)则直接拒绝社会学意义上的物质力量的角色:“实在将会无须主张地容忍可选择的描述。我们可以说,实在将会是什么,而实在也将不认为它自己是什么。社会学的知识坚决反对强化实在力量的实在论者认识论。”

[17] 关于行动者网络理论的最重要的进展和成果,参见卡伦(1994)、拉脱尔(1987,1988a),以及劳(Law 1993)。罗斯(Rouse 1987b)给出了一个关于行动者网络理论的精彩的哲学讨论和扩展。我应该提及柯林斯与耶尔莱(Collins & Yearley)的文章,实际上有两个靶子:第二个是伍尔伽(Steve Woolgar)的反身性纲领(reflexivity program)。正如前述所指出的那样,我把反身理解为科学的文化研究中对表征性语言描述的一种强化。因为我要避开这种描述语言,我将不在此讨论柯林斯与耶尔莱对此的批判。然而,有一点值得明确,即:像行动者网络一样,对称性地对待人类力量与非人类力量,但只是以否定的方式而不是以肯定的方式。反身性对科学家强调物质力量的解释的解构,就像科学家对SSK强调科学家的人类力量的解释的解构一样。我还注意到,当行动者网络理论进行一种符号学的变换,它显示出了向反身性的复归。伍尔伽(1992)对柯林斯与耶尔莱的批评做出了回应;柯林斯与耶尔莱(1992b)回应了卡伦的批评;拉脱尔(1992)回应了柯林斯与耶尔莱的批评(1992a)。

[18] 这个说明战略的一个缺点是:它过于紧密地把我对实践的分析与物质力量联系在一起;正如我在第一章第五节所解释的那样,我对实践的整体分析完全适用于缺乏物质力量作用的情境。与行动者网络理论分歧的一个特别之点在此也需要提及,这一点涉及“网络”隐喻本身。当这个隐喻在经典的行动者网络研究中发挥有用作用的时候,我没有发现它显示出与我自己的研究的关联,而且,在下述章节中,这个隐喻没有发挥任何作用。莫尔与劳(Mol & Law 1994)鼓吹一种更复

杂的“地域”、“网络”、“流体”的“社会拓扑学”，暗示这可能会是一个无穷尽的系列。在第七章第四节，我将更进一步展开拓扑学的概念。

[19] 在本章和本书思想展开的过程中，一个不协调将会变得明显。无论是在认识论的鸡争论之前还是之后，我发现柯林斯的许多著述与行动者网络理论以及我要阐发的对实践的分析(不是柯林斯和耶尔莱的纯 SSK 式的分析)具有更多的一致性。对于这种不协调性，我没有令人信服的分析，或许柯林斯的人类主义(见下)与其技术分析有矛盾。从积极的意义上说，在发展我对实践的分析过程中，我从柯林斯那里学到很多。

[20] 符号学并不是对非人类力量的行动者网络理解的全部，但是，自从拉脱尔和伍尔伽强调作为“铭文工具”(inscription device)的科学仪器以来，符号学似乎就成为这种理解的主线，并且看来对符号学的采用招致了不断的批评。于是，为了回答柯林斯和耶尔莱的挑战，卡伦和拉脱尔给出了一个图解，其中柯林斯和耶尔莱的困境被表示为水平的自然/社会轴线，卡伦和拉脱尔则添加了一个竖直的轴线。他们解释到：“竖直的轴线主要针对向外移动(shifting out)力量的活动，这是一个缺乏其标识语和人类中心蕴涵的演员符号定义。”同样地，沙夫挑战说，拉脱尔(Latour 1988)根据了一个没有合法地位的万物有灵论(一个对非人类王国力量的不公正诋毁)，拉脱尔提供了对巴斯德的一本文集的解读。似乎非常清楚，在这个例证中拉脱尔关于非人类力量的思想路线只是经由非常字面意义上的文本(我只有拉脱尔 1992 年的一部未完成的手稿，但是我出席了他报告这篇论文的研讨班[剑桥，1992 年 10 月]。随后与他的私人谈话也证实了我的这个判断。拉脱尔报告的核心随后发表在 1992[Latour 1992b]，但不是作为对沙夫的回答，而是作为符号学方法的具体说明)。沿着类似的路线，卡伦写到：“社会学不过是各种铭文科学的一种延伸。现在它需要将其范围扩展到不仅包括活动者而且包括活动者表达其说话的各种中介……社会能够被解读在标致着中介的铭文中”(1991，140)。我下面采取的立场比较接近约翰·劳早期发展起来的思想(1987)。在劳那里，没有经过符号学的任何迂回，他把自然力量视为行动者网络意义上的葡萄牙人的海上扩张。我们能够注意到：即便是在拉脱尔宣称处在符号学处理状态时，他也似乎

经常忘记这种状态,以至直接讨论实验室实践(不是在文本的意义上),参见 Latour1992b,核心段落。更正式一点的显示是:拉脱尔的新近著述介绍了一个称作“向下移动”(shifting down)的特殊的准符号学的操作者,它在文本和物质世界之间运动——用拉脱尔自己的说法,在文本表征和真实事物之间运动(1993a,16)。我认为行动者网络的符号学阐释在这一点上开始解体。

[21] 这里,我们可以有一个与早期实用主义哲学的连接。基于对皮尔斯(Charles Sander Peirce)的研究,柯恩(Cohen 1923)解释到:“皮尔斯的偶成论受惠于赖特的意外和‘宇宙气候’信条。这个信条坚持反对拉普拉斯小妖,即:一个能够一点一滴地认识自然的意识,一定会遭遇现象领域的纯粹的新异性,一种不能使我们知识做出预见的新异性”。在詹姆斯(William James)著名的说法——“就像我们知道的那样,经验总是由于沸腾而溢出,总是使我们纠正我们现存的公式”,同样的信条得到表述(William James [1907,1909]1978,106)。

[22] 调节的含义接近于塞蒂纳(Knorr-Cetina)的修补(调整)的含义,区别仅仅在于前者迅速调动起了物质力量(以及其他种类的力量)的作用。正如在第三章所提及到的,正是在对调节物质仪器的思考中我开始相信,在对科学实践所进行的分析中,需要包括物质力量。弗兰克(Fleck 1935,1979)讨论了测试梅毒的瓦塞尔曼(Wassermann)氏检查[反应]法中的调节问题(在我所使用的概念意义上)。他提到,“在最初的实验中,仅仅有15%到20%的正面的实验结果证实梅毒的存在”(72),但在一个阶段的具体的反应操作之后,证实梅毒存在的成功率达到70%到90%。柯林斯意义上的建造TEA激光器的工作,也可以解读为对物质仪器调节的人种学说明。关于科学活动中对实验仪器调节的更多的说明,可参见皮克林(1984b,14)以及在此引述的内容。需要注意这样一点,即:把科学实践理解为一种科学文化的扩展性工作,而不是不断制造新机器的复制性工作,这一点是至关重要的。我强调,物质力量是在我们所认为的实践中瞬时突现出来的。物质力量本身是否是瞬时突现出来的则是另外一个问题。一些机器的相对可靠性(例如:一些磁铁、汽车和电视周而复始地重复同样的功能)表明在人类事务的时间尺度内,物质力量的演化相当缓慢。第七章第六节我将回到这个

主题。我要感谢威尔逊(Adrian Wilson)激发我开始思考这个问题。

[23] 行动者网络提出用机器"代表"人类操作。我的观点是当我们试图反过来用人类代表机器功能时,这种假设的操作的对称性就会破裂。

[24] 参见柯林斯(1990,1994);柯林斯交替使用"机器似的"和"行为特征的"作用。因为显然的原因,我倾向于使用前者。

[25] 在把实验室描写为家,描写为"升值的自然"和"升值的"互相构造的场所时,塞蒂纳提出这个观点——尽管在"自然"和"力量"之间进行的隐含对比,对于我而言似乎是一种错位。波兰尼(Polanyi 1958)的讨论是对科学中技艺和"默会知识"(tacit knowledge)进行的早期的经典论述。

[26] 或者像卡伦与拉脱尔(Callon & Latour 1992)所说的那样,(追随恩格斯)共同产生了,就像劳(John 劳,1987)所称之为异质性的建造过程。

[27] 赫特(Piet Hut)督促我注意我对"动机"术语的使用不是现象学哲学的专业用法,在现象学哲学中动机的含义是:意识总是对某种事物的意识。另一方面,在我的整体分析和胡塞尔思想之间,似乎存在许多接触点。下述的讨论可以作为例证说明胡塞尔的这个观点:"世界是一个渗入我们行动的广阔领域,无论是内向的体验过程、认识过程,还是外向的活动,都是有指向的。所有的影响和作用,都来自于这个领域或来自于任何既定的对象,在每一个情境下将它们自身转换为行动"(1970,144)。

[28] 尽管我无法觉察我对这个观点在此的阐述与在其他地方的阐述有什么不一致,拉脱尔和斯密斯(Barbara Smith)还是批评了我关于动机的观点。关于拉脱尔的批评,可参见下述的注解 29;关于斯密斯的批评,可参见第二章第三节开始部分对她的引述。两个更进一步的观点值得注意。第一,就像我已经界定的那样,关于动机的问题,不会在对文化(包括对实践)的共时性研究中产生。第二,下述的观点表明:我坚信实践的计划和目标不是从现存文化中派生出来的。不存在静态意义上的作为"解决问题"的科学理性,以及作用于实践的静态"约束"或其他的什么东西,能够用来解释为什么特定的活动者会沿着文化扩

展的特定维向出发。我的理解还可以提供更多的所需的东西。

[29] 阿什莫(Ashmore 1993)勇敢而有趣,但不太具有说服力。他试图把动机归因于一种物质力量。保持人类力量与物质力量的对称性的另外一个方式是否认人类的动机性。我认为,这种方式是劳的战略(John Law 1993),他把人类力量描述为由有组织的叙述或"神话"(注意,从力量到文本性的回归与我们已经讨论过的现象学转折并行)操作的"网络效应"。值得提及的是拉脱尔似乎对于人类动机的含义有着相当清晰的认识。拉脱尔与伍尔伽(1986)的双方阵营截然分明的"激烈"论战(都试图控制战场)的最初印象,可以平分秋色地留给非人类力量,或留给作为整体的行动者网络(Callon & Latour 1981)。但我不认为可以以同样见解对待拉脱尔后来的关于"利益转换"的讨论(Latour 1987,108—21)。对我来说,后者似乎仅仅适用于动机性的人类力量作用于其他的动机性的人类力量。关于对动机的社会学理解的思想性评述,参见林奇(1992c)。关于社会科学领域中对人类力量和非人类力量的新近思考的综述,参见阿什莫(Ashmore)和伍菲特(Wooffitt)以及哈丁(Harding 1994)的工作。

[30] 我从科学史和科学哲学对理论发展中隐喻和类比的作用的讨论中,提出了筑模的思想。我之所以倾向于讨论筑模是因为,我想把这个思想不仅用于物质领域和社会领域,而且用于观念领域以及科学的文化研究的其他方面,尽管隐喻和类比通常被看作仅有文本上的意义。在库恩式意义上,筑模就是发展出一个样板。与此相关的著述,参见 Barnes 1982; Bloor1991; Gooding 1990; Hesse 1966; Knorr-Cetina1981;Kuhn 1970;Pickering1981c,1984 b。

[31] 对我而言,人类力量的这种开放式终结是物质力量的突现性质的必要组成;正是这种开放式终结使得人类力量和物质力量的彼此联系成为可能。

[32] 富勒(Fuller 1992)认为,科学家应该关注任务;与之相反,我认为科学家应该关注科学创造力。

[33] 对我而言,在 SSK 领域内的经典著述中,柯林斯似乎是唯一的直接关注人类理论的瞬时突现的作者。参见柯林斯 1992 以及我自己的综述文章。更一般意义上对人类力量突现的承认,把我自己的主

张同符号互动论、常人方法论的社会学和实用主义的社会学联系起来：丹兹(Denzin 1992)总结了至今为止的符号互动论的历史，强调这个历史与实用主义和常人方法论的联系；林奇(1992a，1993b)为对科学的常人方法论的研究开了个好头；关于对科学的实用主义研究，参见斯达(1991b，1992)，以及富希缪拉(Fujimura 1992)。格瑞汉(Laurel Graham)和劳一直鼓励我思考我自己的科学的文化研究和符号相互论的关系；非常遗憾的是，我没有在早些时候听从他们的建议。

[34] 如果能够认可索彻曼(Lucy Suchman)对人类动机性的可替代观点的反对，也许会有助于澄清我自己的立场。她写到："我们的行动，尽管是系统的，但从来没有在认知科学能够把握那么强烈的意义上被计划。计划最好被视作一个特定活动的微弱致因。在事发之前，计划必然是模糊的，因为它们必须适应在特定情境中的突发事件"(1987，ix)。并且，"我们不是基于对计划的研究对活动的细节归类，我们应该思考计划如何被特定活动中比较大的问题归类"(1987，50)。我同意她的见解。

[35] 对于这里出现的主动与被动的区别，弗莱克(Fleck [1935] 1979)给出了一个灵感和启示。弗莱克也使用"调节"隐喻，给予调节一个特定的音乐意义："瓦塞尔曼听到了在其脑海里吟唱的曲调，但对于那些没有参与到实验中的人来说，这个曲调是听不到的。他和他的合作者倾听着，'调节'着'设置'，使这些曲调成为可分辨的。旋律随后成为可以听见的，甚至没有参与实验、没有任何倾向的人也能够听得到"(86)。后来，弗莱克社会化了这个音乐隐喻："为了使反应效果最大化，同时为了保证实验结果尽可能准确，必须使五种所需试剂完全匹配。这一点需要经验。如果实验由一个小组操作，通常甚至需要一个准乐队式的实践"(97)。类似的，林奇强调：不去参照学生们通过显微镜看到的事件，尝试使学生获得一种实验室活动的体验，"非常类似于通过音量调节对一个交响乐进行视听分析"(1991b 52)。这些音乐形象可以视作逃离对科学的传统的视觉/表征性理解的尝试的一部分，但在最终的结果上，这些尝试保留了一种反对称性：隐喻与舞者工舞，隐喻没有在听，甚至没有在操作。像通常一样，拉脱尔是比较稳重的："一个实验从一个参照系到另一个参照系转移行动。谁在这个实验中活动？巴

斯德和他的酵母菌。更准确地说，巴斯德在活动，正因为此酵母菌也在活动……他创造了一个景象，但在其中他没有创造任何事物。他开发出了手势、玻璃器皿、实验方案，这样这些实体一旦开始向外移动，就成为自动的和自主的。……在新的文化中介中，谁在真正地活动？巴斯德，因为他在揉搓，在蒸煮，在过滤，在观察。乳酸菌，由于它生长太快，它用完了供给，获得了能量，进入了与它类似的生长在同样的土壤中的其他生物体的竞争。如果我忽视掉巴斯德的工作，我将坠入实在论的巢穴，如果我忽视乳酸菌的作为……我将陷入另外一个巢穴……社会建构主义的巢穴，极力忽视非人类力量的作用……我们没有必要在两种意义上的科学活动中进行选择，因为这种科学工作旨在建造一种景象，在其中科学家不做任何工作。”(1992b，141—44)(对我而言，这种感觉并不是非常的符号学)

[36] 我非常感谢金格拉斯(Yves Gingras)指出了我所说的阻抗与适应的辩证法与皮亚杰意义上的智能发展之间的紧密关系。“适应”是皮亚杰的关键术语之一，通常在与“阻抗”、“障碍”对应的意义上理解，他的“均衡”概念接近于我的相互作用式稳定的思想。皮亚杰的实证兴趣与我的实证兴趣不同，他的思想更多的是用表征语言表述，而不是用操作性语言表述，但是，把他的图式扩展到科学实践中是一个非常有意义的工作。

[37] 如果过于较真，冲撞(Mangle)隐喻很快就会破碎。一个真正的冲撞就像一堆不变的衣物，穿来穿去——对于科学实践的建设性方面来说，这个形象太保守了。“Mangling”还承载着破碎和肢解的含义——“我的玩具熊在一个交通事故中彻底地被碾碎(mangle)了”——这个含义则直接是对实践的建设性方面的背离。对此，我不能更多地做什么；我无法想到一个更合适的词来描述科学实践。我们只能尽量地认真地对待这个隐喻，但不能太认真(我们可以适当选择一下 Flann O'Brien 的《第三个警察》中建设性的、转换性的神奇的 mangle)。我要感谢林奇、奥利尔里(Ted O'Leary)以及梅吉尔(Allan Megill)，他们提醒我冲撞(mangle)讨论中存在的潜在的困难，并鼓励我对它进行更充分的解释。[实际情况是人们甚至认为 Mangle 是一种家用技术。戴维斯(Natalie Davis)和索泼(Frederic Suppe) 告诉我，他们母亲的 mangle

是一种提高熨烫速度的仪器。这也许意味着 mangle 的含义在英国和美国有所不同，我在英国含义上使用 mangle，但是布里安（Richard Burian）带我更深入到西弗吉尼亚，并向我证明 mangle 依然在我所使用的意义上使用着。]

[38] 这里是这样一个问题：在当代哲学中什么样的解释和理解构成有意义的论争主题。像凯勒特（Stephen Kellert）的混沌理论在自然科学中的解释作用一样，对科学实践的冲撞式解释具有混沌理论一样的解释特性。与传统的科学解释形成鲜明对比，"混沌理论不对量的细节做出预测，只是对量的特性做出预测；它不揭示隐含致因，但它展示几何变换机理；它不产生必然性，但它展现模式……混沌理论强调发现模式和关系，抛弃模式必须具体地、决定性地产生必然性的要求"（1993，105，112）。人们也许会认为这正说明了混沌理论（以及冲撞）不能揭示任何事情，但站在混沌理论的立场上（就像我随后对待冲撞的态度一样），凯勒特指出：对于许多自然现象的传统揭示图式找不到合适的解释。"把科学的理解视为揭示现象的隐含致因，不仅在生物学领域和社会科学领域是不适用的，而且在非线性物理学中同样是不适用的"（105）。凯勒特（113）还非常有意义地引用了凯勒（Evelyn Fox Keller）的讨论，认为在科学中，"秩序"是"规律"的传统含义的一般化。拉脱尔（1988a）基于行动者网络理论，针对解释也提出了一些有意义和有见识的观点，尽管他所使用的是我试图避开的表征性语言/符号学语言的描述。

[39] 人们通常用后二元论（Postdualist）代替一元论；鉴于第一章第五节对文化多元性的讨论，我认为最合适的用语应该是"多元主义"。

[40] 在与劳的谈话中以及在阅读他的新近著作（例如劳 1993）的过程中，我终于把握了人类主义与后人类主义区别的意义。斯密斯（Barbara Herrnstein Smith）也指出了我的早期文章中的"人类主义残余"（在上述关于人类动机的讨论中，这种残余好像还是存在）。超出行动者网络理论之外，我发现了德勒兹（Gilles Deleuze）、瓜塔里（Felix Guattari）以及福柯（Michel Foucault）针对人类主体的去中心化的非常有价值的思考。对于瞬时突现和人类主体地位的取代主题，福柯提出了概括性的论述，尽管对我而言，他是如何把二者联系起来的这一点并

不十分清楚。我自己通过上述讨论的力量概念将二者联系起来，福柯对此则非常勉强。

[41] 从现在开始，在科学的文化研究领域，我将使用“传统的”一词，作为人类主义、非突现、表征主义的缩写。

[42] 一个可选择的叙述战略是把冲撞描述为（与其他的对科学的非传统研究一起）SSK 发展现状的一部分。例如，平奇（Trevor Pinch）曾经试图说服我接受这个对 SSK 的广义解释。然而，即便是追寻这样一个思想线索，清楚这一点依旧非常重要，即：具有突现的、后人类主义形态的 SSK，离开了其原始的、正规的形态。我还认为，这种解释歪曲了“科学知识社会学”（SSK ：Sociology of Scientific Knowledge）一词的原意。向操作性语言的转移，剥离了 SSK 中 K 所代表的知识的任何的特权；类似的，冲撞的反学科限制的倾向（参见第七章第一节）强调反对第一个 S 所代表的学科忠诚；第二个 S 还可以站住脚，尽管我在第五章、第七章第三节、第七章第四节强调，我对科学的分析直接渗透到技术、工厂和社会领域。

[43] 例如，我发现了在我的分析与福柯关于监狱的讨论（1979）之间的隐含的联系。在我的意义上，监狱（像其他机构一样）可以被视为捕获、沟通和构架人类中的一个特殊群体的场所，福柯的大部分分析，与一种机构性调节和冲撞有关，社会科学在这种调节和冲撞中突现并继续冲撞着。在更一般意义上，我对第三章表征链的冲撞的讨论，应该自然地被一般化为福柯所强调的知识/权力表征链中的联接和枢纽。我与福柯的这种联系，可参见 Hopwood 1987，Miller 1992，Miller & O’Leary 1994，Rose 1990，以及 Rose & Miller 1992 对社会科学、管理以及会计的福柯式分析。

# 第一部分

# 例　　证

# 第二章

# 仪器——建造气泡室

在第一章，我陈述了对一般意义上实践的冲撞的基本理 37
解。本章的任务是开始对其进行例证说明和详尽阐述。它集中于对科学在机器领域的扩展进行研究，特别是对作为基本粒子物理学的实验仪器的气泡室的产生过程的研究[1]。主要基于伽里森(Peter Galison)的详细记录，以历史叙述的方式集中于气泡室发明者格拉泽(Donald Glaser)的工作，以例证方式，在严格意义上说明核心概念冲撞在阻抗与适应辩证过程中的运作，强调格拉泽实践活动的目标导向性质。围绕我的力量和突现主题，我进行了评述。我认为我们应该视气泡室为物质力量的处所，它的物质轮廓、它的力量、它的功能意义(科学知识)都是在真实时间中的阻抗与适应的辩证过程中突现产生的——它们在冲撞中突现出来。转向人类力量，在筑模意义上，我分析了格拉泽实践中的动机结构，申明格拉泽的目标与计划同样处在突现式冲撞中。我更进一步注意到这种冲撞向人类力量的社会轮廓的扩展——涉及各种社会范围和社会关系。我认为，不仅仅是人类力量纬度可以在实践中转化，分析的单元同样如此。最后通过比较我所界定的人类 38
力量与传统的人类主义，阐明在冲撞中人类力量与物质力量相互交织的后人类主义立场。

## 2.1 建造气泡室

气泡室发明于20世纪50年代早期，在20世纪60年代和70年代之间，成为实验基本粒子物理学的主要工具。了解它的起源和发展需要一些技术背景。一个典型的基本粒子物理学实验需要三个要素：第一，粒子束——质子、电子等。这种粒子束可以从天然材料中提取，如从辐射到地球上的宇宙射线中提取，也可以通过粒子加速器人工提取。第二，粒子靶——粒子可以撞击其上。粒子在靶盘上与原子核相互作用，散射——改变能量和运动方向——并且通常产生新粒子。第三，探测器。利用便于后继分析的形式，记录散射和产生新粒子的过程。

因为工作原理相似，在本章中我们考虑的仪器是云室和气泡室，对前者的描述可以满足对后者的要求[2]。云室基本上是一个在压力下充满蒸汽的仓，其可以同时充当靶盘和探测器。粒子束撞击蒸汽，在那里相互作用和散射。当压力释放，蒸汽凝聚，随即形成一个个细小的液滴串，这些液滴串记录了刚刚经过的任何带电粒子的轨迹。这些轨迹被拍摄下来，作为在云室中发生的任何"事件"和相互作用的永久记录
39 被保存下来。现在，我们进入这一历史。

在20世纪50年代早期，物理学领域普遍关注奇异粒子问题。这些粒子在使用云室做宇宙射线实验时被发现，但在实验中很难收集到针对粒子本身的数据。奇异粒子事件似乎很少发生。这个时候，格拉泽给自己设定一个新的目标，并作为密西根大学的助教开始其研究生涯。他试图构造一些他在

研究生期间使用过的类似于云室，但包含有更稠密物质的新种类的探测器。他的推理很简单：对于既定密度的粒子束而言，事件的捕获率与靶盘容积成比例关系，这样，如果他使用稠密介质，他会有更多的机会发现感兴趣的奇异粒子事件。他开始广泛地研究使用液体和固体记录粒子轨迹（像云室那样）的可能技术，但是这种努力屡屡失败[3]。它们没有产生任何类似于粒子轨迹的东西。失败在继续。这里引入我的关键术语：对格拉泽而言的一系列阻抗，就是在通往目标的道路上一系列的障碍。我需要强调：我仅在实际的障碍的意义上使用阻抗，而不是涉及科学家可能人为设置的障碍。我把格拉泽对这种阻抗的应对描述为：适应。面对每次阻抗，格拉泽总是基于其寻找高密度探测器的目标，设计一些尝试性的方案，期望能够绕过他已经遭遇过多次的障碍。在早期的尝试中，这些适应采取了从对一种物质、一种技术的探索不断转向对另一种物质、另一种技术探索的简单方式。他的实践由此便具有了阻抗与适应辩证运动的方式：这种运动遍历了他所追寻的潜在的新型探测器可能存在的所有空间。这种辩证法，在严格意义上，我称之为实践的冲撞。

1952 年，当格拉泽建造的第一个能够运行的新的探测器——气泡室后，他的探索实践暂时停止。气泡室的工作原理类似于云室，所不同的是用高压下充满炙热的液体代替充满气体。当压力释放，沸腾开始，小气泡（取代小液滴）形成能够被拍摄到的粒子轨迹（图 2.1 和图 2.2）。问题的关键是：充满液体的气泡室比充满气体的云室的密度更高，这样，按照格拉泽的目标设计，前者捕获粒子事件的比例一定高于后者。 40

1953 年，格拉泽发表了他的成果，一些个人和团体很快投入到把气泡室发展为实用的实验仪器的工作中。最著名的是格拉泽本人所在的密西根大学、路易斯·阿尔瓦雷茨（Luis

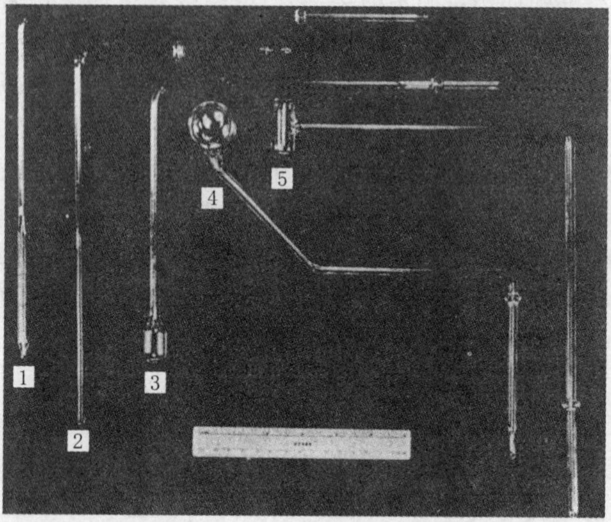

图 2.1　格拉泽的原型气泡室。鳞茎状的终端包含着可观测轨迹的气体。经格拉泽许可重印 1964,532,图 2。诺贝尔基金委 1961 版权所有。

Alvrez)所在的伯克利,以及芝加哥大学的一个团体的工作(因为这项成就,格拉泽和阿尔瓦雷茨分别荣获 1960 年和 1968 年度诺贝尔物理学奖)。非常值得一提的是,在这三个
41 地方,围绕气泡室构造起了三个不同的设计目标。在这方面,阿尔瓦雷茨研究团体的工作意义最为深远。他们的工作奠定了粒子物理实验的大科学式研究方向,这种研究形式在 20 世纪 60 年代逐渐主导了物理学研究领域。然而,我依旧主要集中于讨论格拉泽,因为他的工作是冲撞的最简明例证。在需要的时候,我会将他的工作与阿尔瓦雷茨的工作进行比较[4]。

42 在发明气泡室之前,格拉泽接受过宇宙射线物理学家的工作训练。他以往习惯于使用自然的宇宙射线而不是粒子加

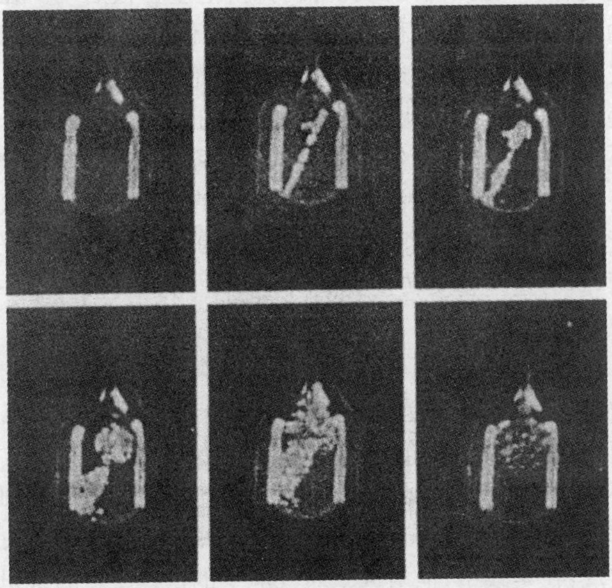

图 2.2　格拉泽原型气泡室气泡轨迹拍摄图片，时间间隔从0，1/3，1，22，71，直至增大到250毫秒。清楚记录下的轨迹体现在第二张照片中，随着气泡的增大，轨迹变得逐渐模糊。经格拉泽许可重印1964，536，图3。诺贝尔基金委1961版权所有。

速器中人工产生的粒子束从事粒子物理研究。建造第一个原形之后，他的目标变为在其原有专业研究中运用这一新的探测器。这时，另一阻抗变得明显。由于宇宙射线通常无规则地到达地球表面，所以，通过气泡室随机的间歇机械扩张来探测有意义的宇宙射线事件几乎成为不可能：不可控因素太多，在瞬间选择中一无所获。他面对着借助于云室工作的物理学家们一样的问题。解决方案是建造一个作为“扳机”的新种类的探测器。一个小的电子探测器可用来大致记录宇宙射线轨迹，它的输出用来启动气泡室运行。按照这一思路，当极有可能发现有意义的宇宙射线事件时，气泡室方被启动。在改进他的气泡室原形的过程中，格拉泽实施他的扳机启动策略，但他失败了。他发现接通电子扳机和气泡室后，没有产生任何轨迹。再一次，阻抗跃然出现于他通向目标的道路；再一次，一系列尝试性适应发生。他尝试了一系列不同的扳机连接，最终完成一种使用与初始沸腾相伴随的叮当声来启动气泡室运行的设计[5]。气泡室的物质形态在冲撞过程中艰难孕育。然而，所有这些物质转换尝试均告失败，格拉泽面对下一个更不规则的适应。

对于启动气泡室与宇宙射线之间有效联系的尝试的持续失败，格拉泽的反应是双重的。对阻抗的一种应对方式是构造他突然遭遇的阻抗的概念意义。他推论：气泡室正常运行需要的机械扩张时间大于粒子运动轨迹滞留的时间，因此，扳机启动失败。就其关于气泡室的知识而言，这一适应在冲撞中实现：在实践中，他增进了对气泡室的认识。新的认识与对阻抗的第二个适应紧密相关，这一适应修正了他的活动目标：
43 他抛弃了直接使用气泡室研究宇宙射线物理学的尝试，转向粒子加速器实验室进行工作。在那里，在精确的时间间隔中，大量的粒子云集，气泡室扩张由时钟控制，连接启动不再成为问题。

我随即讨论加速器物理学中格拉泽的工作，但我首先要强调：他离开宇宙射线物理学研究转向加速器实验室工作，在其科学实践中引出了社会作用维度。格拉泽后来这样说："这个过程中有心理学的原因。我知道大型加速器将要建造，大量的奇异粒子会产生出来。但我并非喜欢加入与大机器一起工作的群体……我认定：如果我足够聪明，我就可以发明能够从宇宙射线提取信息的什么东西，并且你可以在一个相当平静而不是拥有大机器的工厂环境中工作……我想拯救宇宙射线物理学(323—24)。在引文中的平静环境与工厂环境的对立,指出了20世纪50年代早期物理学领域界限分明的两种不同的工作组织形式——“大科学”与“小科学”。小科学是实验物理学的传统工作方式——科学实践的个体方式,它仅仅需要利用当地资源获得低水平资助就可进行,几乎不需要合作,并且个人的原创性很快会得到回报。大科学是二战以后诞生于美国武器实验室的全新的工作风格和组织形式,在20世纪50年代早期诸如伯克利的E. O. 劳伦斯(E. O Lawrence)以及路易斯·阿尔瓦雷茨粒子加速器实验室中,你可以强烈地感受到这一点。大科学拥有科层组织形式,研究工作由物理学家和工程师团队进行;其特征是巨额的资金资助、行政过程渗透其中。在获取加速器粒子束通道、在实施实验研究方案上高度相互依赖,同时对个体原创性的反应相对缺乏变通。像引文中清楚表明的那样,格拉泽倾向于小科学,即便在他转移到加速器支撑的物理学领域——大科学的大本营工作,他依旧保持这种倾向[6]。

把启动问题搁置一旁,格拉泽还面对另一困难。他所设计的各种原型都是非常小的仪器,线性维度在1英寸以内。 44
它们无疑具有探测粒子轨道的可能性,但在数据产生率方面,它们很难与已经在粒子加速器中使用的其他探测器媲美。关键变量依旧是靶盘的容量:格拉泽的问题是,在粒子束通道上,他的设计不能获取足够的粒子。问题变成:如何按比例扩张气泡室。这个问题部分涉及探测器的线性尺度,部分涉及流动的介质浓度。显然,流动介质越稠密,给定气泡室的所需容量越小。为方便起见,最初,格拉泽同时着手两方面的工作。在伯克利,阿尔瓦雷茨选择液氢作为工作液。因为,液氢所记载的数据最容易得到解释,但液氢的低密度意味着需要建造相对大的探测器(最终达到72英寸长),这一工作方向直接导入大科学实践。但是大科学研究恰恰是格拉泽试图避免的方向，他的方向是建造一个液氙室。因为液氙比液氢更稠密，他推测势必能够建造一个足以发现有意义的粒子而容积又小于液氢室的探测器。他的目标是不使用所有大科学高技术和工程师梯队，在密西根发现“最后一个‘神玺’”(327)[7]。

氙室探测器的进展顺利，但进行第一次测试时，“没有得到任何轨迹”(Brown, Glaser & Perl 1956, 586)。阻抗再一次置身于格拉泽与他的目标之间，阻抗实际上始终存在。他继续写到：“通过扩大膨胀通道以提高氙室的扩展速度，启动探测器在氙液中产生轨迹，用丁基合成橡胶取代原来的聚四
45 氟乙烯垫圈和光栅以避免聚四氟乙烯对氙的过分吸收”——探测器的物质轮廓在冲撞中初显——“但依旧没有发现任何轨迹”。然而，这一次，格拉泽和他的合作者发现一个绕过阻抗的方法。接受洛斯·阿莫斯实验室同僚的建议，他们尝试在探测器中加入乙烯作为“淬熄”因子，这一适应终于成功了。轨迹出现了，实验开始走入正轨[8](图 2.3—图 2.5)。加入乙烯的成功，引发了对带电粒子气泡形成机理的重新评价。格拉泽一直遵循的对弗雷德里克·塞尔兹(Frederick Seitz) 1958 年提出的“热淬”理论持赞同态度的解释意义被抛弃了。这是在加速器物理学中的最后序列的阻抗与适应，粒子物理文化中物质与概念层面发生双重冲撞：探测器的新形态、淬氙室、新知识、对新探测器的新理解共同突现。正如我试图描述的那样，格拉泽实践的社会维度在氙设计中同样冲撞着。

在转向加速器物理学之前，格拉泽的研究工作是典型的小科学。从 1950 年 6 月到 1952 年 12 月——在此期间我们看到气泡室的发明和发展——格拉泽仅仅和一个研究生——大卫·拉姆(David Rahm)，一起工作，密西根大学仅仅给予总共 2 000 美元的资助。到 1952 年底，大学增加资助到每年

图 2.3　30 厘米液氙气泡室。经格拉泽许可重印 1964,545,图 9。诺贝尔基金委 1961 版权所有。

图 2.4　装备有辅助设备的、准备在在伯克利粒子加速器上使用的、30 厘米液氙气泡室。经格拉泽许可重印 1964,545,图 10。诺贝尔基金委 1961 版权所有。

3 000 美元。这与氙室项目的人力和资助形成鲜明的对照。在那里,格拉泽的兼职薪水与秘书马丁·帕尔(Martin Perl)、四名博士后助理研究员、还有一位机械师的全职薪水就达

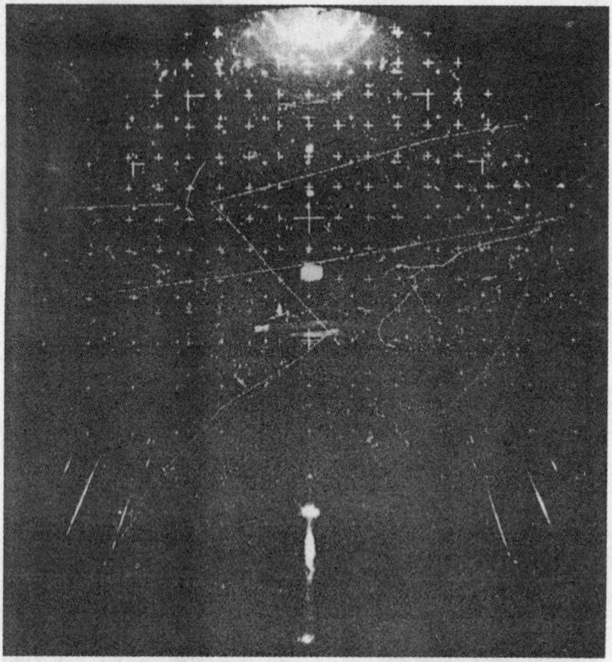

图 2.5 氙室中的粒子轨迹。经格拉泽许可重印 1964，548，图 13。诺贝尔基金委 1961 版权所有。

25 000 美元。设备、供给及设备运行费用与之相当。在宣传其小科学工作方式的同时，格拉泽明显扩大了氙室的容积和启动氙室的装置，一个具有杂和体味道的东西，一种决非经典形式的东西。但格拉泽的氙室项目应该同阿尔瓦雷茨在伯克
47 利的 72 英寸巨型液氢室建造努力形成对照（图 2.6—图 2.8)。据我所知，尽管阿尔瓦雷茨的液氢室建造帝国的准确规模从未被确认过，但伽里森在伯克利的工作记录，提及 11 个合作者（物理学家、工程师和研究生）。而且，(1) 这个项目受到原子能源委员会总量 2.5 亿美元的资助；(2) 阿尔

图 2.6　在伯克利建造的尺寸逐渐增大的液氢室成员。72 英寸液氢室在前排右端。后排右数二为阿尔瓦雷茨。经加利福尼亚大学劳仑斯伯克利实验室许可重印。

图 2.7　72 英寸气泡室准备投入运行。最上面一层是控制设备和液氢供应设施,下面一层是液氢室,安装在类似于棺木的结构中。经加利福尼亚大学劳仑斯伯克利实验室许可重印。

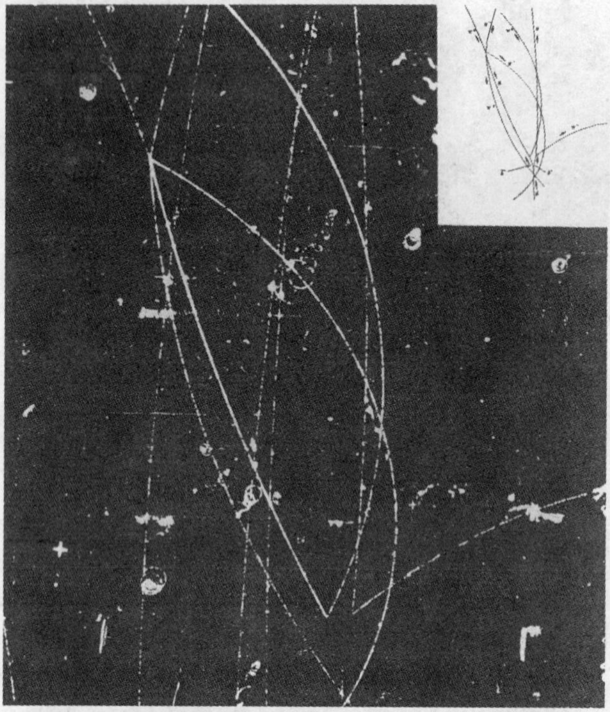

图 2.8　72 英寸气泡室记录下的粒子轨迹照片。经加利福尼亚大学劳仑斯伯克利实验室许可重印。

瓦雷茨 以 Don 机构代表的身份工作:“这个角色在物理学实验室中是一个新角色,但在军事组织中却广为人知。他成为
48 ‘梯队首脑’。在这个位置上,他协调物理学家和工程师的工作,全权负责谨慎使用宝贵的 2.5 亿美元,他变成从低温技术到工程安全的首屈一指的全权专家”(阿尔瓦雷茨 1986b,125)[9]。与为 1960 年气泡室物理学设定标准的阿尔瓦雷茨的方案相比较,格拉泽氙室建造工作保留有与小科学之间相

当明显的联系。

在我转入对这一实践活动的一般性讨论之前，需要涉及两个问题的历史形成，二者均与粒子物理学的社会维度密切相关。伽里森写到："1960 年，格拉泽来到伯克利加盟日益扩张的氢气泡室研究梯队，但主要因为他不满意于大梯队工作，他很快离开物理学研究而进入分子生物学研究"，并且"事实上，1967 年 2 月，阿尔瓦雷茨也几乎将其全部时间投向其他 49
项目，主要是针对宇宙射线研究的气球实验工作"(353)。这里出现了一个奇妙的循环：阿尔瓦雷茨回到了格拉泽曾经用气泡室拯救但却遭遇失败的研究领域[10]。

## 2.2　冲撞与物质力量

把建造气泡室作为例证，我叙述了科学实践中阻抗与适 50
应的辩证运动（最严格意义上的冲撞），我同时勾勒了格拉泽实践活动中物质的、概念的、社会的力量冲撞的轮廓。现在我试图把这一过程同广义的冲撞概念连接，同力量与瞬时突现连接。我首先讨论物质力量，然后讨论人类力量。在讨论的 51
全过程，物质力量与人类力量之间突现式的、后人类主义的相互交织显而易见。但是，在本章的结尾，我试图从另一不同的角度——基于对我所理解的人类力量与传统人类主义意义的人类力量的比较，阐明这一主题。

为讨论物质力量，我们需要回到第一章的思想线索。我认为：应该把气泡室的发展历史视为一个或多或少地充满剧烈调节的过程，这一过程意味着在追求对物质力量的捕获中物质性要素的持续重构。这种调节过程本身又在物质力量与人类力量的共舞中组织自身。在人类活动中，格拉泽装配了物质仪器序列——可能形成其气泡室原型的各种不同的组件被持续地组合和重构，各种不同的组合最终导致淬氙室的产生。在人类力量一次次积极迸发之间，穿插着一段段的人类活动的消极被动，这种消极被动可以对称地理解为物质活动的阻抗所在。完成每一次重构，格拉泽总是暂时后退，注视可能发生的情况[11]。值得注意的是，他的每一次尝试性组合，都是或多或少的进展，尽管不是所期望的那种进展。当压力释放后，他设计的所有气泡室都或迟或早地沸腾起来，但其中大部分要么爆炸、要么不起作用——不是首先通过粒子轨道而是首先发生容积膨胀。力量的共舞立即描绘出特定的机械重构以及这些重构的固有力量和特性：部分之间的组合就以这种方式进行[12]。

现在，我简述物质力量的含义。它就是格拉泽的探测器的作为——爆炸式沸腾或沿着粒子轨迹或其他什么方向扩张。这些行动显然独立于格拉泽。为了理解格拉泽充当被动角色时可能发生的事情，我们只能承认：此时，其他方式的活
52 动和力量在运作着，这就是物质世界的活动和力量。当各种气泡室运行时，它们产生轨迹和图片的方式不应全部归属于人类力量。科学家建造和操纵气泡室，但无论是其间显示的粒子轨迹，还是这些轨迹的特定重构，都不掌握在气泡室的同伴——人类手中。就像我所表明的那样：格拉泽对此无力选择：特定的物质过程以其固有的方式运行，格拉泽所能做的只能是要么接受，要么抛弃。这就又把我们带回冲撞。从人类的立场看，力量的共舞以阻抗与适应的辩证运动建构自身，这里，阻抗等于对物质力量捕获的失败，适应等于重组物质力量去发现穿越阻抗的途径和方法。阻抗与适应的辩证法——冲撞——便描绘出了经由机器性重构和机器式操作的可能空间、终止于对物质力量的成功捕获的过程轨迹：构成格拉泽原

型气泡室的各种特定的组合，恰恰表明了格拉泽所追寻的物质力量。后来的淬氙室，经历了同样的过程。

因此，我们应该把气泡室视为对物质力量的捕获效应，视为以特定方式运行的物质要素的特定组合。我要复述的另一点是：这种捕获本身就是瞬时突现的。很明显，格拉泽预先根本不知道：超越云室设计的大部分设计都会失败，而惟独他的原型气泡室最终成功；从原型气泡室转向可实际运作的实验设备的大部分尝试都会失败，惟独淬氙室会获得成功。事实上，当他着手进行这些最终决定了他的探测器的物质结构和物质效力的未来演化的实践活动时，在未来结果中显示出的一切最初都是不确定的。在真实时间的实践活动中，格拉泽最终发现了物质力量的可能轮廓。这个发现过程就是我将之概念化为阻抗与适应的辩证运动的过程，我们可以以此重述阻抗的突现。在超越云室的各种尝试设计中，格拉泽所遭遇的特定的阻抗模式在真实的时间中没有确定的解释。在他的实践中，阻抗似乎是偶然出现的——仅仅是发生了。所谓仅
仅是发生了是指：当格拉泽以这种方式构造他的仪器时，不产 53
生任何轨迹；当他以那种方式构造仪器时，轨迹出现了。这便是隐含在冲撞中的瞬时突现的实质内涵。

现在，简要回顾一下针对物质力量的柯林斯和耶尔莱的两难处境想必是很有必要的。他们的论点是：要么在作为人类活动的产物的意义上理解物质力量，要么在“科学的意义”上，把物质力量理解为纯粹的物质力量本身。正像我已经表明的那样，在瞬时突现意义上理解和分析物质力量，削平了这种两难的双重犄角。它承认物质力量是科学家与之抗争的力量（不同于 SSK），但不接受这种力量的“科学意义的、工程意义的”解释。当然，我们有必要关注这样一个事实：对于气泡室的功能，格拉泽确实有他的意义解释（知识）。他用气泡室

的反应时间过长解释启动过程的失败；用气泡形成的机理解释淬氙室初始遭遇的障碍[13]。但是，在导论中我已经说明，如果对实践进行真实的时间过程分析，这种对知识的引进和应用就不会引发任何问题：这种引入和应用本身就是冲撞过程的部分和组成。作为阻抗与适应辩证运动的产物，立即反观性地隐藏在突现的阻抗中，前瞻性地成为新的适应的构成要素。这种过程不是先于实践的，而是非人类力量的物质轮廓的展开。物质力量与精致的科学解释均在冲撞中突现。当然，对于科学知识与冲撞的关系需要更多的阐明，在第三章和第四章我将通过具体的例证，对其进行更进一步的讨论。

关于物质力量我的最后一个论点是：如果要理解科学实践活动，我们需要承认物质力量不能简化为人类力量；然而，我要强调：物质力量突现的轨迹与人类力量紧密相关。物质力量不会将自身强加给科学家。换言之，不存在一个在本质上由纯粹的物质力量支配的对机器的完美调节。同样，科学
54 家永远不会把握物质力量的纯粹的本质。物质力量经由其固有的非纯化的动态过程突现自身，这种动态过程与物质王国、人类王国相伴共生[14]。在刻画机器构成和机器的力量中起核心作用的阻抗，总是将自身置于人类动机、目标和计划的广阔空间。在实践中，格拉泽遭遇的阻抗只能被这样解释，因为在其间，我们总能看到某种特定形式的终结。在这个意义上，阻抗在交叉点、在人类王国与非人类力量的边界出现。它们是彻头彻尾的人类/物质杂和体。这种性质很快将物质力量的突现卷入与人类力量的相互作用，而无须将前者归并为后者[15]。这种缠绕是地道的关于冲撞的后人类主义见解：在阻抗与适应的辩证运动中，物质力量被吸入人类王国。现在，我转向相反的位置，人类力量在介入物质力量过程中，突现式地重构自身。

## 2.3 冲撞与人类动机

> 历史知道真理。历史是人性中最非人性的产物。它挖掘出人类的全部愿望，就像加尔各答的女神卡莉（Kali），在她撕咬和咀嚼时，血液从口中流出。
>
> 米什马：《天使的堕落》

> 我们所说的主体的“需要”、“利益”和“目的”，不仅始终处在变动之中，而且并非总是独立于或先于满足它们或实施它们的实体而存在；事实是，实体也会产生主体所要满足的需要和利益，也会引发主体
> 所实施的目的。尤其是，因为我们的目的始终被我 55
> 们在实施对客体的作用过程中产生的客体所转换、所导引，因为在人类需要、技术生产以及文化实践之间的复杂的相互交织，这样，在我们的愿望与我们的宇宙之间就永远存在着相互的界定。
>
> B. H. 史密斯：《价值的偶然性》

我们从物质力量转向人类力量。这一节，我主要关注人类力量的动机结构。下一节，主要关注人类力量的社会结构。在第一章中我指出：为了理解科学活动中的文化扩展，我们需要承认科学活动具有特定的目标指向，这种指向趋向于成就特定的未来文化扩展状态。我还进一步指出：这种目标本身就是在筑模过程中、在现存文化中构造出来的。现在，我将这些观点与手边的例证相结合。

我们可以将格拉泽的气泡室工作分解为两个阶段。第一阶段，基于云室，他尝试发明一些具有与云室大致相同特性的探测器。这一阶段的结果就是他的小的、原型气泡室的建造。在第二阶段，基于这些原型，他尝试建造具有使用价值的气泡室。这样，在格拉泽科学实践的两个阶段，云室和气泡室都充当了他的建造模型：起初，他的目标是建造类似于云室但在许多方面又做出改进的探测器；与此类似，后来他的建造目标是对早期气泡室的改进[16]。在这方面，格拉泽的工作没有任何特异之处。如果没有云室、没有原型气泡室，很难想象格拉泽能够有效地建造最初的气泡室以及后来的淬氙室[17]。在这个意义上，我认为筑模是科学实践中不可或缺的有机组成。承认这一点就意味着：在人类的动机结构与物质力量之间存在着显著的并行和相互交织。在第一章，我曾经以抽象的方
56 式勾画过这一图景，现在，我则在当下的例证中讨论这一图景。

筑模把人类动机和目标置于构造它们的文化领域之中——一个有探测器存在的领域（在当下的例证中）。这种文化定位本身就意味着在人类动机结构中内在具有的一定程度的突现和后人类主义意味的相互交织。在第二章第二节中我讨论过，就云室而言，原型气泡室的特性和物质构成是瞬时突现出来的；我们现在的讨论则涉及格拉泽科学实践中系列目标的突现式形成。科学实践的目标必须基于模型突现出来。这些目标的后人类主义特性相当明确。尽管格拉泽以非常经典的人类力量的方式构造他的目标，但他身处其中并构造这些目标的存在着的探测器的领域，则是地道的物质领域。这样，在物质力量与人类目标结构之间便存在一个瞬时的、后人类主义意味的相互作用。

我们可以沿着这一思路思考第一章对筑模的讨论：筑模

是一个没有既定目标的开放式终结过程，给定的模型不能规定它自身的扩展形式。这种开放性在气泡室的建造历史中得到极好的例证说明：格拉泽尝试性地全方位构想和构造了不同种类的探测器，在最终成功地完成原型气泡室建造之前，基于云室的基本形态，所有构想和构造的探测器都以这样或那样的方式被模型化。同格拉泽一样，阿尔瓦雷茨和芝加哥研究小组沿着不同的轴线发展了格拉泽的原型气泡室。格拉泽本人也在许多不同方向上改进自己的气泡室——最初是与宇宙射线物理学相关的探测器启动装置的几个设计，然后是氙室的几个变种。因此，筑模实际上是一根链条，一根把现存文化和作为科学活动目标的未来状态连接起来的链条。但这种链条绝不是致因式的或机器式的：任何特定模型的选择，都开启一个不确定的广阔的筑模维向和目标空间。这又引发另一个问题，为什么特定的科学家把特定的目标设定在这一空间的某一位置？就像我曾经表明的那样，这里没有明确的答案。我们可以认为是科学的创造性，我们也可以认为科学的目标的形成仅仅就是发生着或发生了：例如，格拉泽最初设置的目标是超越云室，在通向目标的道路上偶然产生了引导他走向气泡室设计的思想，等等，等等。显然，在他的实践活动中，不存在任何预先决定其动机结构的东西。再一次，我们又遭遇了科学实践中的偶然性和瞬时突现。我们也只能承认，至少在两种意义上，科学家的目标是突现意义的：实践目标是在文化领域的瞬时突现中被构造出来的，并且实践目标的具体细节本身也在这一构造过程中突现出来[18]。需要我们进一步思考的是，目标导向的人类实践在其瞬时性扩展中的表现形态是什么？ 57

格拉泽的大部分实践活动不是包含在他的目标形成之中，而是包含在他通向目标的各种物质性尝试中。他或多或少地知道他想构造的探测器种类的大致形态，他花费大部分时间去实现它们。自然，这种实现过程又把我们带回冲撞：在参与物质力量的活动的过程中，在面对阻抗中适应。这里我要强调的是：这种适应等同于对目标和计划的调整和修正，等同于对人类力量的动机结构的调整和修正。例如，在格拉泽放弃对气泡室的启动的同时，他也放弃了将新的探测器应用于宇宙射线物理学的想法，并且随即将其目标定位于加速器实验室。这样，目标本身就依赖于实践中的冲撞[19]。反过来，上述讨论又带我们走向另一种意义的对人类动机瞬时性
58 突现的刻画：在实践过程中的目标转换，是在适应瞬时突现的阻抗过程中偶然地形成的[20]。这一点，也正是后人类主义意味的冲撞。在讨论物质力量时我曾经提到，阻抗在人类力量与物质力量作用的交叉点突现，在当下的讨论中，阻抗则在完全相同的过程中，充当人类力量在捕获物质力量过程中又转换为物质力量的角色。恰如物质力量演化不是纯粹的物质力量动力学一样，人类力量的演化也不是纯粹人类力量的动力学。“愿望仅仅在组合和运作中存在”，正像德勒兹和帕累特所陈述的那样，反之亦然。

## 2.4　冲撞与社会

在上述的第二和第三部分，针对物质力量与人类力量的概念以及二者在相互交织中的突现，我主要关注科学文化的技术扩展。在讨论人类力量的动机结构的同时，在第一章中我还触及人类活动和物质操作之间的相互调节和相互作用式稳定。在这种相互调节和相互作用式稳定中，人类操作活动被具体化为蕴涵着机械性运作的受约实践，在第三章第五节

中我将更深入地探讨这种规训。在本章的这一部分,我主要讨论科学实践中人类操作的显著的社会维度,尤其注重讨论人类力量涉及的各种社会关系、活动规模以及活动层面的转换过程。气泡室及其产物历经粒子物理学共同体的循环过程,便是我们的思想线索。在各种气泡室及气泡室原型逐渐成为基本粒子物理学的核心工具之后,为进一步地探讨有机构成这一核心的机器、概念结构和受约实践之间的转换,分析各种实验之间、各种实验与理论家之间的社会关系是极有意义的。但是这样一来,讨论就远离了我们本章所关注的实证研究[21]。因此,这里我只能围绕格拉泽和阿尔瓦雷茨的工作讨论社会维度间的转换(在第五章,我将基于另外的例证讨论社会冲撞)。 59

至今为止,我只在技术模型的意义上,即云室以及气泡室的各种早期形态意义上讨论格拉泽的实践活动。事实上,另一种不同种类的模型:科学研究的社会组织模型也一直在发挥作用。在气泡室的发展过程中,格拉泽显然以其熟悉的从事宇宙射线物理学研究时的小科学模式工作。他试图以小科学方式建造和使用各种气泡室[22]。值得注意的是:在这种连接中,作为一种技术实践,筑模在社会实践领域是开放式终结的。在实践中,格拉泽发现了"小科学"在气泡室研究项目中的意义和功用。更有意义的是,在这种发现过程中,格拉泽由一个典型的微观活动者(格拉泽在密西根的早期工作只有一个研究生助手)变成一定意义上的宏观活动者(领导着不少于9名研究人员的研究梯队)。在此,我无意讨论这种转换的细节,但这种转换足以支撑我对人类力量的突现性质和后人类主义性质的分析。在突现意义上我们注意到:没有任何人可以预见可能的社会转换是什么。格拉泽的初始工作条件中不具备决定其未来工作结果的任何确定的特性。自然,格拉泽

60 决非故意如此。格拉泽的小科学模式本身也是在实践中开放
式终结地冲撞着[23]。现在，我们转而关注冲撞的后人类主义
的去中心化。这是一种社会力量和物质力量的相互作用式调
节，格拉泽工作形态的社会演化，使其自身成为在物质力量领
域周旋的产物。最有意味的是：很明显，如果在宇宙射线物理
学领域格拉泽成功地启动和使用了气泡室，他的实践活动便
会保留更多的个体色彩；同样，如果氙室项目最终失败了，他
61 的 9 人研究梯队就会解散。如果引用我在第一章提出的重要
概念，那么，可以这样认为：启动的失败使格拉泽实验物理学
的小科学研究方向失稳，而淬氙室的操作以及 9 人研究梯队
的合作相互作用地实现了彼此稳定：在格拉泽不断壮大的研
究梯队实践活动的真实时间演化中，它们共同突现，彼此支
撑[24]。为理解作为社会作用以及人类力量的具体体现的冲
撞过程，我们需要再次思考物质力量与人类力量的阻抗与适
应的辩证过程。格拉泽实践的社会性方面的演化绝非依照纯
粹的社会动力学；也绝非存在一个纯粹的社会学解释足以说
明格拉泽由典型的微观活动者向宏观活动者地位的转换[25]。

事实上，我的观点是：同科学文化的物质维度和观念维度一样，科学文化的社会维度本身就处在实践的“平面”上，本身就依赖于发生于其间的冲撞过程。这一点足以通过建造气泡室历史中格拉泽向阿尔瓦雷茨的转移过程具体得到说明[26]。

就科学的社会组织形态而言，如果说格拉泽模式是小科学的，那么阿尔瓦雷茨模式就是大科学的。在 20 世纪 50 年代早期，在战时和战后美国武器实验室，阿尔瓦雷茨有过各种各样的参与大科学研究项目的经历。在气泡室建造中，他看到在实验的粒子物理学研究领域大科学研究模式的一种循环[27]。对阿尔瓦雷茨而言，吸引他建造充满液氢的大尺度气泡室的部分原因是：这种研究方式可以大规模地汇聚物理学

家和工程师的努力，这种努力可以通过建造一种设备激活对现有设备的全方位使用(阿尔瓦雷茨对此过程相当熟悉)。对 62
格拉泽而言，此时他也发现了大科学在他的研究项目中的具体地位[28]。最有意味的是，从目前讨论的观点看，阿尔瓦雷茨和他的合作者们发现：要建造72英寸大尺度探测器，与实验粒子物理学共同体之外的群体建立社会的和技术的联合是相当必要的。例如，早在项目实施初期，数量巨大的液氢的生产和使用就成为明显的问题。这些问题通过与来自原子能源部和标准实验室联邦署的一个团体建立合作关系而最终得到解决。此时，标准实验室联邦署已经拥有了解决这些问题的相应的专家和计算机软件。另外，伴随项目的进行和72英寸探测器具体特性的拟订，现有的数据分析手段远远不能满足建造探测器所需要的数据处理速度的问题变得越来越突出。这个阻抗——伽里森称之为数据瓶颈——通过与计算机专家、计算机程序员、扫描设备建立合作与联合得以适应。非物理学家使用的设备以新颖的方式介入实验物理学领域。需要再次引起注意：在伯克利演化出来的大科学实验的这些特性起初无从知晓。它们作为阻抗与适应的在真实时间中辩证运动的一部分，突现出来。各种新型的关系在伯克利研究梯队、AEC实验室、NBS实验室、计算机世界和其他有薪劳动之间建立起来。在72英寸探测器的轮廓和能量的突现中，这些关系在相互作用中实现稳定[29]。

这就是我要讨论的人类力量。其结果是：无论是人类力量的“内在”社会组织(其规模具体化为格拉泽的工作)，还是 63
其“外在”社会组织(阿尔瓦雷茨的工作，建立不同性质的活动者关联)，都处在实践的“平面”上，并且突现式地、后人类主义意味地冲撞着，与科学文化的物质维度和概念维度彼此融合，在相互作用中实现稳定(或破坏稳定)[30]。

## 2.5 活动者、利益和规训

为完成这种具体说明，从另一不同角度对冲撞的突现式的、后人类主义特性进行理论探讨是有意义的。我试图通过与传统人类主义的简明比较，来结束本章我对人类力量的阐述。对于人类力量，传统学说有两类观点。一类观点（包括实用主义和符号互动论的研究）明确承认人类力量的瞬时突现性质，这类观点同我的观点的唯一分歧在于它的人类中心倾向[31]。对此，我无须更多的讨论。另一类观点对人类力量的突现性质认识含糊。我主要讨论后一类观点。但这类观点自身对人类力量的动机结构又存在两种极为不同的理解。一方面，追随马克思和韦伯，认为人类的目标的动机可在积极的意
64 义上，即个体或集团的利益意义上刻画，另一方面，追随杜克海姆，认为人类活动的目标和动机应该在消极意义上，即人类活动的各种规训意义上刻画。

关于人类力量的所有这些观点，在 SSK 领域中都被精细地讨论过。例如，大卫·布鲁尔（1983，1992）发展了杜克海姆的基本思想；巴里·巴恩斯（1977，1982），斯蒂文·夏平（1979，1982，1988a）以及唐纳德·麦肯齐（Donald MacKenzie 1981a，1981b）等赞成利益模式的不同翻版。在第四章第六节、第五章第三节以及第六章第六节，我将分别讨论 SSK 的例证和一般理论阐述，但是在此，我只能一般性地表明我对人类力量的理解既认同利益模式，又符合规训模式。非常明显，我主张科学实践是目标导向活动，这一点与利益模式对人类力量的解释基本相符。但其中尚有不同。我认为，当利益被理解为实践过程中的非突现致因，因而突现不再成为利益模

式的必要特征时，正统 SSK 对利益模式中利益如何在实践中发生变化便不能提供任何有意义的解释。在 SSK 的陈述中，活动者的利益似乎预先在实践的某一特定阶段被确定和显现，似乎这些利益被设定在运动中，构造着活动结果，而这种设定和构造本身却没有处在情境之中[32]。我必须清楚表明，如果我对实践的分析可以作为利益模式的后人类主义的变种，那么我们只能认为科学活动的目标依赖于要素间的杂和(impure)的冲撞，像早已阐明的那样。目标和利益不能作为不移动的移动者(unmoved mover)、作为置身实践其外(其上，其后)的致因，来解释科学文化的扩展[33]。我们习惯于将利益附着于活动者来思考利益，从微观到宏观，正统的 SSK 在科学实践的活动者转换问题上同样没有建树，它强化其所确认的角色的非突现性以及贯穿实践始终的持续不变性。相反，我的观点早已明确：科学活动者的社会认同和社会关系(无论是其内在组成还是外在结构)自身倾向于在实践中冲撞和重新界定自身[34]。 65

对活动者及活动者目标的讨论，自然引发阻抗与适应的辩证运动。从字面解释来看，阻抗概念使我的见解接近上述关于人类力量的动机结构的第二类观点，即：在规训的意义上理解人类力量。明确我的阻抗概念和传统的规训概念之间的区别，能够突出冲撞的新异之点[35]。

我们可以给予"规训"一词多种含义，但对我而言，在人类主义的图式中，它具有两个特性。其一，它被明确地定位于人类王国。它包含一组从一定的社会结构派生出来的社会(或认识论)常量。第二，至少在人类实践的时间层面上，它被瞬时非突现性理解和解释。规训在文化中持续性地显现，即便在不存在积极的活动力量时也是如此。规训的语言是监狱的语言：规训总是存在，就像监狱的围墙(我们不停地尝试跳越，

最终知道根本不可能跳越)[36]。我对阻抗的使用,绝对不包
含这类特性。就像我曾经强调的那样,基于对实践的真实时
间性分析,我们看到阻抗纯粹是在时间中突现出来的,是产生
66 于目标导向的实践活动的这个或那个阶段的障碍。这样,规
训与阻抗之间有着明显的概念亲缘:在时间轴线上,它们相互
垂直。规训是共时性的,它先存于实践并贯穿实践始终;阻抗
是历时性的,它在时间中被构造[37]。更进一步,规训可以明
确地置身于人类王国,阻抗则只能存在于人类王国与物质王
67 国的交接地带。阻抗(还有适应)处于人类王国和物质王国之
间争斗的中心。在其中,人类力量与物质力量相互构造。物
质力量、科学知识、人类力量的动机结构及其社会轮廓,所有
一切都在瞬间重新组合。相伴于时间轴线、发生在人类力量
与物质力量边界的阻抗,不断地替换作为人类力量基本特性
的规训,使隐含在冲撞中的突现式的、后人类主义的去中心化
地位显著。[38]

[注释]

[1] 选择这个特殊的例证有许多原因。我现在对物质力量的关注使得这个选择注重对科学仪器的分析,同时,这是一个具有历史意义的仪器,是两个诺贝尔物理学奖的重要组成(参见下述内容)。就像随后即将变得明显的那样,气泡室的发展历史具有许多其他的仪器发展历史中所不具有的社会维度。然而,这个社会维度并非丰富、具体到足以控制气泡室的整个发展历史,如果冲撞式的后人类主义的科学结构得到清楚的阐明,这个社会维度应当占有它应该占有的位置。最后,不需要我自己来讲述气泡室发展的细节,对于我所建立的中心思想来说,气泡室的发展历史本身(Galison 1985)就具有重要的意义。

[2] 关于这一阶段基本粒子物理学实验的更多的基本战略,可参见 Pickering1984, chap. 2;关于云室的早期历史,可参见 Galison & Assmus1989。

[3] 伽里森 (317)提到在液体中记录聚合反应、开发对轨迹敏感的Griger 计数器以及"漫射"云室(diffusion cloud chambers)的尝试(这些尝试最终都提高了对粒子事件的捕获率,只是借助于持续增加的敏感性而不是借助于不断提高的浓度)。

[4] 伽里森 1985 赋予阿尔瓦雷茨的气泡室工作一个广泛的意义;1990b 沿着这个思想路径,对于阿尔瓦雷茨的科学实践,皮克林进行过一个分析,只是没有使用冲撞的术语。

[5] 在传统的启动方式失败以后,伽里森陈述到:"随后又进行了许多的尝试",包括试图通过向气泡室中填加一氧化碳降低气泡的生成速度(324)。

[6] 关于粒子物理学中大科学的突现的详尽历史,可参见 Heilbron & Seidel 1990,以及 Hermann 等 1987,1990。关于更一般的大科学讨论,参见 Thackray1992,Galison & Hevly 1992。

[7] 氙室不是这一阶段格拉泽唯一的研究课题。他所建造的一个 15 厘米充满丙烷并用于 Brookhaven 质子同步加速器气泡室,被认为是第一个用于粒子加速器实验的气泡室(但不是作为主导实验装置。参见格拉泽 1964,539;以及 Slatis 1959,13)。丙烷气泡室的吸引力在于它们可以在接近室温(60℃)的条件下运行,并且比液氢气泡室容易建造和使用(液氢气泡室需要在接近绝对零度的条件下运行),同时,丙烷气泡室还可以容纳比液氢气泡室自身所容纳的更高密度的氢原子(Bugg 1959,19)。于是,丙烷气泡室就以非常类似的氙气泡室的方式,使格拉泽离开大科学群体。丙烷气泡室的缺点是它不能构造一个纯粹的氢靶(原因在于丙烷的化学构成中碳原子核的状态)。这就意味着需要对在丙烷中捕获的数据进行大量的解释才可以使这种数据与基本粒子物理学的研究相关。

[8] 格拉泽的第一个液氙气泡室直径 1 英寸,厚 0.5 英寸,1956 年在 Brookhaven 的国家实验室的质子同步加速器上进行了测试(Brown, Glaser, & Perl 1956;Glaser 1958,327,340)。一个 21 升、直径 30 厘米的氙气泡室随后建造,并且准备 1958 年在伯克利的质子加速器上使用(Slatis1959,16;Glaser 1964)。

[9] 1964 年初(此时,72 英寸气泡室建造完成并在实验中投入使

用)。在阿尔瓦雷茨的研究队伍中,斯瓦兹(Swatez 1966,112)统计有23位具有博士学位的物理学家、20名硕士研究生助理研究员以及170名技术和管理人员。非常感谢彼得·特伦沃(Peter Trower)对阿尔瓦雷茨的工作和他的研究队伍的讨论,并且感谢他所提供的在此展示的图片 figures 2.6—2.8。

[10] 关于阿尔瓦雷茨转向小科学的更多的讨论,参见阿尔瓦雷茨 1987a。

[11] 这个被动观察的画面绝对是真实的:格拉泽蹲下来使用高速电影摄像机记录气泡形成的最初时刻,此时粒子轨迹可能已经变得明显(322)。

[12] 我应该补充的是,出于实际的目的,物理学家们关注的不仅仅是他们的气泡室是否产生轨迹。他们需要相当的长度使其气泡室的运行表现最大化,他们投入相当的注意力去关注摄像的定时问题、图象的扭曲问题,等等,等等。对正在运行的气泡室的调节过程,于是就要比我(或者 Glarser)在此描述的复杂得多。关于更多的技术细节,可参见 Glarser 1958;Bugg 1959;Slatis1959;以及 Weiss 1990。

[13] 作为对反映论的实在论的这种理解的矫正,值得提及的是气泡形成的热淬模型,颠覆了格拉泽的先前理解,这种理解恰恰是他成功建造早期气泡室所赖以依存的东西(328)。

[14] 必须明确的是,这个句子中(以及以后)所使用的非纯化的含义,是相对于我对人类力量与非人类力量的划分而言的。按照我的理解,在寻求刻画物质力量的纯粹的物质动力学方面,自然科学是纯粹的;传统的社会科学寻求刻画社会的纯粹社会动力学。但我的观点是:对科学实践所进行的真实时间分析,既不会支撑任何的纯粹的物质动力学概念,也不会支持纯粹的社会的动力学概念。我感谢拉文(Diederick Raven)鼓励我澄清这一思想。

[15] 这里,我们可以建立一种与活动者网络理论之间的联系。在后者讨论人与物的不可区分性的地方,对我而言恰恰是清楚地显示阻抗域限的地方。只有在阻抗被成功地适应之后,其位置才可以反观性地在有缺陷的人类操作、或错误的人类实践、或一个不可抵达的实践目标、或错误联接的概念结构中确定。

[16] 我们可以继续罗列各种模型。例如:宇宙射线领域的启动云室的成熟的实践为格拉泽发展他的原形提供了模型。

[17] 就像克里埃格(Krieger)指出的那样,“类比是命运”(1992,23)“但是”他继续到,“正是如何类比把我们的命运带回自身”,并且“什么样的类比是命运以及什么样的隐喻是权威性的,才是为我们自己进行选择的关键所在,是我们在这个世界上进行验证和发现之所在”(28),按照我的分析,这些性质直接指向冲撞。

[18] 关于目标的形成我们可以更多地谈论一些。在其他地方(Pickering 1981c,1984b),我强调过,在考虑科学实践的动态过程中,专业技能是核心的变量:我们可以把专业技能视为科学家追求某种结果的过程中所使用的一种资源 ,还可视为既定的科学家的特定追求所建造的特定的结果。在宇宙射线物理学领域,格拉泽使用云室的早期的技能,显然构造了他开发气泡室的科学实践,就像阿尔瓦雷茨的专业技能,在大科学实践中的作用一样(参见下述内容)。伴随着本书的进展,我将着手讨论更多的例证说明这种构造活动,但是关于专业技能必须承认两点:其一,专业技能是开放式终结的,在未来项目的不确定的范围内被启用;其二,专业技能是突现的,专业技能伴随实践而产生(如果这种实践参与到物质力量之中,这种突现便以后人类主义的形式产生)。专业技能的显现并不对目标的形成产生决定性的意义。在1990年(Pickering1990b) 中,我从另外的角度接近这个问题,即:在筑模向量相互交织和文化资源日渐积聚的意义上,分析了阿尔瓦雷茨围绕气泡室建造的目标形成过程。再一次,我认为它具体说明的目标的形成过程和详细内容,但它不能消除显现其中的偶然性和瞬时突现。

[19] 如果我们要在细节上把握适应过程的策略,科学实践中手段和结果之间的某种模糊性会变得明显。这样,把格拉泽从宇宙射线物理学转向以加速器为基础的物理学视为一种目标转移,同时把他经由可能的气泡室启动装置的各种尝试描述为从对各种可能的手段(没有结果的)的探索,转向对既定(最终又抛弃掉)的结果的追寻就是合理的了。这种模糊性并不能瓦解这样的观点,即:手段和结果都集结在人类动机之中。索彻曼(Suchman)关于“计划和特定行动”的研究极富意义与此相关。

[20] 至于目标的问题,对于特定的科学家为什么采取特定的适应策略,我无法给出原则性的分析。实际上,按照我的分析,目标形成和适应具有同等的地位。因此,格拉泽建造新型探测器的原初目标,完全可以被视作对收集奇异粒子(第二章第一节开始时提及)数据中产生的问题的一个适应。

[21] 我可以给出几个简明的观点。循环的含义直接指向科学文化的多重性方面,这种多重性在本书中并没有得到它应该得到的关注;这个思想是这样的:气泡室的照片在极为不同的文化所支撑的不同的科学家团体(例如:不同的实验和理论)之间建立了一种转换,即便是这些团体还共存于整体的粒子物理学领域之中(关于其他的具体例证,可参见 Fujimura 1992;以及 Star & Griesemer1989)。更进一步说,非常清楚,无论是格拉泽还是阿尔瓦雷茨在他们的科学实践中都指向这种循环:这种循环部分成为他们的目标的有机组成,部分界定了他们对物质力量的满意的捕获。在这个意义上、以及在下述讨论的意义上,他们的目标都指向一种技术-社会的东西,而不是一种纯粹技术的东西,不是一种纯粹的现存文化转换。这种扩展中清晰的社会性方面的轮廓,在阿尔瓦雷茨的气泡室的发展中不能够清晰地预见。正像伽里森(337—40)明确表明的那样,为了呈电中性的奇异粒子的数据(最难探测的粒子)的产生和循环,阿尔瓦雷茨尝试使其气泡室的直径最大化。具有讽刺意味的是,在气泡室的设计达到这个目的的同时,气泡室显示了不仅仅是其单纯的尺寸,更显示了更大的历史意义,它的使用证明了对具有高度不稳定性的"谐振"粒子的发现和探索,具有难以估量的价值。这一点在 50 年代(1950)晚期的发现中得到了进一步的证实,这些不稳定的"谐振"粒子成为夸克模型中的强相互作用的中心(Pickering 1984b)。在此,我们可以与皮克林(1984b)提出的科学实践的动力学的"语境机会主义"(opportunism in contexts)模型建立一种联系:即把活动者的目标视为指向技术社会文化的想象性转换,是把握个体实践的迅捷的社会性关联的有效途径。然而,皮克林在 1984b 的讨论缺乏存在于科学家和他们的活动之间的作为冲撞的阻抗与适应的辩证法的作用(同时也缺乏物质的力量和规训的力量的概念)。非常感谢金格拉斯(Yves Gingras) 和佩斯特(Dominique Pestre)鼓励我澄清这一点。我们

还可以与塞蒂纳所认为的目标是对“成功的承诺”的标记的思想建立一种直接的联系，可以与活动者网络理论所认为的科学家构造“方案”或“草图”以说服人类力量和非人类力量采取行动的思想建立直接的联系。

[22] 在第二章第一节，我跟随伽里森关注格拉泽的气泡室的建造；但是在大型仪器的发展中，在仪器的建造和使用之间存在着一个断裂，技术组织和社会组织全方位地介入其中。在格拉泽的工作中，我没有发现太多的社会组织的介入，但伽里森(1985)的讨论涵盖了阿尔瓦雷茨工作群体中发生的这种转换，斯瓦兹(Swatez 1966，第五章)针对阿尔瓦雷茨工作群体围绕成功地建造气泡室所进行的日常性工作，提出了富有意义的见解。

[23] 陈述这一点的另外一种途径是：在格拉泽明显地对小科学感兴趣的同时，他并没有通过对小科学的任何严格的定义限制自己的实践。事实上，他必须搞清楚在他自己的研究项目中什么才算作小科学，或者，在他充分接近他的小科学概念时，他情愿忍受一种什么样的东西。在我(Pickering1990b)的讨论中，在涉及阿尔瓦雷茨试图搞清楚在气泡室物理学中什么才是大科学的论述中，我提出了类似的观点。正如在历史性的叙述的结尾部分所论及的那样，两位物理学家最终都认为气泡室工作的社会性组织使他们无法忍受，继而离开了这个领域。在阿尔瓦雷茨的事例中，这一点作为实践中的突现产物尤其明显，他曾经打算用毕生精力建造的大科学最终排斥了他(阿尔瓦雷茨 1987a)。

[24] 就像在第一章指出的那样，我的相互作用式稳定的含义与文化的多元性密切相关，不过，我将对这一主题的进一步讨论推后到第三章进行。

[25] 关于纯性和非纯性，参见上述注解 14。社会结构和物质力量的突现式“合作产生”是活动者网络研究的主题；对此的具体说明，可参见 Callon1987; Latour 1983，1987。

[26] 除了伽里森 1985 的讨论之外，还有大量的关于阿尔瓦雷茨以及气泡室的其他论述(参见 Alvarez 1987a，1987b; Heilbron，Seidel & Wheaton1981; Pickering 1990b; Swatez 1966，1970; Trower 1987，1989)。

[27] 在第二此世界大战期间，阿尔瓦雷茨首先工作于麻省理工学院的拉德实验室，随后在洛斯·阿莫斯工作。二战结束后，他最初在伯克利参与大型质子加速器的建造工作，随后参与物质测试加速器(Materials Testing Accelerator)项目，这一项目最后发展为利弗莫尔国家实验室。物质测试加速器是一个军事项目，阿尔瓦雷茨兴趣转向气泡室研究工作后，这个项目陷入瘫痪。

[28] 在建造和运行粒子加速器的事务在20世纪50年代早期演变成大科学的同时，围绕加速器的实验却一直保持着传统的小科学形式。因此，在实验的粒子物理学领域没有可供阿尔瓦雷茨直接效仿的适用于大科学的模式，不过，粒子加速器实验室的实验无论如何还是要与大科学的一些方面相关，正是因为如此，格拉泽憎恨进入这个领域。

[29] 更进一步的对称在此需要提及。正如阿尔瓦雷茨的工作有助于界定在基本粒子实验中"大科学"是什么样子一样，阿尔瓦雷茨的工作同样有助于界定他所联合的其他的活动者的性质。在阿尔瓦雷茨把粒子物理学引入之前，粒子物理学研究并不是玻尔德实验室研究任务的一部分(正如卡伦和拉脱尔所陈述的那样)，在阿尔瓦雷茨介入之前，这个实验室一直在尝试建造一个"湿"氢弹("wet"hydrogen bomb)。同样的情形也适用于电子计算机、程序员等等的突现世界。

[30] 在科学的社会文化(以及技术文化)的扩展中的筑模过程的例证，可以从科学史的著述中大量得到，尽管在科学史的著述中没有对这些例证作如此的刻画，并且足以说明社会冲撞的细节在此过程中通常也难以显现。作为一个比较接近我们所需的内容的一个例证，追踪一下以伯克利的E. O. 劳伦斯的战前放射线实验室(Radiation Laboratory)为模型的美国二战武器实验室的工作、以及这些武器实验室的工作又如何反过来成为战后重组研究型物理学实验室模型的有机组成是非常有意义的，参见Heilborn & Seidel 1990; Kevles 1987; Galison 1988b; Schweber 1992a。在科学的文化研究的符号互动理论/实用主义传统意义上，对建造和维持科学内外的不同的"社会领域"之间的链接的研究已经有了精彩的著述，参见Fujimura 1992; Star & Griesemer 1989; Star 1991a，斯达对于参与这种链条的产生的非对称的冲撞做了很好的阐述。对已经建造起来的不同的"社会领域"彼此之间关系的重

构的关注，对活动者（包括新突现的活动者）范围变化的关注是活动者网络理论的 STS 研究（尽管我更愿意基于操作性语言描述而不是符号学语言描述重新关注这一主题）的确定内容，参见 Callon & Latour1981；Latour 1983，1987。

［31］更广泛意义上的对人类力量的实用主义的和符号互动主义的理解，参见第一章的注解 13。

［32］于是，在对 SSK 强纲领的首要信条的论述中，布鲁尔（1992，7）引导我们去寻找信念的社会致因，但是在所有四个信条中，他都没有引导我们探讨社会因素的转换。

［33］为了阐明他们的“社会建构”的观点，SSK 领域的大多数研究都关注持续存在于实践过程的有争议的利益关系。这一点可以被看作传统的非突现社会学分析的解释工作所处的一种情况，但我不认为这一点能够代表传统社会学分析的一般情况。与之形成对比，针对当下的讨论，我采纳拉脱尔（1987，108—21）对利益的“转移”（translation）和“注册”（enrollment）的讨论的观点，尽管这种特别针对其他人的利益的人类活动者的企图，并不是我对这个问题的理解的有机组成——例如，格拉泽实践中变化着的动机结构，不能在与其他人的直接的相互作用的意义上被理解。作为一种理论批判，斯密斯（1988）对于人类动机结构的突现特征和后人类主义的性质给出了详尽的说明（参见第二章第三节开头的引述）。类似的还有德勒兹和瓜塔里在哲学领域的讨论，以及格拉汉姆（Graham 1994）在社会理论领域的讨论。关于早期德国社会理论中对“利益”以及相关概念的精彩讨论，参见 Turner 1991。

［34］还可参见拉脱尔关于具有新特性的新的社会团体的建构的讨论（1987，115—16）。在社会历史领域中对活动者和利益的建构的经典工作，当属汤普生（E. P. Thompson 1963）对英国工人阶级的形成的研究。为分析社会变化，斯韦尔（Swell 1992）讨论了社会理论中由“结构”这一概念导致的各种问题，对吉登斯（Anthony Giddens）和鲍尔狄（Pierre Bourdieu）的工作给予了建设性的批判，这种批判涉及了我们在此讨论的问题。对此，还可参见 Knorr-Cetina 1988。

［35］我感谢迈克尔·林奇以及那些坦承无法发现阻抗与规训之间的区别的人，他们迫使我更透彻地思考这一问题。在第五章第三节

和第六章第五节我对规训和限制的特殊例证进行了讨论。

[36] 这样，吉登斯就对整个的杜克海姆传统进行了如此的概念化："社会系统的结构特性……就像一个使个体无法逃离的房间的四壁，但在墙壁之内，他或她可以任凭想象地移动"(1984，174)。与这个画面形成对比，吉登斯的结构理论"则基于这样一个前提，即结构总是既处在能动之中又处在规训之中"(169)。于是，继续前述引文："结构化以结构隐含在'行动的自由'中这种不可剥离地残存在于各种形式的'结构社会学'中的观点，取代了在房间中的完全自由活动的观点"。尽管，墙壁依旧存在。(吉登斯后来放弃了这种近似于累赘的隐喻："什么是结构规训？……结构规训最好描述为：把限制加之于向活动者开放的设置范围之上。"[176—77])关于这一主题的一种诗意的变换，参见 Ginzburg 1980："在他的同伴的眼中，麦罗彻奥(Menocchio)是一个与其他人有些不同的人。但是这个差异具有非常确定的限度。就像语言一样，文化提供给个体潜在可能性的界限——一个可伸缩的、看不见的笼子，在其中个体可以施展其自身能力所限的自由。"一个非常有限的看不见的橡皮监狱。正如夏平(1988a，549)提及的，即便是拉脱尔也没有免于非突现式思维的影响。这一点体现在他的"利益是弹性的，就像橡皮一样，总存在一个折断或反弹的位点"(Latour 1987，112—13)见解中。依我看来，怀斯由于引进了"弹性阻抗"的概念把水搅浑——"对于任何一个试图从外面进入其中或试图对其构成威胁的人来说，网络需要一个应付变形的弹性阻抗"，随后又立即支持"规训"。在第六章第五节对科学实践的描述中，我讨论了吉登斯的"背景与规训"。

[37] 与迈克尔·鲍威尔(Michael Power)的谈话有助于我把冲撞视作传统的人类力量的作用具有历时性作用的版本。我希望在我的分析中指出阻抗扮演着与规训在传统分析中类似的角色，能够更加明确地突出我对瞬时突现的强调，即：瞬时突现绝非等同于"怎么都行"。有别于其他的评论，彼得·伽里森以及保罗·福曼(Paul Forman)鼓励我澄清这一观点，在第六章第四节的对客观性的讨论中，我将回到这个问题。我应该进一步明确我绝不反对把规训概念视为一个活动者的范畴。当然，活动者通常在规训的联接的意义上解释他们的处境、展开他们的实践。然而，我认为这种意义应该被理解为在实践中建构、并且其

自身依赖于冲撞——就像任何其他的知识形态一样（如 Pickering 1981a）。规训不应当“本体论化”——它们不应当被视为某种来自外在的构造和解释实践的东西。规训像任何其他东西一样都是突现的。这样，在格拉泽的早期工作中，他发现如果要形成轨迹，气泡室内部必须绝对干净。这一点随后变成了气泡室操作的一个经验，自然可被理解为气泡室发展中的一个规训。有趣的是，这个经验是在压力下产生的，尤其是在伯克利，阿尔瓦雷茨记得在这里大气泡室内必然很“脏”（专业意义上就是说具有金属对玻璃的接点）。关于这一点，斯韦明（A. J. Schwermin），伯克利的一个技师，偏偏无视这个规训，建造了一个更“脏”的气泡室，后来证明气泡室的运行非常令人满意。规训在物质实践的冲撞中中断——它消失了（阿尔瓦雷茨 1987a，118—19）。

[38] 需要提及的是，通过引入反馈，我们可以在传统的人类主义的人类力量的范围内，把握突现含义。利益和规训可以视为对实践经验的有意识或无意识的修正。这一思想线索在科学的文化研究领域还没有被完善地发展起来。但在较为一般的社会学研究领域内，如吉登斯的结构理论（1984），已经比较熟悉。构造理论中的思想是：社会结构既规训行为又促动行为，并且社会结构本身依赖于个体力量在实践中的反身性监控和调整。劳（Law1993）以及劳与比杰克（Bijker）1992 在科学社会学和技术社会学领域借用了结构理论；后者的文章说明了比杰克和劳 1992 关于突现问题的全方位研究。关于社会科学领域反馈思想的发展历史，参见理查德森（Richardson 1991）。我感谢兰伯特（Bruce Lambert）鼓励我把结构理论与对科学实践的研究联系起来。当然，反馈思想绝对不能改变传统人类主义所认为的人类力量与非人类力量的非对称性质。

# 第三章 事实——追寻夸克

68 我的文本，我的语词，我的身体，在认同和争斗中集结，就像我自己所经历的那样，一切都在跌落，在流动，在毁损或重建，所有这一切都是原初的各种要素彼此之间相互沟通的一个网络……自然由于连接而生成。

M. 西尔斯

在第二章，我展示了科学实践的实例，同时陈述了关于冲撞的基本思想：在阻抗与适应的辩证运动中物质力量与人类力量突现式相互交织。考虑到问题讨论应该与我所侧重的科学的物质维度和操作维度一致，上一章的例证主要关注的是科学仪器的发展，而不是实质意义的科学知识的生产。在叙述气泡室的早期历史发展中，我确实提及过气泡室的产生过程本身就包含有某种知识的生产，并且这种知识的内容本身就是冲撞的产物。然而，无论在表述意义上还是在隐喻意义上，这种对知识产生的陈述都带有仪器的特征。这种知识是气泡室活动的内在机理（涉及对输入的应答速度、气泡形成的机理等）而不是自然运行的本质。我们习惯于把后者视为科学知识的例证。在本章，我要说明涉及自然本身而不是机器的科学知识，同样可以被纳入机器运作图景和操作性语言描述。我尤其关注科学事实的生产（对世界的经验陈述）以及这种生产与科学理论的关系。

我再次用例证分析意大利物理学家吉奥柯莫·莫柏哥
(Giacomo Morpurgo)的实验科学实践。1965 年至 1981 年
之间，莫柏哥在热那亚大学主持为一种叫做夸克的特殊的基 69
本粒子是否存在寻找事实依据的实验。同大多数前沿自然科学的其他实验相比，莫柏哥的实验不仅在粒子物理学发展史中相当重要，而且其实验形式相当简单明了，在物质层面和概念层面都是如此。也正是莫柏哥实验的这种特点，使其足以用来说明和检验我的理论[1]。

在第三章第一节，我回顾了热那亚实验的历史。我注意到，在他们的实验中，实证知识汇聚了科学文化在物质要素和观念要素层面的开放式终结性扩展。莫柏哥的科学实践是围绕着构建各种要素的结合或联合而组织起来的。这种结合或联合引导他的实验从物质性仪器以及仪器的操作世界进入精致的知识和表征世界。我要强调的是，建构这种联合绝非易事，成功的建构是阻抗与适应的辩证运动的结果，是物质文化和观念文化冲撞的结果。因此，这种联合同时又担当支撑某种特定的科学知识、在物质和概念层面选择和稳定文化扩展的特定维向的角色。在物质维向一端，我注意到：与相关的观念结构对应，这种选择和稳定远远超过仅仅捕获物质力量，它同时包含着对机器性操作的精致构建。

在第三章第二节，我对我们已经了解和强调过的莫柏哥 70
实践和实践产物的突现的和后人类主义的性质进行总结。在第三章第三节，基于莫柏哥实验对我的思想的说明和检验，我对第一章第一节提出但未能展开的讨论做出概括。我的结论

是:科学文化是分立的、多重的和异质的(disunified, multiple, and heterogeneous)。这样,莫柏哥的工作便在其研究领域的概念要素和物质要素层面有了新的意义。进一步说,在事实生产过程中,莫柏哥的工作创建了各种异质要素的联合,使各种异质要素彼此相关。在第三章第三节我旨在说明,在多元的、异质的文化之间创建联合是科学实践的一般性质,而绝非仅适应于莫柏哥实验。后继的两部分分别从两个方向发展这一思想。在第三章第四节我旨在说明:尽管事实的生产以及事实生产与科学理论的关联的多元性特征,非常明显地表现在莫柏哥夸克探索实验中,但在概念层面这种表现则更具典型性。可以这样认为:科学知识实际存在于由多重的理论抽象缠结而成的知识表征链之中,围绕这种表征链的各种联合本身,则依赖于实践的冲撞并且成为这种冲撞的产物。第三章第五节,我从多元性转向异质性讨论另一文化层面:作用于科学的实证知识生产中的受规训的人类实践(disciplined human practices)。我的观点是:受规训的人类实践同科学文化的观念层面、物质层面一样处在冲撞之中,并在相互作用中实现稳定。第三章讨论的结论是:科学知识是由置身于多元的、异质性要素空间的相互作用式稳定支撑起来的,同时,它又是这种相互作用式稳定的一部分。

这种多元的、异质的要素组成的相互作用式稳定的空间,包含着机器、设备、观念结构、受规训的实践、社会活动者及其相互关系等等的相互交织和融合。这种见解可以看作是我对西里斯(Serres)"自然由于连接而生成"思想的翻版。

本章要介绍的第三个观点涉及科学实践的社会维度。在以下的讨论中,我将以单数形式引用莫柏哥(就像第二章我对格拉泽的频繁引用),但是这一引用的确切含义应该理解为一个其组成要素不断变化的宏观活动者,包括莫柏哥本人、组合变动着的学生和年轻合作者集合体。伴随夸克探索实验的进展，我们可以清楚地感受集合体构成要素的冲撞，但这种冲撞远非建造气泡室那般剧烈。为简明起见，我将在注解中讨论莫柏哥工作的合作性方面[2]。 71

## 3.1 追寻夸克

在进入热那亚实验之前，我们需要了解起始于物理学家的夸克概念的技术和历史的背景（具体参见 Pickering 1984b）。历史起始于 20 世纪 60 年代早期，这一时期是基本粒子物理学领域的“人口大爆炸”时期。在此之前，仅有为数不多的几个粒子被确认。突然间，未知粒子系列（严格意义上讲是强相互作用粒子或“强子”）开始大量涌现（这一点很大程度上是由于使用阿尔瓦雷茨的 72 英寸的气泡室产生的大量数据）。1961 年，理论物理学家纽曼（Yuval Ne`eman）和盖尔曼（Murray Gell-Mann）为这些粒子构建了一个序表称之为 SU，或“八重法”（the eightfold way）。这个序表分选剧增的粒子进入不同的家系或“群”。1964 年，盖尔曼和乔治·茨威格（George Zweig）进一步推进了 SU 序表，认为：如果强子在一定意义上能够被理解为由更基本的实体粒子——盖尔曼称之为夸克——组成，那么，基本的 SU 群结构本身就可以得到解释。这样，夸克可能就是真正的基本粒子，是宇宙创始以来最基本的构建基粒。然而，当时最重要、最需要解释的是：夸克粒子携带的是分数电荷——三分之一电荷，准确地说要么携带 e/3，要么携带 2e/3。这自然与本世纪以来公认的物理学信念相冲突：度量电荷的基本单位是一个电子 e，即一个电子电荷数的整数倍。从基本粒子到宏观物体，一切物质都被推定只能携带整数倍的电荷数目(或者 0 电荷)。这种结论已经由多年的实验反复证实。

72 盖尔曼和乔治·茨威格 1964 年的设想弥合了夸克被赋予的特性与夸克总是捆绑在一起组成强子的实验发现之间的冲突,强子是由携带三分之一电荷的夸克粒子加上整数倍电荷 e 组成。当然还存在一种可能,独立自由的夸克在某一时刻可能出现,因为一个合理的推论是:最轻的夸克粒子是稳定的(明确认定的有三种),它们太轻以至没有办法摆脱其分数电荷[3]。基于这一点,新的实验程序开始构建。无论是对基本粒子而言还是对宏观物质样本而言,测量电荷数目需要依赖于夸克假说:三分之一电荷数目是否出现的任何迹象,立刻就可以用来证明出现的夸克粒子是否是“独立”的、或“自由”的夸克子。在 1964 年间,几位物理学家遵循这一思路进行理论推断,还有几位甚至开始进行寻找自由夸克子的实验,莫柏哥就是其中之一。相比较其他物理学家而言,莫柏哥追寻自由夸克的时间最长,态度最执着。在以下的叙述中,我将讨论他的实验方案的发展及其历经数年的科学发现。

1965 年,莫柏哥和他的两位同事建造了后来称为磁悬浮电测仪的装置(MLE)。我们要讨论的是莫柏哥如何使用这个装置建构科学事实。我需要提及的是,莫柏哥通往 MLE 的道路绝非一帆风顺。同格拉泽一样,莫柏哥的工作起始于一个他需要建造的一种探测器的草案,这个草案在其工作的早期剧烈地冲撞过。我完全可以沿着同滓氙气泡室发展同样的路径讲述莫柏哥 MLE 起源的故事——在筑模过程中形成目标和计划、围绕对物质力量的捕获展开阻抗与适应的辩证运动,其间莫柏哥的目标、计划及仪器设备的物质形态剧烈地变化和转换,等等,等等。因为我在第二章已经对这一过程产生的特性进行了分析,在此我不做更多的讨论[4]。我将起始于 MLE 已经存在,侧重于分析莫柏哥实验的事实的生产方面。

莫柏哥实验被设计为在最普通的实验室进行实验,在宏观样本上寻找分数夸克子。他旨在进行一些类似于经典的密立根(Millikan)油滴实验的那种实验。在这种实验中,通过观察细小的带电油滴在电场中的反映来测量带电油滴的电荷。1910 年间,运用这种方法密立根投入了相当的精力建立电荷数量体系(Holton1978),并且从那时起,密立根实验程序就成为实验教学"菜系"的主菜。然而,按照这种方法,自由夸克粒子并没有在实验中被观测到,因为,即使它们存在,在地球环境中它们也极其稀少。于是,莫柏哥开始尝试某种放 73
大程序,以便能够在比传统的观测油滴更大的物体上进行观测。尽管事实上,在通向 MLE 的道路上,莫柏哥的实验超越了密立根的实验,但密立根的实验依旧是莫柏哥实验的基本模型。

MLE 由莫柏哥和两个合作者一起建造,他们在 1965 年 7 月 23 日递交了第一份研究报告等待发表(Becchi, Gallinaro, & Morpurgo 1965)[5]。这个报告是测量石墨颗粒携带的电荷一种设计。这些石墨颗粒悬浮在磁场中,石墨是抗磁 74
性的,它被磁场内的高磁区强烈排斥。使用形状近似于磁帽的电磁体,莫柏哥发现这些石墨颗粒悬浮在"磁井"(图 3.1)上是可能的。要达到这种稳定的悬浮系统——我所理解的对物质力量的捕获——是实现莫柏哥实验最初形态的最困难的部分,是许多冲撞的要害。作为悬浮颗粒支架的是两个小金属盘。在这些金属盘上施加电压。显微镜可以观察这些颗粒在电场中的反应。磁悬浮系统、金属盘、对它们的能量供应、加上光学系统、以及各种各样的辅助要素,构成莫柏哥仪器的物质形式(图 3.2—图 3.5)。

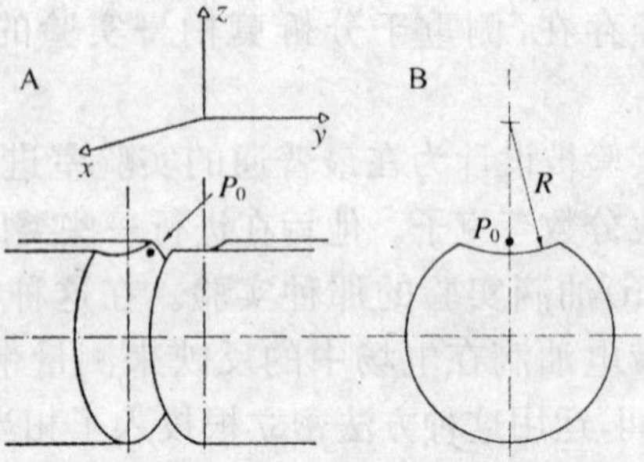


图 3.1　磁悬浮:(A)莫柏哥磁铁的磁帽示意图。(B)磁帽的交叉部分。抗磁体被高磁区域所排斥,磁极顶端的环路产生了一个磁"井",在磁"井"上石墨颗粒可以悬浮。$P_0$ 是悬浮颗粒的平衡位置。经 Elsevier Science 以及 G. 莫柏哥许可重印。来自莫柏哥,伽里拉罗,和 Palmieri1970,96,图 1。

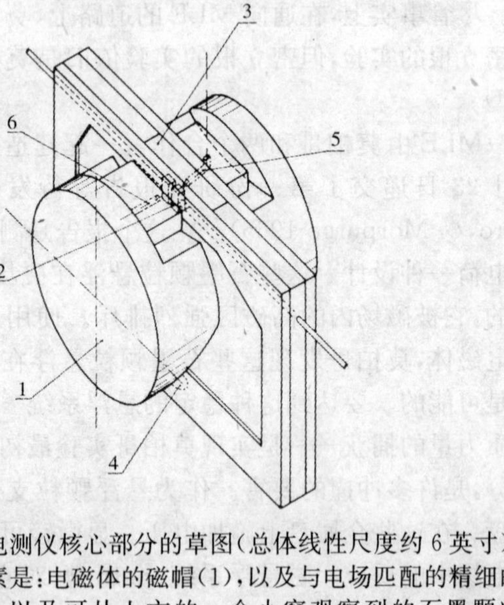


图 3.2　磁悬浮电测仪核心部分的草图(总体线性尺度约 6 英寸)。核心要素是:电磁体的磁帽(1),以及与电场匹配的精细的小盘(2),以及可从上方的一个小窗观察到的石墨颗粒(3)。经 Elsevier Science 以及 G. 莫柏哥许可重印。来自莫柏哥,伽里拉罗,和 Palmieri1970,109,图 10。

图 3.3 磁悬浮电测仪。在图片中心位置的环形组成就是磁帽;显微镜从上方观察下方的视窗(8 个灯泡照射的地方)。经 Elsevier Science 以及 G. 莫柏哥许可重印。来自莫柏哥,伽里拉罗,和 Palmieri 1970,107,图 8b。

从对电场中石墨颗粒反应的观察到对石墨颗粒反应的讨论陈述,莫柏哥对 MLE 提出了意义解释,对 MLE 工作机理形成了概念性理解[6]。MLE 工作机理的基本形式非常简单,可以由经典静电力学规律给出。根据经典静电力学,在电场 $E$ 中施加在电荷 $q$ 上的力 $F$ 是:$F=Eq$。$E$ 可以由以 $d$ 为间隔的电场中的两个金属板之间的电压比直接计算。莫柏哥对

图 3.4 包含有辅助设备的磁悬浮电测仪的全貌。在底部的大的圆形组成就是电磁圈。在这个版本中，为便于远距离观察，显微镜被连接到 TV 照相机上。经 Elsevier Science 以及 G. 莫柏哥许可重印。来自莫柏哥，伽里拉罗，和 Palmieri 1970，106，图 8a。

MLE 的最基本解释是等式：$F=(V/d)\times q$。通过这个等式，对 $F$ 的测量可以直接转换为对 $q$ 的测量，这样便可以观测到石墨颗粒上的电荷数目。而且，当磁场被激活时，$F$ 本身可以通过观察它偏离其位于磁井底部平衡位置的程度而得到测量
76 （图 3.1）。莫柏哥推论：石墨颗粒的空间距离与施加在颗粒上的力成线性比例关系[7]。

这便是莫柏哥仪器的物质形式和他对物质形式的意义解

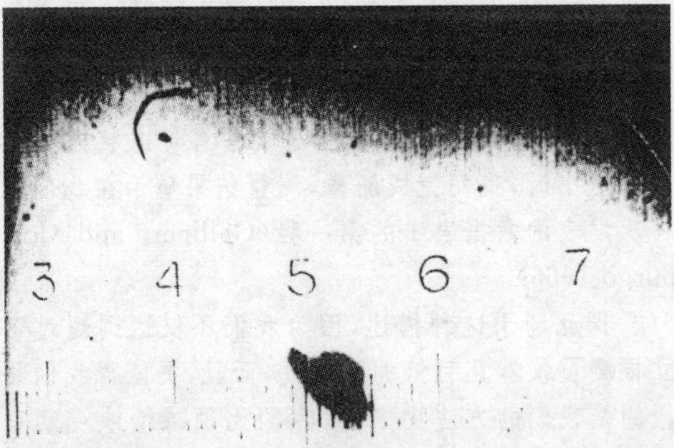


图 3.5 显示在一台电视上的悬浮石墨颗粒的照片。测量石墨颗粒对平衡位置偏离距离的显微尺度明晰可见。经 Elsevier Science 以及 G. 莫柏哥许可重印。来自莫柏哥，伽里拉罗，和 Palmieri 1970，117，图 14。

释。现在我们转向 MLE 的使用历史。下面是莫柏哥本人对其早期实验的描述[8]。

我们想准确地测量第一个颗粒。我们耗费了整个上午去发现带有微小电荷数目的理想石墨颗粒，很幸运，我们最终得到了它。在电场中，我们找到一个逐渐移动了 7 个刻度的颗粒。我们吃午饭，大约两小时后返回。自然，石墨颗粒还在那里。只有在完全相同的电场中，颗粒才不会再次移动。但在电场反转时，它应该能够以同一运动方式、同一运动方向，再移动一个刻度(当然，如果电场反转，作用于电场的力并没有变化。这就意味着：在电场中有一个梯度)。显然，在这种状况下，石墨颗粒是电中性的。

> 在午饭期间，石墨颗粒在残余气体中捕获了一个粒子，电荷因此从 1e 到 0。因为我必须参加员工会议，我们的测量只好延迟到会议结束后进行。当三小时后我回来时，石墨颗粒处于原有带电状态。大约一个小时，我们完成测量，测量结果显示在我们第一次发表的数据表 1 的第一栏(Gallinaro and Morpurgo 1966)。
>
> 我沉溺于这种描述，因为我们不仅达到超过密立根测量仪器几百倍的灵敏度，而且，更值得我们骄傲的是我们的方法更方便，我们无须持续地观察石墨颗粒就能得到观测结果。
>
> 在以后的几天中，我进行了表中出现的五个测量，没有发现分数电荷的迹象。至此，我们已经达到
> 77 等于密立根测量的千分之一的灵敏度(密立根标准液滴重量是 $10^{-11}$ g)。我们决定向“物理学通信”(Physics Letters)发一封信。(1972,5—6)

在这一阶段，公开发表的实验事实数据栏中，没有发现带分数电荷的石墨颗粒(Gallinaro and Morpurgo 1996)。现在
78 我们开始检验莫柏哥如何导引他的物质仪器进入精致的科学知识领域，又如何导引精致的科学知识进入他的物质仪器领域。仅仅基于他对其开放式的实验过程的简要描述，我们就可以看到科学事实并非机械地来自于 MLE 的预先设定。而且许多工作没有出现在描述之中。这些没有描述的工作恰恰
79 是莫柏哥的科学实践的物质维度和观念维度之间的精彩的相互作用和突现式冲撞。

值得注意的第一点是上述描述的实践阶段再次具有了物质力量与人类力量共舞的特性。作为典型的人类力量，莫柏

哥组装、启动他的仪器，然后放弃他的主动角色，被动地静观将要发生的事情——尽管是借助于显微镜。与此对应的是角色转换：物质世界自行其事。在带电电场中，悬浮的石墨颗粒偏离它的平衡位置。随后，问题很快出现了。被测的第一个颗粒行为异常。莫柏哥描述到：当电场方向反转时，石墨颗粒 80
“向同一运动方向，以同样方式移动”。基于莫柏哥对其仪器设计的上述经典静电力学等式的意义解释，石墨颗粒的这种表现极为反常。我们可以直接这样理解：第一个颗粒的行为意味着它改变了其所带电荷的电性——从正电转向负电或从负电转向正电——但在电场反转时，其所带电量没有变化。这种行为在莫柏哥认定的电学现象解释中无法说通。这是他测量电荷路径上出现的一个阻抗，并且，这个阻抗在进一步的力量共舞中一次次突现。莫柏哥再一次重新开始，但这一次与其说是进行物质实践，不如说是进行观念实践。他修改了他所使用的物质仪器的解释意义：以仪器的物质形式与解释意义的冲撞适应新的阻抗。“自然，这意味着”，作为插入语，他解释并评价他对解释意义的修改：计算电荷的公式应该考虑电场梯度对石墨颗粒的作用。

在上述情节中，有许多值得讨论之点。第一，我注意到莫柏哥对其设计的仪器的最基本的解释意义是对经典静电理论的简单应用（事实上是最简单的应用）。学校的小孩子也知道作用于电荷的力是 Eq。然而，在莫柏哥的实验历史中，物质形式同莫柏哥的解释意义一样，简单的真实的仪器操作的发展，却明显显示为一个开放式终结过程。恰如我们即将看到的那样，伴随其实验方案的演化，莫柏哥以各种方式开放式地扩展着他的解释意义；在计算电荷时需要考虑电场的梯度，仅仅是其诸多解释意义扩展的第一步。现在的问题是：我们如何理解经由静电力学解释意义的不确定的可能性空间的莫柏哥的实验设计轨迹。显然，他没有盲目地开拓这一空间。对于他和他的同事而言，并不是任何一个数学公式都能够具有一个合理的解释意义。我们可以思考一下在这种连接中观念实践的特殊的动力学，思考一下莫柏哥如何在基于一般的静电力学知识对其仪器建立的特定的解释意义与现存的仪器之
81 间寻求联系纽带。对于这一主题，我将在第四章详细讨论。在此，我只是提及：(1) 观念实践已经融入其自身的非确定性的复杂的冲撞(nontrivial mangling)——这具有非常重要的意义，因为莫柏哥的所有解释都远离任意性。(2) 这种观念冲撞明显地不能确定莫柏哥应该采用的解释意义的精确形式：在他的实验方案中，他极力捍卫的各种模型的变化已经足以说明这一点。

理解莫柏哥如何对可能空间的解释问题尚未解决，这里，有一点相当关键：对莫柏哥的概念解释意义的修正，被一些事实所巩固，而这些事实恰恰导致了有意义的发现。如果要更准确地解释其意义，引用其他术语将会很有帮助。在莫柏哥的实践中，不是一个而是两个观念性意义格外显著。在他的概念解释意义之外，他同时在现象解释意义上工作——即将其实验设计所探求的物质世界观念化。事实上，他在两种现象解释(精致定义的和有歧义的)意义上工作：实验室中的所有电荷是整数倍的(公认的信念)，或者其中的一些是三分之一电荷体的(夸克子)。他旨在建立一种物质要素和观念要素的结合，在他的实践中这相当于一种翻译：他的概念解释将其物质仪器的操作翻译为两种现象解释的其中之一[9]。MLE就是通过这种联结，进入精致的事实和知识的王国。恰如我们看到的那样，莫柏哥最初的概念解释在实践中不能支持这种结合，即第一个石墨颗粒的行为构成了一个阻抗，但通过修正这种解释以适应阻抗则获得成功。这个成功反过来又突出

和稳固(瞬时性的)了来自开放式终结的可能性空间的莫柏哥解释意义的特殊扩展。修正了的解释意义,悬挂在特定的物质操作和一对现象解释之间。

我们可以通过继续追踪莫柏哥实践的方式,发展上述思 82
维路线。没有满足于第一次发表的电荷测量,莫柏哥设立了指向未来的新的目标,以贯穿其实验方案始终的模式,探索在质量日益增大的物体上测量电荷——不仅能够增大发现独立夸克的机会,而且能够在更严格的意义上设定在地球环境中电荷物质载体质量的表面尺度极限。然而,在重复另一实验模式时,其新的目标使物质过程和概念解释之间的联结的稳定性瓦解。继续采用同样的实验设计和步骤在更大的样本上测量,如下的情形发生了:

> 在向《物理学通信》递交报告的几天之后,我们发现了第一个"异常的"现象。7号颗粒好像负载了一个夸克。在电场反转时,石墨颗粒原有的最小带电状态改变了,同一方向,但绝非同一状态。当载体捕获了一个电子后,电荷变化是1/4e(尽管希望是1/3e,如一个夸克子)。
>
> 在随后的几天中,我们相当兴奋。然而,当发现了几个行为相似、但带电数量不一的颗粒后,我们的兴奋大大降低了。当决定把同一个"异常的"颗粒置于间隔不断增加的金属小板之间进行测量时,我们最终明白了发生的事情。事实上,第一个测量就给出了后来的结果:当金属小板的间隔为1.6 mm时,我们得到显示带有1/9残余电荷数目的颗粒;当金

> 属小板的间隔增大到2.7 mm时，残余电荷数目减至少于1/32电荷数目(电压逐渐增加以保证电场恒定)。结论是：我们观察到一个虚假的电荷效应。(Morpurgo 1972，6—7)

在上述情形中力量的舞蹈更多的细节变得明显；在事实产生中，冲撞再一次发生。在莫柏哥向MLE的力量妥协时，他再次遭遇令人困惑的物质性操作，这些操作“拒绝”将他的概念解释翻译为其两种现象解释的任何一个。尽管他没有对实验仪器做任何变动，实验显示出的颗粒的带电状态既不是整数电子数目，也不是三分之一的带电数目(既非寻常粒子，
83 亦非夸克)。莫柏哥的观察似乎指向这样一个结论：电荷是持续可分的。莫柏哥不准备接受这一结果。他认为可以接受奇异的、稀少的夸克粒子存在的可能，但是，他不想着手进行一种旨在发现一些事实以证明通行的电荷量化理论完全不可信的实验方案。在这种实验框架中，他的最后一个发现更是一个阻抗：他追寻的三个文化要素：特定的物质仪器、最新的概念解释意义、以及一对现象不再是彼此并存而是相互干扰的两种解释。莫柏哥再次调动力量的舞蹈，但这次对阻抗的适应不再局限于观念实践，而是进入物质实践。在人类世界和物质世界之间不断地从被动适应转向主动出击、从主动出击转向被动适应。在激活的电场中，莫柏哥不断变换其实验仪器中金属小板之间的间隔，最终发现：当间隔增大时，一再发现非整数倍电荷(再一次没有夸克)。物质世界最终使他接受了实验操作，并使操作吻合于他的实验预期。

我需要在此强调的一点是：在上述情形中莫柏哥对物质世界的介入明显不同于我们在第二章中的讨论。他的实验对象已经不再是对物质力量的直接捕获或下载；当开始测量时，

他已经对这种捕获施加了影响。这种过程不再是对其物质仪器更进一步的调节，而是对物质力量的细致构建；不再是为他的目的而引诱物质世界，而是附着于悬浮的石墨颗粒，来回移动它们（物质世界），以观察它们在电场中的反应。这次，莫柏哥成功地修正了他的仪器的物质轮廓和操作的细节，并使它们适合他的概念解释和现象解释提供的精致概念框架[10]。

关于构建物质力量框架还须提及的是：上述所描述的莫柏哥实践对其实验仪器的特定的物质构成起了稳固作用。重 84
组仪器的操作通过概念解释意义被转换为莫柏哥的现象解释意义。特别值得强调的是：在这种转换中起作用的概念解释意义本身又是先前转换和稳定过程的结果（对 MLE 先前操作的一种反应）。在实验的这个阶段上，莫柏哥抵达了物质仪器和对物质仪器的概念解释之间相互强化、相互稳固的结合点：MLE 的特定的形态和特定的操作在转换过程中被没有发现夸克这个现象解释意义所确认，概念解释的特定形式在同一转换过程又被其对现象的有效解释所保证。莫柏哥的仪器和对仪器的概念解释之间就这样实现相互作用式稳定：在科学事实的生产中，二者相互支持。莫柏哥所通报的事实发现——在特定数量尺度的物体上不能发现自由夸克子——也在这个相互作用式稳定中构建出来。科学事实成为物质—概念包（material-conceptual package）的有机组成。

在科学事实产生中科学的物质要素与概念要素之间的相互作用式协调，是我在本章中讨论的重点。我现在希望借助更多的历史细节，强化这种讨论。第一，莫柏哥对于他的仪器的概念分析比我至今讨论的要深入得多。在 MLE 的最早形态，很多原因使他和金属小板紧密结合在一起工作。正如他和他的同事的实验报告所明确记录的那样[11]：

> 问题由此而生，为什么我们没有一开始就基于两个距离很大的金属小板进行我们的实验……我们计划在将来做这种实验……但是我们却考虑到伏特力(电压)作用的可能性，在静力场工作时，尽量保持金属小板之间的较小距离。很清楚，对于同样的悬浮颗粒，在一些实验中明显存在的残余电荷效应，当金属小板距离增大后(两倍)完全消失了。实在有必要探求这种行为背后的一般性是……
>
> 85 需要补充说明的是，我们最初倾向于在相对小的金属小板距离间操作：因为我们认为金属小板之间的较短距离能使电场中由电压导致的梯度较小；直到后来我们才认识到：这种见解不仅对于产生于金属小板上不规则的石墨颗粒的形成和金属小板之间的较小距离而言是错误的，而且与伏特力(电压)也毫不相干，这种力并不依赖于激活了的电场的梯度。(Morpurgo, Gallinaro, & Palmieri 1970, 103)

在概念分析的这种细节水平上，莫柏哥对其仪器物质构成的转换与其对仪器的概念解释发生了冲突，进而，物质构成转换引发了对概念解释的进一步修正。为了能够成功地解释不断增加的金属小板间隔，莫柏哥推翻了他最初的计算，使概念解释复杂到要考虑作用于金属小板表面的小的、不规则的、持续的电场(叫做粘贴效应或伏特效应)。这种复杂化使他能够解释为什么他最初发现的各种不同的电荷值都是假的[12]。这里我们看到另一个变量在冲撞中从莫柏哥的概念解释中研磨出来，同时，更具体地说明了仪器表征的开放式终结特征以及特殊变量之间的相互作用式稳定[13]。有趣的是，这个开放式终结(以及对既定解释意义的必要性的空缺的应答)在莫柏

哥和他的同事们的另一个等式中进一步被强化："当把金属小 86
板间的距离外推至 2a=1.6 mm 时，我们依旧不清楚我们做出的估算到底有多大的意义。我们事实上在重复已经陈述过的工作，那就是：由于在金属小板上不规则的石墨沉淀颗粒的作用，在金属小板的小距离之间，激活电场中的梯度在一定时刻大于估算值（与预期值相反）是完全可能的"（Morpurgo, Gallinaro, & Palmieri 1970, 113）。

很显然，在莫柏哥实验方案的事实生产中，关键问题不是对实验仪器工作机理的没有争议的概念性认识（像传统的科学见解所推崇的那样），而是莫柏哥实验实施的物质过程、对仪器机理的概念解释及现象解释（二者周旋于作为构成性要素的物质力量和概念力量相互作用领域），以及彼此确认、彼此保证的物质操作和概念理解三者之间的相互作用式稳定。如此反复，循环不已。

至此，我始终关注的是热那亚实验的早期阶段（到 1966 年底）。尽管我已经提及过：莫柏哥不断更换目标，尝试在更大尺度的不同的物质上进行搜寻夸克实验，以至使实验又延续了大约 15 年，但我不想继续详细讨论后期的实验，我更想关注在此过程中突现出的显著的物质与概念冲撞。1966 年以后，MLE 经历了两个突变。在至今讨论的实验中，莫柏哥在持续电场中操作，当电场被激活后，观察样本基于初始静止位置持续变化。1967 年，他使用震荡电场进行了一系列新的实验，通过样本的电磁感应推论它们的静止位置状态。这种实验设计使他能够在更大的样本上进行精确的观测。在这个方向上持续工作，20 世纪 70 年代，他用铁磁悬浮系统代替早
期的抗磁悬浮系统[14]。抗磁悬浮系统不稳定，需要安装一个 87
复杂的反馈系统用来固定样本；而铁磁悬浮系统不仅具有固有的稳定性，而且可以悬浮起更重的样本，如铁或钢[15]。在

前进的每一步，冲撞都在起作用；物质实践和概念实践之间阻
88 抗与适应的辩证运动显著而突出[16]。我们可以分析两个事例：在 20 世纪 70 年代晚期的铁磁悬浮实验中，莫柏哥发现铁屑上的电荷似乎随时间变动而变化——从 0 到 e/10。在物质实践中再次调整，莫柏哥发现了构建物质力量的新方法：如果旋转铁屑，他发现他能够达到稳定的测量——0 电荷状态。通过调整他的概念解释，他认识到“在震荡电场的作用下，可以产生小幅度的扭矩”。相互作用式稳定再次建立，莫柏哥再次报告他没有发现独立夸克存在的迹象（Morpurgo，Gallinaro，and Palmieri 1977，1257）。继续进行测量，莫柏哥又一次发现无法接受的结果：电场中到处都是电荷（图 3.6 和图 3.7）。

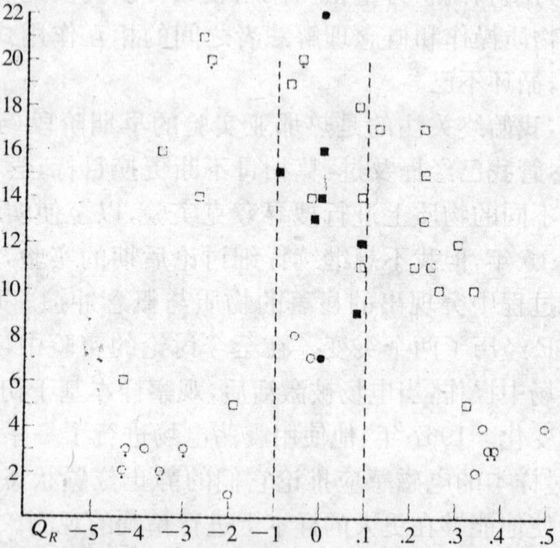


图 3.6　铁磁实验的中间阶段的电荷分布。在 22 个磁球上测量了电荷。$X$ 轴给出电荷值；$Y$ 轴指示着有数目标记的特定的磁球（这样，同一水平的测量就是对一个小球的测量）。经 Elsevier Science 以及 G. 莫柏哥许可重印。来自马里内利（Marinelli）和莫柏哥，1982，190，图 6.1。

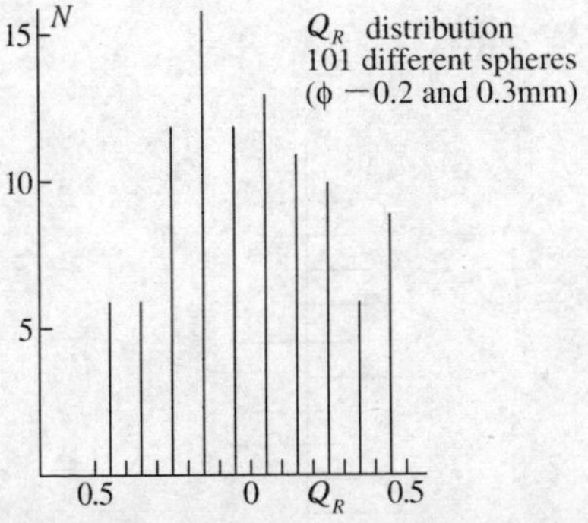


图 3.7　在 101 个不同的小球上测量电荷的统计直方图。X 轴测量电荷；Y 轴标明发现了多少个带有特定范围数量的电荷的小球。经 Elsevier Science 以及 G. 莫柏哥许可重印。来自马里内利（Marinelli）和莫柏哥，1982，190，图 6.2。

这一结果导致莫柏哥对其概念解释的全面修正。对一个经典静电力学的简单仪器进行大约 15 年的思考后，莫柏哥宣布：他发现一个新力在他的仪器中发生作用：磁电力。这种力以至今未曾想到的方式与仪器的测量和悬浮系统相伴随，并且能够模拟出 4 倍于电子的电荷数目。当这种力被纳入他的概念解释并继而产生新的物质设计去测量这种力时，相互作用式稳定重新建立，在总量达 3.7 毫克的物体上没有发现夸克这样的实验事实得以报道（Marineli and Morpurgo 1982，236；见图 3.8）。这一报道表明：莫柏哥实验达到超过标准密立根式的实验约 1 000 万倍的灵密度。至此，大约是在 1981 年，莫柏哥感到在寻找独立夸克的道路上他已经尽力，他想结束他的实验方案[17]。相应的，我对追寻夸克实验的历史叙述也到此结束，本章的剩余部分将把这段历史作为一个转折点。

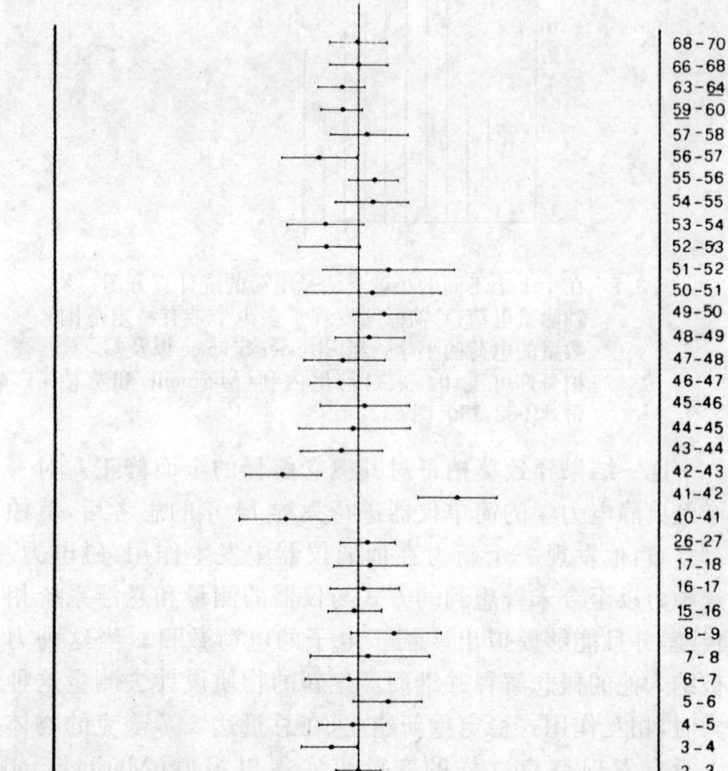


图 3.8　在承认了电磁作用力之后铁磁实验的电荷测量(X 轴)。注意靠近垂线的数据对应着零电荷，与垂线的距离标志±1/3 电荷。经 Elsevier Science 以及 G. 莫柏哥许可重印。来自马里内利(Marinelli)和莫柏哥，1982，233，图 8.10。

## 3.2 实证科学实践中的突现和后人类主义

> 没有人，甚至是上帝，能够预先断言：两条界限 90
> 会连为一线还是形成交叉；一个既定的多元体将要穿越另外一个多元体还是与之毫不相干；一组既定的异质要素是要共生、形成有机体，还是形成敏感于转换的功能合作体和多元体。没有人能够断言飞行 91
> 将经过哪条线路。
>
> G. 德勒兹和 F. 瓜塔里：《无尽的原野》

我可以对上述的历史陈述做这样的概括：在一系列激发中，莫柏哥的夸克搜寻实验在其实践领域开放式终结地扩展了物质的和概念的文化要素——尝试这样一个关于仪器的物质构建，尝试那样一个关于仪器的概念解释，反反复复，没有任何预先的成功保证。这个过程的结果极为典型地松散；MLE 的操作没能将莫柏哥的概念解释顺利转译为他的一对现象解释的任何之一；相对于热那亚实验室的实验与事实世界的有效联结，阻抗是明显的。然而，不时出现的一次次适应又意味着成功。莫柏哥概念解释的最后一个版本将 MLE 操作最终转译为现象解释之一。这一成功的意义是双重的：一方面，在概念和物质的空间，它促成文化扩展的特定维向的相互作用式稳定——特别表现在与特定的 MLE 操作过程紧密相关的 MLE 的精细的物质构建以及特定的静电力学的精致的概念解释。另一方面，经由成功的转译实现的物质—概念联结，又刻画着一个个终结点，在这些终结点，科学事实得以报道，实践活动暂时终止。这里显示的基本图景是：实证科学实践是现存物质和概念文化一种开放式终结的扩展，在其中其特定的轨迹由物质要素和概念要素的有效联结勾勒，这种联结将物质操作转为科学事实。

我现在转向突现和后人类主义。我要强调的第一点，在莫柏哥的实践中，这个轨迹连接起稳定过程的各种不同的关节点，这些稳定中所具有的丰富内容——MLE 的物质组建、MLE 的操作、MLE 概念解释的形式、针对对象本质的事实，所有这些都瞬时性突现。这些轨迹和它们的终结点是在阻抗与适应的辩证运动中筑模维向的持续修正的结果，这些维向和结果本身又在真实时间的实践中突现出来。莫柏哥及任何
92 其他人都不能预见他们在实践中遭遇的特定的阻抗。当电场反转时被观测的第一个颗粒向同一个方向移动，这一过程在莫柏哥的真实时间的实践过程中发生，在以后的测量中，表面的连续电荷、瞬时变动的电荷发现也是如此。类似的，莫柏哥对这些阻抗的适应——以特定的方式修正其仪器的概念解释、增加金属小板间间隔距离、旋转铁屑样本、组建物质程序以控制磁电效应，所有这一切都在应对特定的障碍中瞬时突现出来。同样类似的是，只有在实践中，这种适应的成功或失败才变得明显。很显然，增加金属小板间的距离，导致了整数倍电荷的发现。正如真实的时间分析所关注的那样，在莫柏哥的物质仪器及其操作的演化轨迹中，在他对他的仪器的概念解释中，在他和他的仪器产生的事实中，没有任何预先存在的解释隐含其中；存在的只有冲撞。

现在我们讨论冲撞的后人类主义。对此在第二章我们在人类力量和物质力量突现式相互界定的意义上已经讨论。但是对于对称性地形成的概念实践我还没有进行充分的讨论。在第四章，我申明概念实践的动力学应该在规训力量（disciplinary agency）的意义上理解，规训力量意味着一个人类受

约实践的领域。如果我能预先借用下面将进行的讨论，把概念实践分配给人类王国而不是机械领域，我就可以明确实证科学实践的文化扩展本身就应该被理解为后人类去中心的。基本点相当简单：针对人类/物质划界而言，阻抗是有域限的，适应是无偏袒（无倾向）的。

首先，莫柏哥在他的实践中遭遇的阻抗，没有处在仪器以及仪器操作的非人类王国，也没有处在概念和概念结构的人类王国（莫柏哥的概念意义解释和现象意义解释）。同格拉泽在气泡室项目中遭遇的阻抗一样，突现在热那亚实验中的阻抗，恰恰处在人类王国与物质王国的交界地带。例如，对于第一颗石墨颗粒的物质操作，只有相对于莫柏哥所坚信的对操作机理的特定的理解（后来被莫柏哥修正）才可以被视为阻抗。第二，这里同第二章一样，我们可以认为适应在物质的和概念的两方面均等地作用。面对阻抗，莫柏哥不仅修正了他的仪器的物质形式，而且修正了他对仪器以及仪器作用的世界的理解。这种修正的恰当位置只有通过反思这一过程才能确定：第一个颗粒的问题可以说隐含在莫柏哥的概念意义解释之中，因为对后者的修正导致仪器操作向莫柏哥的一个现象解释模型顺利转译；第七个颗粒的问题（以及随后的颗粒）可以归并为物质仪器本身，因为仪器的物质组建再次导致物质与概念间相互作用式稳定。同第二章一样，在这里我们承认文化扩展中的杂和的、后人类的动力学，在其中概念结构的人类王国是重要的，就像物质力量中的非人类王国一样，但无论是人类王国还是非人类王国都不应视为各种作用的控制中心。概念如何扩展不取决于这些概念自身，而取决于概念与其他概念以及物质操作之间的关系，这些关系也不包含概念自身扩展的蓝本，实证科学实践的全过程导向成就一种杂和的、物质—概念的相互作用式稳定。 93

## 3.3 多样性、异质性和联结

> 他再次走出笛卡儿；浏览了一下他的休谟和贝克莱；重新与康德角逐；深深沉浸于他的黑格尔、他的叔本华（Schopenhauer）和他的哈特曼（Hartmann)；欣然离开他的希腊——所有这一切都在质讯同一性的意义是什么？如果我们否认这个同一性又将如何。显然，没有人否认它。
>
> 亨利·亚当斯：《亨利·亚当斯的教育》

> 让我们回到多元性，因为这一实质性的创造标明一个重要时刻的来临。创造它绝对是为了避免多与一之间的抽象对立，为了避免诡辩，为了在纯粹形态上理解多元性，为了结束把它作为失去了同一性或整体性的无数的碎片，或把它作为构成还未形成的同一性或整体性的有机要素看待的历史。
>
> G.德勒兹和 F.瓜塔里：《无尽的原野》

这一部分既是实质性的又是转换性的。把热那亚实验放入更宽广的文化的多样性和异质性主题进行分析，我寻求对实证科学的本质进行一般性陈述。在本章的随后部分，我特别关注知识生产的特定方面的讨论。

94 莫柏哥实验的物质仪器、他对物质仪器的概念解释、以及对世界可能是怎样的现象解释是贯穿其实验过程的三个要素。当我在三个文化要素相互作用式稳定的意义上分析莫柏哥的工作时，第三个要素没有任何神奇性。这里我们可以具体说明科学文化的多样性。传统意义的科学通常在单一文化的意义上拓展。一般性的抽象讨论，通常使用一个或几个理论、范式、研究纲领、概念网络等来刻画科学[18]。但是，当这些特性满足建构这些特性的目的——鼓噪起关于科学知识的客观性或相对性的旷日持久的争论（见第六章）——的同时，它们又被对科学的具体实践的研究所瓦解。正如在第一章所提及的那样，我们遭遇到科学文化的多样性、遭遇到科学文化的非单一性、遭遇到科学文化的支离破碎。例如，在莫柏哥的实验的大多数时间中，在一致性匮乏、在他的物质仪器、他对仪器的概念解释（在经典静电力学理论中建构）、他对现象解释（在基本粒子理论中建构）之间，始终明显存在着鸿沟与差别。这些鸿沟和差别，远非任何单一文化的有机构成，将文化三要素组合为有机整体的困难始终居于莫柏哥实践活动的中心。而这正是对科学的具体实践的研究第二个基本点的落脚点：科学实践的典型特性是在多种多样的文化要素之间努力创造各种连结和联合，就像在莫柏哥的实践中，莫柏哥所成就的物质操作能够经由概念解释转译为他对现象解释之一[19]。

介绍了文化多样性的主题，我现在着手讨论与之相关的文化的异质性主题。在科学文化的一些要素被认为是属于同 95
质性层面——莫柏哥的概念解释意义和现象解释意义属于科学的概念层面——的同时，其他的要素则彼此之间属于异质层面——例如，莫柏哥的 MLE 是物质的，而不是概念的。这种同质性和异质性引导我们回到冲撞的后人类主义和杂和性。正是因为实践在异质性文化空间运动，在来自于不同层面的要素之间建构（或解构）、连结和联合，所以，一般而言，这些层面缺乏自主性，彼此传递，相互建构彼此的突现轨迹。在莫柏哥的实验中，科学文化的物质形式和概念内容共同生长于相互作用式稳定的过程之中；更广义地说，不管我们所关注的异质性的轴线在科学文化的领域进行了何种划分，这些相互区别的王国所依从的是在彼此冲撞中的连结，在实践中被建构或被摧毁[20]。

实践影响着多样性的、经常是异质性的文化要素之间的连结的思想，就这样成为我对科学实践的全部分析（不仅仅限于对知识生产的分析）的核心。这一思想很容易使我们回到
96 第二章的讨论。在那里我强调了格拉泽实践中异质要素——物质的和社会的——之间相互作用式稳定，他的合作研究规模不仅在一系列物质仪器的组建中被转换，而且在淬氙室的物质操作过程中被稳固。在第四章对概念实践的分析主要关注围绕科学文化的概念层面的多重要素的扩展而实现的连结，以及由此产生的阻抗与适应的辩证运动。第五章集中分析在工厂中发生的新物质技术和受约社会关系之间的关系。在本章的剩余部分，我将回到关于科学实践中知识生产的讨论。第三章第四节将要说明：比至今已经说明的事例更具文化多样性的过程，特别是体现在事实生产过程以及事实生产过程与高层理论的联系之中的过程。第三章第5五节讨论与知识生产相伴随的受约人类实践——另外一个文化层面，物质的和概念的异质性。无论在第四节还是在第五节，我都强调：在各种联结的产生中，冲撞始终在发生作用[21]。

## 3.4 表征链

在这一部分我继续全神贯注于机器操作和科学知识的相互交织。我从出现在热那亚夸克搜寻实验中、但并不代表典
97 型的实证科学特征的两个方面着手分析。然而，在着手进行这种讨论之前，我想强调一个完全典型的方面，即占据实证科

学中心地位的对物质力量的构建(framing)。构建,就像我定义的那样,是对物质操作的追寻中,重组科学的物质文化的精致的开放式终结过程,而这种物质操作与相应的概念结构可以实现完美结合。在莫柏哥抗磁实验设计中,增大两个金属小板之间的距离的行为就是一个成功构建的典范;在铁磁体实验设计中,旋转样本则是另一个例证。这里,我只想简单地表明:构建应该被理解为科学实验活动中的有机组成,是存在于在精致调节导向下与科学的概念文化要素实现相互作用式稳定的科学物质文化演化的动态过程的一部分[22]。构建是穿引机械操作与科学知识过程的物质性终结;而后者一般不仅终止于对物质力量的捕获,而且更是对物质力量的构建。现在我想更细致地思考概念王国和精致的系统知识,同时开始讨论热那亚实验的非典型性方面。

热那亚实验的第一个非同寻常之处在于涉及到莫柏哥对现象的两种解释的固定性。莫柏哥接受精致界定了的一对相互间没有联系的现象解释之一的企图,是使他的实验研究成为一种清晰明了的研究前提。这一点明显减轻了莫柏哥的物质仪器和对物质仪器的概念解释之间冲撞中的混乱,这些冲撞,恰恰又是科学的实验活动中最难驾御的方面(至少从传统 98
的科学哲学看是这样),尽管通常现象解释的特定形式本身就构成实验中的关键问题。例如,物理学中的许多实验的重点就是确定连续变量的理论参数值。实现物质向概念转换的相互作用式稳定应该被视为由进入冲撞过程的所有文化要素共同建造而成。我当然并不认为现象解释拥有任何必要的优先权,并不认为其他的文化要素有必要围绕现象而建造自己(对于这一主题的更多的讨论参见第六章第五节自上而下的相对主义)。值得提及的是,莫柏哥工作的现象解释空间本身在其工作开始之前已经剧烈地重组(如果先于盖尔曼和茨威格的夸克计划，莫柏哥的夸克探索将是不可思议的），而且预先没有任何迹象能够保证类似剧烈的变化还会伴随莫柏哥（或其他什么人）后继的工作发生。确实，对困扰热那亚实验的后继阶段的冲突的应对，采取了修正关于独立夸克性质的理论认识的方式。我不能够完全解释为什么莫柏哥自己对他的一对现象解释始终抱有信心，即便在他的实验发现似乎不支持其中任何之一的时候。但是，毫无疑问，我们会考虑一个可能的事实（正像发生的那样），他努力去达到一个蕴涵他的现象解释的相互作用式稳定；我们还会考虑，他更多地关注他的特定的实验，而不是关注有关连续电荷的任何理论（我们知道，他所处的物理学时代不能在此方面提供任何现成的东西）；我们会考虑 MLE 性能的特殊设计，等等，等等[23]。

现在我们讨论热那亚实验的第二个非同寻常。这些实验在实验发现和高层理论之间具有不寻常的紧密联系。表面上看，莫柏哥实验产生的事实直接排除了认为可能发现独立夸克的任何夸克理论（尽管情形远非如此简单，如第六章第六节
99 所提及的那样）。在科学上，实验、事实和理论之间的关系很少有这般直接[24]。更典型的是，复杂的表征链，经由一层层抽象，从仪器和物质操作的王国向上产生出来。这里的问题是这样一个思想：科学文化的概念层面本身就是多元的，绝非铁板一块，许多完全不同的概念层、模型、近似技术等等在引导实验进入与高层理论的联系的过程中被彼此链接在一起。例如，在太阳中微子宇宙学研究中，Pinch（1985，1986）记载了研究过程的各个阶段：从干洗流体（dry-cleaning fluid）罐中发生的事情，经由纸上的仪器痕迹，到对核形成的记录、对中微子产生事件的记数、对日爆产生的中微子密度的测量。他还描述了这一过程的其他阶段：从粒子基本理论与核相互作用、经由行星动力学模型与特定的太阳参数、到对同一中微子

流的推测等等[25]。

问题产生了，这类表征链和它们的动态过程如何适应我的分析。我不认为这些表征代表着任何特定的问题。我没有具体的例证进行讨论。但我认为，它们以我们已经和正在讨论的方式彼此产生、彼此扩展、彼此阐释、彼此联结（也许以解脱其他链条为代价）。无论它们是什么，表征链上的所有要素都倾向于实践中的开放式终结性扩展，倾向于作为表征链的 100
一部分功能运作（也许在未来某个时刻运作）而实现的相互作用式稳定。它们在冲撞中扩展，就像莫柏哥的物质仪器和他对仪器的概念解释之间的关系一样。伊恩·哈金对南希·卡特赖特（Nancy Cartwright）工作的论述可以说明这里的问题。哈金这样陈述：

> 模型与理论之间，模型与现象之间的关系是多样而复杂的。近似，似乎是言简意赅。卡特赖特的工作表明事情远非如此。近似通常意味着我们从某种真的性质开始，并且，为了避免麻烦，写下一个仅仅近似真的等式。尽管有一些近似离开了真理，但还有更多的近似趋向于真理。在数学物理学的许多理论中，我们拥有在纯粹假设层面的以等式形式存在的结构表征：拥有一些等式，这些等式是不能解答的另外一些等式的简化形态。为了使这些等式符合一些现象学的规律，它们就有无穷无尽的近似可能。经过大量的无效工作之后，人们会发现有一个近似特别符合某一类现象。理论中没有任何东西表明这是我们将来要使用的近似。理论中没有任何东西表明这是真理。但是，不管怎么说，它就是真理(1983,218)。

我不能肯定上述关于真理问题的总结，但是，这确实是对高层表征链的稳定性的一个极好描述，其中精心设计的近似，承担着转换操作者的角色，像莫柏哥的概念解释一样。所不同的是，这种近似将不同层面的概念进行抽象链接，并加强了理论和“现象学规律”之间的联结。我只想补充三点。第一，我们讨论的稳定性应该被一般地理解为是相互作用的。应该承认：理论和规律的特定内容以及各种各样的近似，依从于联结产生过程中的开放式终结的发展，这种发展，连接或中断这
101 类表征链[26]。第二，表征链的链接的产生不应被视为无足轻重。预先没有任何东西可以保证既定的链接能够达到预期的目的。平奇对太阳中微子物理学的研究可以再次作为我们的例证。关于太阳中微子产生的基于实验的上向链条和基于模型的下向链条从来没有被很好地连接过——实验室探测到的中微子比理论推测出的中微子少得多。这个“太阳中微子问题”（用我的术语说就是表征链联结中的一个阻抗）在物理学领域被广泛认可，并且已经成为相当多的实验和理论工作的焦点。在一般意义上，我认为大量的科学实践应该被理解为是指向对应这类阻抗的适应活动——是表征链联结的提高和扩展。

第三点涉及下述内容。正如我已经陈述过的，在本章中我不想对产生于概念实践的阻抗与适应的辩证运动进行分析，这种分析将在第四章进行。但我想基于第四章的内容结束这一部分的讨论：科学知识——从抽象的高层理论王国到寻常具体的实验事实领域——应该在表征链的提升和降解的意义上来理解。这种提升和降解是在捕获和建构物质力量过程中、穿越概念的多样性层面而实现的。在其中，表征链的所有因素和因素间的连结在冲撞中形成。现在，我们离开科学文化的概念多样性层面转向文化的异质性的另外一个轴线。

## 3.5 规　训

第三章第三节，我们聚焦于实现物质层面和概念层面连接的冲撞和相互作用式稳定，强调了科学文化的异质性主题。这一主题我们可以沿着许多不同的轴线追索。作为这一章的 102
总结，我仅仅关注许多轴线其中之一：在科学知识生产中与捕获和建构物质力量相伴随的人类力量的冲撞。这一主题我们在第二章第三节讨论人类动机的冲撞、在第二章第四节讨论人类活动者的范围以及活动者之间的社会关系冲撞时已经触及。这里，我选择一个全新的角度进行讨论：我要讨论人类力量的规训特性[27]。

为了解释要讨论的问题，我需要回顾一下第一章第三节讨论过的机器和往复性操作之间的关系，这种往复性的操作围绕着这种关系、促成这种关系的运动并且贯通二者成为一体。我认为，在科学实践中有一种相互调节在运作，这种相互调节勾画出机器的物质轮廓、机器的操作、以及与这种操作相伴随的规律化的人类行为，或者换一种说法，科学实践中开放式终结的力量的舞蹈有效地凝结在相互作用式稳定的某一刻，进入相对固定的文化版图，并且围绕着这一版图，一方面，捕获和建构物质力量，另一方面，通过系统化、常规化和标准化过程规训人类实践。[28]我认为这一版图对于我们涉及的有关机器的所有方面而言是全景式的，但在这一部分，我仅仅讨 103
论知识的问题以及知识进入事实产生过程所受的规训。

像通常一样，我用例证进行阐述。但我现在将夸克搜寻放置一旁，而使用一个被很好地记录下来的有其特殊性的一个例证。我将讨论的例证不是一个原初的科学实验的第一次操作，而是对历史上一个重要的实验的重新操作（重新建构）的尝试。我之所以选择这一例证是因为：这个研究能够最为直观地表明我要阐述的问题，毫无疑问，与进行实验的科学家不同，进行这一研究的作者清醒、明确地知道他所感兴趣的是关于规训的问题。我相信，我的例证的特殊性不会破坏我基于这一例证得出结论的一般性。[29]

104 我将讨论的是海因茨·奥托·西巴姆（Heinz Otto Sibum）关于他试图尽可能精确地重复热功当量的测量过程的记录。他试图重复的测量现今由焦耳（James Prescott Joule）公布于1850年的《哲学学报》[30]。图3.9再现了焦耳仪器设计的图解。其原理相当简单。处于仪器两端的两个重物可以上下移动，系住它们的细绳驱动一个在挡扳之间转动的浆轮，被带动的浆轮处在装满水的容器中间，两端的重物基于起始位置往复上下运动。在实验开始和结束时分别测量容器中水的温度。这样，基于重物每次位移的长度和位移的次数，热与功转换的比例可以很快计算出来（考虑到辐射导致的热损失、摩擦引起的机械能损失等等，估计这一测量结果需要多次修正）。

西巴姆将他重建焦耳的工作的尝试描述为——用我的术语——在“他的真实的时间操作”中妙趣横生的阻抗与适应的辩证运动(3)。尽其所能，西巴姆建造了最接近焦耳仪器的复制品。西巴姆最初与同他合作的研究生彼得·赫尔林（Peter Heering）一起开始实验操作。其目的是一个人转动轮子，另一个人进行所需要的测量。很快，一个焦耳记录中没有明确提及的问题变得相当明显。每当西巴姆和赫尔林进入进行实验的房间——现代的带有空调的实验室——温度便出现超出测量的允许范围的波动，这种温度波动使得不能得到与焦耳测量精度相媲美的测量。他们对这一阻抗的适应是制定两项

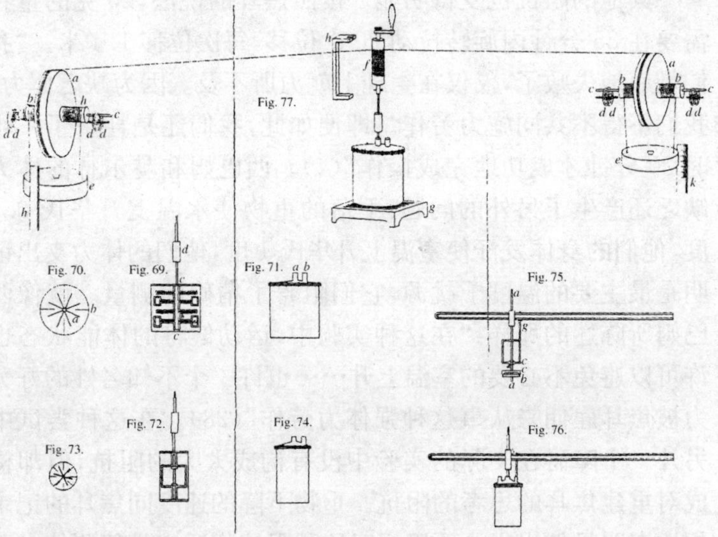


图 3.9　焦耳决定热功当量的仪器。标记为“图 77”的是完整仪器的一个草图，在两端带有滑轮，中间有盛满水的容器，其桨轮由转轴 f 推动；图 69 和图 70 的桨轮平面图和剖面图；图 71 显示的是封闭的铜器；图 72—图 74 显示的是在水银上进行的类似的实验；图 75 和图 76 是液体摩擦实验。重印焦耳 1850。

程序规则：① 在开始实验前一小时进入实验室，以使房间温度稳定。② 驱除旁观者（旁观者的存在会使温度更难控制）。在使用非常灵敏的温度计（焦耳温度计的仿制品）中，他们也发现了问题。他们再次制定了应对规则：“温度计的读表行为 106
需要特定的技术，包括进行测量的恰当时间。在测量者和仪器之间的辐射效应非常难于驾御，因此，使用某种特殊的温度计的长久经验是必要的。为帮助我们自身，我们制定了这样的起始规则：等待两分钟，然后读表，接着继续每一分钟读表一次。最后取温度平均值”(4)。

其他的阻抗也变得明显。按照焦耳的说法，26 克的重物需要在 35 分钟内旋转拉动 20 次位移，每次位移 1.4 米。“我们彻底地失败了，仅仅在生理上就力所不及。因为缺乏体力，我们不得不共同施力劳作。即便如此，我们还是耗费了 1 小时 20 分钟才成功地完成操作”(4)。西巴姆和赫尔林的体力缺乏还产生了另外的问题：下落的重物使水温上升华氏 0.5 度，他们的身体发汗使室温上升华氏 1 度，他们的体力支出证明是最主要的温度干扰源，它们阻碍了精确的测量。就像西巴姆所陈述的那样：“在这种实验中，运动健将的体能状态也许可以避免不必要的室温上升……也许一个不知名姓的好劳力被焦耳雇佣来从事这种强体力劳作”(28)。在这种尝试中另外一个障碍在实际的实验中没有构成太大的阻抗，但却构成对重建焦耳的思考的阻抗。重物下降的速度同焦耳的记录相比有明显的出入。西巴姆对这种阻抗的适应是猜测他自己仪器的物质形式可能存在着某种缺陷。为探求存在缺陷的可能性，西巴姆检验了陈列在曼彻斯特的科学与工业博物馆以及陈列在伦敦科学博物馆的真实的仪器原型。他对伦敦科学博物馆的仪器进行测量，随后建造了复制品，并且使用这一复制品进行了第二系列的实验，这一次他单独工作(也许他更具体地认识了这些仪器)。使用这一新的复制品，重物的下落速度“非常接近”焦耳当年报告的数据(8)，同时指出：焦耳发表的报告中描述的仪器不是他当时用来进行测量的仪器。

在第二次重建中，西巴姆还进行了另外一个变化。为求得稳定的温度环境，他模仿焦耳将实验测试从实验室移动到类似酒窖的环境。西巴姆将他的仪器移至奥尔登堡“一个老磨房，这个磨房在 18 世纪用来储存肉品。它很宽敞，物质结构允许我得到我期待的温度条件，这种温度条件能够给我提
107 供关于焦耳工作场所的更进一步的信息”(6)。尽管考虑到与

现代实验室相比的环境的稳定性问题，西巴姆依旧发现在进入实验室和开始实验之间依然有一段适应时间。还有“在房间中安放温度计也产生了困难：测量仪器的移动导致温度的差异。经过数星期的温度测量实践，在我适应房间的温度和相关条件的同时，我的测量能力得到提高”(7)。

温度计还产生了另外一个问题，西巴姆尽其所能使这一问题得到解决：“结束实验同样需要相当的经验。准确的记时以及进行温度测量时适宜的习惯和方式绝对至关重要。根据推测，当达到最终的、稳定的温度时，一个完整的测量应该停止。贝克曼(Beckmann)温度计(西巴姆能够找到的与丢失了的焦耳的原始仪器最为接近的替代品)在放入水中后6分钟内显示出稳定温度”(7)。西巴姆还记录到这类实验需要娴熟的操作和精确的接触：“我必须保持转动滑轮的绝对平滑以至能够保证绝对稳定地驱动精细的浆轮……整个装置中不能出现任何混乱，否则浆轮以及温度计将被摧毁。当系统中没有任何偏差发生，对这种操作的完美驾御方可达到。容器与转轴的轻薄设计避免了误差产生的主要来源(摩擦)。但是，它使得一种‘艺术性’的实验操作成为必要”(9)[31]。最终，西巴姆得到与焦耳实验报告结果有两个标准偏差的热功当量值以及今天我们所认可的热功当量值[32]。

这样，我们在这里就清晰、具体地把握了人类操作的规训特性的意义。人类活动的常规轮廓的刻画隐含在对物质力量的捕获和建构中，隐含在事实的产生中[33]。在真实时间的实践中，西巴姆懂得：他所重建的实验操作要求持久的孤寂、强壮的体力、娴熟的技艺、实验开始前对条件的适应及一段时间的停留、温度计特定的位置安放以及对温度测量的准确记时等等，等等[34]。在西巴姆实验真正开始之前，这些要求的特定情形根本无法想象。它们是在阻抗与适应的辩证运动中瞬 108

时突现出来的结果(在实践中问题一次次出现并一次次得到陈述),同时,他们构成人类力量瞬时突现的自主规训(autochthonous discipline):西巴姆发现,如果他重新进行焦耳实验,他只能以特定的被规训方式实现自己。进一步说,像以往一样,西巴姆操作的冲撞具有后人类主义的特征。一方面,西巴姆的人类操作显然是在反抗捕获和建构物质力量中实现最终稳定的(这种物质力量最初由焦耳捕获和建构),另一方面,西巴姆仪器的物质形式以及相应的操作特性本身就是重建过程中的问题:西巴姆发现,如果他要成功地接近焦耳的结果,他必须抛弃其自己的原初仪器的核心组成而代之为另外的不同仪器。西巴姆的人类操作的规训特性同他操作过程的物质要素(概念要素)一道在相互作用中实现稳定[35]。

这就是我要陈述的基本观点:与机器相伴的受规训的人
109 类操作、以及这种受规训的人类操作嵌入表征链本身,就是冲撞的产物,是阻抗与适应的瞬时突现序列的产物,这种产物在各种异质的文化层面——物质的、概念的和社会的——交错中实现相互作用式稳定(借用第二章的结论)。像我早些时候提到的,人们可能对我的例证的特殊性存有疑虑:重建一个历史上的实验的尝试能否代表科学活动中实验的特性的一般性。对我而言这种疑虑不得要领。相比较西巴姆的操作,焦耳的操作势必包含着更多的冲撞(至少西巴姆相当清楚地知道他所寻求的机械热功当量的数值是什么),怀疑作用于西巴姆操作的各种冲撞是否同样作用于焦耳的操作似乎是不可能的[36]。我们完全有资格视西巴姆的记录为实验科学本身的例证[37]。

要总结关于规训的讨论,我想提及,沿着我们现在讨论的思想线索,还有许多有意义和重要的问题,这些问题其他学者早有论及。就像我已经提到的,西巴姆的例证突出了自主规训使其适合科学中的特定实验，使其艰难地挤进科学实践的扩展过程。然而，任何透彻的讨论都需要含有规训从特定场所的分离，例如，迈克尔·林奇(Michael Lynch)的研究。这种研究从各种情境、从特殊到一般展开对表征的基线实践 110
(baseline practices)问题的探索[38]。在分离的更宽泛的水准上，研究科学训练以及训练期满之间的规训传递是非常有意义的，尽管我现在才意识到，对这一主题至今没有大量的具体研究[39]。在第四章，我将把这种分离规训作为我对概念实践解释的一部分，我将分析它们在实践中的冲撞。

对规训从特定场所的分离的另一研究角度，主要关注明晰的规训王国的建构和强制形成，通过社会的知识扩展集中精心设计科学知识的大量生产[40]。我们可以回到第二章的例证，伽里森(1985)明确地记载了在阿尔瓦雷茨的72英寸气泡室的建造中，以及在将原型产物转化为精致的科学知识的过程中，强加在技术劳动者和非技术劳动者——物理学家和扫描仪——上的各种各样的规训。沙夫对19世纪生产宇宙学知识的历史发展的研究(1988)则更清楚表明：这种规训并非起源于与我们称之为大科学的紧密相关的第二次世界大战
战后时期[41]。在第五章我将回到对规训王国(工厂)以及其 111
中的冲撞的透彻讨论。最后，为连接上述讨论，我需要提及古丁(Gooding 1992, 105)称之为"技艺集装"(packaging of skills)的见解(在一定程度容易误导)，其意义是：为实现对物质力量的特定的捕获而寻求特定的物质组建，这种组建在质询其所捕获的物质力量的精细轮廓勾画中，能使所使用的仪器或机器的敏感度最小化[42]。我认为，人类操作中规训的所有方面都应该被视为异质要素冲撞的突现产物。

我们形成了何种见解？我们至今发展起来的科学文化的全部观点无非是：多重性、异质性缠绕着机器和仪器、概念的

或表征的结构和系统、受规训实践、不同层面的社会活动者以及活动者之间的社会关系的所有方面。在这一章我特别关注的是：知识如何嵌入这一宏大图景。我认为，我们应该把实证科学知识视为：经由联结多重概念文化层面的表征链而实现的与理论之间的构成和引导关系。这种知识终止于捕获与建构物质力量的异质性王国，在支撑另外的异质性王国的同时被所支撑的王国支撑，这就是受规训的人类实践和操作。这就是我在操作性语言意义上理解表征的基本视角。不仅如此，我对科学的实验操作进行了分析，在上述提及的所有文化要素开放式终结的扩展的意义上，分析了知识的生产过程。这种扩展的恰当的维向，包括机器、设备以及相交织的物质操作的精致组建，事实和表征链本质的精致定义、受规训人类实践的精致勾画，应该在实践中终结，在彼此的相互作用式稳定
112 的最终实现中终结。在科学文化中，或在任何其他地方，不存在、也不需要任何亘古不变的固定的东西，支撑和解释文化扩展的过程。这是我的基本观点，也是我所认为的科学文化的魅力所在。科学文化的所有一切本身就处在实践的问题情境之中；不存在任何东西固定地附着在其中。我还是要强调我们可以在冲撞的意义上理解和把握所有这一切：瞬时突现的阻抗与适应的辩证运动不可避免地产生于多重的文化要素的联结之中。正是冲撞在时间中的演化中决定了：机器的表现形态将会是什么？科学家将相信什么？科学家如何与他们的机器和设备沟通？所有这一切、以及其他相关要素又如何实现彼此联合[43]？但是，有一点我的分析尚未触及：现在是讨论概念实践的时候了。

**[注释]**

[1] 除了它们在技术上的简单性之外，研究这些实验的另外的优

势是莫柏哥的著述，这些公开发表的以及尚未公开发表的著述，展示出了在其他科学家那里罕见的对科学实践的时间维度的敏感性。从20世纪70年代末期开始，我便对莫柏哥的工作发生兴趣。那时，我正承担着对发生在他与威廉姆·费尔班克(Williams Fairbank)之间的争论的研究工作(Pickering1981b，第六章第六节对此进行了讨论)。为我们彼此之间的通信、为向我提供公开发表和未公开发表的著述，为最近(1992)我对他的实验室的访问以及对保留下的实验仪器的观察，我要感谢莫柏哥教授对我多年的支持。然而，我应该明确一点，莫柏哥对下述的内容并没有给予认可。关于我对他的工作的早期研究，他这样写到："我当然非常感谢皮克林博士对我的工作的研究与关注；然而，我并不同意他的许多观点"(马里内利(Marinelli) 和莫柏哥 1982，258)，这个问题在本章的讨论中依旧存在。我认为他的不满意来自于两个相关的原因。其一，从物理学家的观点看，下述的讨论具有一种时间上的不平衡。由于集中关注莫柏哥研究项目的早期工作，我的讨论更倾向于偏重平常、琐屑的情节，回头看来，对那些最终的、艰深的、异常复杂的铁磁实验的讨论则显得相对简略。其二，就更一般的意义而言，莫柏哥教授请我表述他的这样一个意见："在许多方面，他不同意我所认为的(科学研究中)理论和实验相互交织的观点"(1993年10月22日的信函)。

[2] 关于莫柏哥研究团体的劳动结构与分工的资料，来自于1993年4月29日他给我的一封来信。在下述的注释中，我将用不同的物理学家带给热那亚实验室以特定的专业特征来具体说明我提出的(Pickering，1984b)科学实践的"语境机会主义"(opportunism in context)模型。

[3] 第一个提到这种可能性的人是盖尔曼(Gell-Mann)，尽管他本人对这一点并不非常在意。在他最初的关于夸克的文章中。他这样总结到："寻找稳定的夸克子……将有助于使我们确信不存在真实的夸克"(1964，215)。盖尔曼和他的追随者倾向于认为夸克是一种方便的数学构建。

[4] 关于莫柏哥的研究工作走向磁悬浮电测仪(MLE)的一个重要的文本，是莫柏哥1972年为《实验物理学历险》系列撰写的一篇文章(这篇文章在没有正式问世之前停止了发行)。文章的命运表现的与其

说是编辑出版的周折起伏，不如说是科学实验活动的捉摸不定，就像科学著述的惯常情境一样(参见 Pickerring 1989b)。在 Pickering1998c、283—85 中，我简要地讨论了莫柏哥科学实践的最初阶段的工作、以及古丁(Gooding 1990，193—203；1992，80—91)基于我的一篇未发表的对莫柏哥 1972 年的工作的研究所构建的图表。对磁悬浮电测仪产生前的历史的研究工作，使我更加确信：我所认为的科学实践必须包括物质性力量的作用。

[5] 在寻找夸克实验开始之前，莫柏哥的全部职业生涯都倾注于理论物理学。他是首批认真地对待夸克模型的理论物理学家之一。与盖尔曼及其追随者不同，莫柏哥采纳了一种“非常朴实”和直接的方式思考夸克，把它们概念化为强子的一种重的、缓慢运动的物理成份；并且他发现，按照这种解释，可以通过实验得到非常精确地量化的几个理论预测(Morpurgo 1965；Becchi & Morpurgo 1965a，1965b)。这些原因鼓励莫柏哥认真地对待寻找自由夸克的物理实验(Morpurgo 1972，1—2；在 Pickering 1984b 中，我探讨了莫柏哥建立夸克模型的工作与其早先核物理研究工作以及基本粒子物理研究工作之间的关系)。在莫柏哥早期的关于夸克的理论研究工作中，比奇(C. Becchi)是与他进行合作研究的一个年轻的理论物理学家，比奇后来也加入理论寻找夸克的实验研究。1967 年，比奇服兵役；在此之后，他逐渐退出了寻找夸克的实验研究，仅仅专注于理论物理的研究工作。正是比奇把莫柏哥介绍给伽里拉罗(Gaetano Gallinaro)——一个年轻的实验物理学家，并且算是早期寻找夸克的合作研究中唯一的真正的实验物理学家。莫柏哥回忆到，伽里拉罗在真空技术上的专业知识在第一批磁悬浮实验中异常地重要。

[6] 在本章提到的我对莫柏哥实验研究的早期观点(Pickering 1989c)中，在这种联系中，我把它叫做“解释模型”(interpretive models)；在这里我之所以使用“解释模型”这个短语是为了避免与我所认为的实践是一个持续的筑模过程的思想相混淆。

[7] 这里，我省略了一些细节。为了核准石墨颗粒对其平衡位置的偏离，莫柏哥把这些颗粒暴露在微辐射源周围以改变它们的电荷，通过小倍数增加电子上的电荷以改变石墨颗粒的电荷。与电荷的单位变

化相对应的“步幅”可以用来计算每个石墨颗粒上的“残留电荷”——残留电荷几乎接近于零。零残余电荷对应着一个带有整数电荷的石墨颗粒；正负 1/3 的残余电荷对应石墨颗粒上一个独立的夸克子。

[8] 我的引文来自于莫柏哥没有公开出版的第一手材料（参见上述注释 4），因为这种材料比公开出版的著述更生动、包含着更多的时间性的细节，伽里拉罗和莫柏哥(1966)。

[9] 在行动者网络理论中“转移”(translation)是一个艺术术语（有时它指代“转译的社会学”）；在此，我使用它只是在非常字面的意义上说明这个概念。

[10] 巴斯蒂德 (Bastide 1990，207—8)在与我类似的意义上使用“framing”(以及 focusing)，但他是在表征语言意义上使用，而不是在操作语言意义上使用。她关心的是视觉表征的艺术选择，并把这种选择内在地融入文本领域，我关心的则是物质操作与概念操作的内在融合。

[11] 帕尔米尔里(G. Palmieri)是莫柏哥所在系的一位副教授，一位为下述提及的寻找夸克实验的共振装置中建造了多个电子部件的电子专家。

[12] 对非整数电荷发现的解释是这样的：“作用于一个石墨颗粒上的力的总和是 $QE+\alpha E\delta E/\delta X$。这个表述中的第一项是由其自身的电荷（这也正是我们试图测量的量）而施加于石墨颗粒上的力，第二项是由于电场中的梯度而产生的力。在转换激活的电场的方向时，两个力的作用是不同的。第一个力改变它的符号，第二个力则不改变符号。这就是为什么实验能够在电场远非一致的几何中进行的基本原因。然而，作用于石墨的总电量 E 并没有同我们所使用的 $E$ 真正一致。另外，在两个金属小板之间，存在着一个非常小的电场 E，这个电场产生于我们无法反转的电压的作用（同样，如果金属小板具有相同的金属结构，它们就不会是单一晶体的，就总是会有石墨颗粒不规则地沉淀其上）。让我们写做：$E=E_a+E_V$. 那么，在前述的公式中，梯度不仅产生了主项 $E_a\delta E_a/\delta x$，而且产生了形式为 $E_a\delta E_v/\delta x+E_v\delta E_a/\delta x$ 正交项；这些正交项与激活的电场具有线性关系，因而不能够从作用于反转的电场 $E_a$ 上的电荷中区分出来。它们模拟了一个乱真电荷(spurious charge)；只要增大两个金属小板之间的距离，其电量就会降低；确实，这

就是我们所做的事情”(Morpurgo 1972,7)。

[13] 同格拉泽一样,莫柏哥解释意义的这种冲撞既具有前瞻的特性,又具有回顾的特性。莫柏哥的计算表明问题中的纷乱效应的大小与测量的样本数量的多少成比例关系。因此,非常清楚,如果检测的是较大的样本,金属小板之间的距离比抗磁设置可能距离要大一些。正是这种推理导引了下面要提及的铁磁体实验,在铁磁体实验中,金属小板之间的距离不受这种限制。(我感谢莫柏哥教授阐明了这个问题)

[14] 这等于是对悬浮系统的样板模型的一种替换。反磁悬浮系统的模型由布朗贝克(Braunbeck)开创(Morpurgo 1972,3);铁磁悬浮系统则由比姆斯(Jesse Beams)发展起来;把铁磁悬浮系统用于实验来测量电子-中子电荷的差异则是由斯托沃(Stover)、莫兰(Moran)和特里斯彻卡(Trischka)于 1967 年完成的。

[15] 最详尽的抗磁悬浮实验的共振模型的解释,是莫柏哥、伽利拉罗和帕尔米尔里在 1970 年做出的。与之相对应的铁磁悬浮实验则是马里内利和莫柏哥在 1982 年完成的。莫罗(Mauro)最初在 Italsider 的一个工业公司工作,但在 20 世纪 60 年代晚期至 70 年代早期他同时也在 Genoa 大学研究物理学、听讲莫柏哥教授的课程。根据莫柏哥教授的说法(1993 年 4 月 29 日的信函):“为他最后的学位论文(Laurea),他向我请教;他想在理论物理学领域做这篇论文。然而,在那个时候,我认为(我现在还是认为)在我们这个世界中有太多的粒子物理学家,同时我认为工业公司的工作经历应该在他的论文中得到阐发……于是我安排帕尔米尔里做具有铁磁物质的反馈的悬浮系统方面的论文……最后……他的工作非常成功地说明了这样一个系统可以在相当大的领域中建造和运行。”马里内利 1972 年毕业,并且作为一个助教在莫柏哥所在的系工作,正是在这里,他成为设计和从事最精妙的寻找夸克实验的主要人物之一。其他的主要人物是莫柏哥本人(直至 1977 年左右)和伽利拉罗(莫柏哥回忆到,在锁定放大器的使用上,他的专业知识发挥了很重要的作用)。关于铁磁悬浮系统与针对早期抗磁悬浮实验的解释中发生的冲撞之间的关系,可参见上述注释 13。

[16] 最好把这些冲撞理解为最大限度地捕获、而不是构建(framing)物质力量,对此在第二章中我们已经讨论。我们可以给出一些例

证说明:铁磁悬浮电测仪证明对交通噪音干扰相当敏感;实际上测量必须在夜晚进行,这个时段交通量较小。用于照明的白色光线的照射导致了样本上的电荷的不规则的变化,为了对付这个问题,莫柏哥和伽利拉罗在实验的光学系统中开启了红光。实验数据的通宵读解在自动地进行,当实验中的小球在他们两人不在时掉出悬浮系统时,莫柏哥和伽利拉罗为一系列的失败尝试困惑不解。他们的第一个想法是:一定是所使用的电力发生了故障,但当他们仔细研究这个问题时,并没有发现明显的干扰现象。一天早晨,当伽利拉罗到达实验室发现仪器上有一个死蚊子时,问题的答案突现出来。他推测由于蚊子对实验的光学系统的干扰,使得把样本固定在空中的反馈系统失效。对这个阻抗的成功适应就是在实验室周围挂上粘蚊纸[马里内利(Marinelli),1993 年 5 月 4 日的谈话]。

[17] 伽利拉罗和莫柏哥(1984)重新分析了他们对电荷的早期的测量结果,并对电子-中子电荷差设定了 $10^{-21}e$ 的上限。有意思的是,从我(Pickering 1984b)提出的科学实践的动态过程的"背景机会主义"模型的观点看,早期的、搜寻夸克的抗磁悬浮实验拒绝宣告死亡。在 1993 年 5 月我造访莫柏哥教授时,我发现最初的仪器设备还在使用,不过现在是用来悬浮高温超导体的颗粒,在最近的物理学领域这是一个极有意义的研究领域。这个实验与搜寻夸克实验的两个基本的不同之处是:(1) 仪器上安装了液氮冷却仓,其功用是使样本温度降至其自身的超导温度;(2) 熟练的夸克搜寻实验的队伍中现在有了物理化学家的加入,G. L. 奥尔西斯在高温超导领域具有相当的专业知识储备。关于这一点的详情,参见伽利拉罗和莫柏哥以及奥尔西斯(Olcese)在 1989 的工作。

[18] 科学哲学中的逻辑经验主义传统倾向于把科学实践与单独的科学理论等同起来。库恩(Kuhn 1970)就科学文化提出这样一种观点,即伴随着时间的变化,单一的科学范式一个被另一个不断地取代;拉卡托斯则在几个相互竞争的单一的研究纲领的意义上,对科学的历史重新建构;SSK 研究领域最具吸引力的讨论则关注历史观念的网络动态过程(例证可参见 Barnes1982;和 Colllins1992,第六章;以及来自于 Hesse,1974,1980 的网络模型)。

[19] 事实上，联结是行动者网络理论的文艺作品中的艺术术语(Latour 1987)；米歇尔·福柯的追随者倾向于使用诸如“联合”、“链接”、“接力”这样的术语(参见第一章注释43的著述)。行动者网络研究第一次强调了把科学实践视作一种多元的异质文化之间的联结的重要性；尽管像金格拉斯(Gingras 1994)所指出的那样，由于频繁地把科学文化描述为一个“没有缝隙的网”，这个观点经常被行动者网络理论的大家们搅得混沌。一旦联结形成并且只要联结存在着，网络就会没有缝隙；基本的网络图景应该是多重的，而不是单一的。哈金(Hacking 1992a)给出并具体说明15种类型的文化要素以不同的方式组合，进入科学事实的生产过程(尽管非常巧合，他把这些类型分为三类：“观念”、“事物”和“标记”)。哈金也强调了在他所列举的要素进入事实生产过程中的瞬时突现式的相互调整，他把自己置于与杜恒所认为的事实与理论预测错位的观点相关的地位来阐发他自己的见解。杜恒(Duhem 1991，第二部分，第六章)认为，从这种错位中，不会产生任何特定的推论；它仅仅指出在一定范围内对调整的一种需求，这些范围包括正在经受实验检验的理论以及所有其他的从原初理论走向实验预测的理论、以及从物质性实验操作走向一种整合的事实的理论。“不存在绝对的原则指导这类探究，不同的物理学家完全可以以不同的方式进行操作而无权指责任何一个人违反逻辑”(Duhem1991，216)。哈金主张，杜恒的观点需要扩展到包括冲撞在内的广泛领域，用我的术语说，就是扩展到科学文化的物质性活动领域。这也是我(Pickering 1986)所持的观点。

[20] 这就意味着我所给出、贯穿本书始终的文化的物质层面、概念层面、社会层面以及种种其他层面的区分，是存在于每日每时的、最普通的常识性区别。我没有指派给他们任何基础性的重要意义。例如，我并不试图拆分杜恒式的社会王国。就像我已经陈述的那样，我所进行的分析的全部目的就是要说明，这些不同的王国如何循环往复地相互影响、相互作用。

[21] 我应该承认，除了把“联结”理解为从不同的方向把不同的异质要素结合在一起之外，对于“联结”我不能提供任何贴切的定义。在热那亚实验中，联结等同于我已经讨论过的物质与概念之间的转译关

系；在格拉泽的实践中，联结等同于物质力量与社会力量之间的相互支撑；在第四章，联结等同于要素之间一一对应的关系以及不同数学系统之间的演算，等等。对我而言似乎是：对“联结”的一种贴切的定义将包含着对寻求某种联结的各种不同任务的一种确定的分类。我怀疑对科学实践进行这种分类会有什么意义。因此，我们思考联结的一般模型只能是把它视作运行着的机器的各个部分之间的相互关系；我们应该接受这样一个事实，即：各种各样的运行着的机器的不同部分与其他的部分相互合作，而无须设想这种“合作”意味着一台计算机、一架望远镜、或一枚原子弹的组成部分在工作。有别于这种设想，我倒是认为特定的实践所指向的特殊种类的联结本身，总是不拘于任何先定的特定的联结、在开放式终结中铸造自身。另外，我认为这些观点表述了（至少是在一定程度上）拉脱尔（1988a，第二部分）的“不可归并主义”的论点。

[22] 除了上述刚刚提及的两个事例外，物质实践中还有许多构建的例证。如霍尔顿（Holton 1978）关于密立根的油滴实验的物质形式的演化过程的讨论；弗莱克（Fleck 1978）关于瓦塞尔曼反应的物质性技术形态发展的讨论；夏平（Shapin 1979）关于颅相学家以及他们的反对者分别采纳不同的物质性技术手段（与不同的概念体系相关）的讨论；特里恩（Trenn）1986 年对盖革（Geiger）与穆勒（Muller）对抗（与改变对宇宙射线的信念关联）中的剧烈的物质性重构的讨论；以及伽里森在 1983 年、皮克林在 1984 年关于哈佛-宾西法尼亚-威斯康欣之间就中子探测器的争论导致的物质转换（这种争论隐含着他们对弱中子流发现的各自的确认）。其他的例证还可参见伽里森 1987 年所进行的一些历史研究。古丁关于法拉弟（Michael Faraday）的科学实践引导他建造第一个电动机的研究（1990 第五章；1992）是关于物质力量的捕获、构建、表征（“解释性的”）的一个绝好的说明（尽管从我自己的观点看，这一点具有一些讽刺意味，即：当古丁声称“把力量放回观察”时，他所谓的力量实际上是纯粹的人类力量；保持着对表征语言描述的信念，古丁甚至把法拉弟首次建造电动机视作一种“观察”[1992，91]）。

[23] 莫柏哥教授告诉我（1990 年 11 月 22 日和 25 日的信函）他的仪器能够探测亚电子，这是一种具有非常少量的电荷，电荷数目既非整

数又非三分之一整数；但是这种探测能力仅寄身于步长(step length)的测量中，而不存在于残留电荷(参见上述注释7)上；然而，就像发生的那样，没有证据表明亚电子显现在步长的测量中。莫柏哥去世前我与他的最后一次谈话也触及到在夸克搜寻实验中发现既非整数电荷数目、又非三分之一电荷数目的电荷的可能性。

[24] 在与理论的直接相关性上，在分离的可能性之间通过判决性实验进行选择方面，莫柏哥的实验与科学哲学中传统的"理论—检验"模式非常吻合。通过把这些方面描述为莫柏哥实验中非典型的特征，我想强调大量的科学实验和观察活动，并不具有理论—检验的性质。如：哈金(1983)关于科学实验可以具有多种目的的讨论；以及古丁、平奇和沙夫1989年所进行的例证研究。在皮克林1984b第十一章中，我申明在基本粒子物理学的历史中，QCD(量子色动力学)与其相关的实验之间的关系便不符合理论-检验模型 。

[25] 关于这个例证的讨论还可参见夏皮尔(Shapere 1982)、林奇和伍尔伽在1990年收集的论文，多方面探讨了围绕多元文化要素和文化序列的表征链问题。林奇(1991b)关于计算机从数据中产生数字化图象的讨论也与此相关。拉脱尔(1987，232—47)把表征链描绘为一种"再表征"的"波浪"，在其中统计性操作与数学形式运演在多重抽象水平上相互作用；卡特赖特(Cartwright 1983)特别关注科学中高层面的规律与现象意义之间的连接。

[26] "理论"、"规律"以及"近似"是传统的物理学哲学的话题，但在此我是在一般意义上讨论。对于计算机从数据产生数字化图象，林奇给出了一个相关的讨论："图片所显示出的意义导引着图象产生和图象完善的方向：刻画对象的外观需要多大的解像率；相对于一种星云状的对象，什么样的密度以及密度梯度对一个"点状对象"是合适的；可以得到什么样的对称或非对称排列"(1991b，70)。使用我自己的术语，林奇在这里显示的是三种因素之间的一种相互作用式稳定：(1) 运演一组数据，(2) 图象或对象在运演中产生，以及(3) 对象的现象意义(或理论意义)——这种意义本身在这个过程中被修订。借助于林奇的另外一个研究——"驯化实践"，我们可以得到关于科学表征的更复杂的一个全景。林奇(1985b)指出了发生在老鼠身上的渐进性的物质转

换——从生命体，到解剖了的大脑，再到（脑内的）海马状突起，然后是切片，最后的微电极，知识产生于最终的“神经轴突发芽”（axon sprouting）。这些实践趋向于针对表征过程，对老鼠进行“升级”、“驯服”（林奇用语）或构建（我的用语），也许我们会说：他们沿着表征链驯化老鼠。我们将会看到，这些表征链和驯化实践，伴随着实践的冲撞扮演着转译操作者的角色。诺尔-塞蒂娜（1992）讨论了在分子生物学实验室中发生的类似的前表征的物质转换，并由此与其他的学科形成了有意义的对比。

［27］发现了对科学实践中人类力量规训的考察的必要性，我似乎又要和哈金分道扬镳，他坚持认为对人类维度和社会维度的分析应该处在对实践的分析之外（而不像我所认为的这种分析属于实践分析本身）。他写到：“‘内在的’、‘外在的’这些语词是相当有用的”，“对于内在于一个实验的要素，我已经给出了一个分类。”（1992a，51）当然，我们可以以这种方式进行，这一章的前述部分实际上已经以这种方式进行；不过令我不解的是，哈金非常情愿地承认这是分析科学实践中的实验活动的唯一方式。在对我曾经给出的科学文化维度的系列引述时，哈金从中删除了“生命的各种形式”，他说：“我并非是不经意地省略这些内容”，不过他没有给出省略的原因（Hacking 1992a，31）。在下述的引述 43 中，我将回到生命形式的概念。

［28］回想一下我在第一章第一节给出的一般实践与具体实践之间的区分，在本章我的观点是各种具体的实践在与实践中的其他文化要素的作用中实现相互作用式稳定。SSK 领域的早期著述倾向于把讨论“技能”和“策略性知识”视作强调科学知识生产和扩展过程中人类能力的具体介入的途径（例证可参见，Collins1992；柯林斯所指向的是通常 SSK 的目标，即传统的哲学所认为的：在科学中，除了对理想化的理性的认同外，否认任何人类力量的实质性参与）。然而，对技能的讨论要格外谨慎。因为至少从定义上讲，技能或多、或少是不可见的，我们通常发现我们更多地谈论的是技能的表象，而不是技能本身，讨论的仅仅是与特殊技能相关的对象：“莫柏哥非常精通密立根式的电荷测量”等等。就像我们将会看到的那样，在一种技能似乎非常恰切地实现了某种思想的具体化的同时，这个技能本身又成为某种规训的构成；这里

规训的含义要比技能广泛得多，它寻求更加突出地显现人类力量的可见特性（可检查的、可记录的）。对技能和策略的谨慎设想，倾向于赋予它们特殊的属性，例如，用一种典型的表达方式，柯林斯论及了他所进行的一个案例研究。“他不知道除了可以参考激光不能工作这个事实之外，他一无所有；清楚这一点显然是一段很长的时间，尽管他没有制造激光的能力。”（1992，62）“激光制造能力”（柯林斯认为是一种一般意义上的策略）的含义，提醒我注意一种在科学家中间频繁表述的观点，即正是综合性知识（理论）“促使”它们建造机器。我的贯穿本书的基本观点是：不存在任何（柯林斯意义上的或科学家意义上的）东西“促使”我们建造机器；当我们能够成功地建造机器时，我们则是非常幸运地通过了冲撞的通道。柯林斯对科学家把科学理论的神奇特性归功于人类技能的策略王国的观点进行再定位，实际上等于是对作为其自身的人类主义的一部分的人类力量的无根据的夸张。

[29] 除了实际的科学实验的再操作，我还可以考虑其他的两种方式考察规训的实证性问题。其一是使用传统的文本方法进行历史性的考察，尽管出于上述讨论的原因，进行这种考察是一件困难的事情：科学活动中人类规训的增长似乎没有什么文献记载的线索。尽管如此，我在下述的注释 37 中，我还是勾勒出了莫柏哥的夸克寻找实验中的一些具体的实践。另外一个角度是人类文化学的考察，这里林奇以及他的合作者的常人方法论研究，对于一般性地考察规训主题极有见地（Lynch 1985a，1985b，1991b，1992a，1992b；Garfinkel，Lynch 以及 Livingston 1981；Lynch，Livingston 以及 Garfinkel 1983）。遗憾的是，从我的观点看，林奇似乎对于时间中的文化演变没有太大的兴趣。在这个方面，常人方法论反映了更注重文化生产问题而不注重文化变化问题的传统社会学的研究特点，结果是林奇的研究很少展示出各种实践的冲撞。相反我认为，如果时间的维度得到充分的认可，林奇对于人类、物质、概念、空间等等科学实践的各种构成要素之间“内在关系”的维特根斯坦式的讨论，将会更加清晰、明确。按照我的理解，林奇所考察的内在关系，实际上是一组异质文化要素和层面的联结和联合，这种联结和联合正是时间演化中、循环往复的杂糅着的冲撞的产物。

[30] 我感谢奥托对此进行的有价值的讨论。古丁（Gooding 1989）

的讨论试图沿着类似的但不那么具体的路径，重复法拉弟的工作。

[31] 西巴姆也发现“轴上的把手太短，以至无法卷动那样的重量。科学博物馆的把手模型不会是他(焦耳)或任何一个其他人在实验中所使用的那个把手。这个把手在那时一定是一个主要的使用工具。”(9)

[32] 西巴姆的结果是 746.89 ft. 1bs./BTU±2.1%，焦耳的是 772.692，现在的数值是 776.1(Sibum 1992,10)。

[33] 与我在文中解释的内容相比，西巴姆的文章中包含有更多的东西。在发现了存在于焦耳实验中的热量测量的困难之后，西巴姆基于已经工业化、合理化了的现代酿造业的发展，追溯了焦耳的工作所需的技术能力。焦耳出身于一个著名的酿造家族，其自身也参与了家族酿造业的发展。酿造业由此也就成为焦耳科学工作的突现表面。西巴姆表明精密仪器制造者共同体是焦耳科学工作的另外一个突现表面：几乎所有的焦耳使用的实验设备都是一个曼彻斯特仪器制造商——John Benjamin Dancer 制作的。这里，我们可以把这一点直接与我在第七章第三节讨论的“操作性历史编纂”联系起来。

[34] 这里所列的西巴姆是叫做“手势知识”(“gestural knowledge”)的在“手势”(“gesture”)标题下的术语群，而不是“规训”标题下的术语群。这里的问题主要不是分类上的差异，对于问题所涉及的其他的一些术语来说，“手势”似乎是一个过于活跃语词：独立、强大，但却一无是处(doing nothing)。同样的，在面粉磨房而不是在实验室重建焦耳的实验便不是一种“gesture”，如果我一定要使用这个术语的话。我认为，焦耳和西巴姆实验地点的变换，更应该趋向于一种科学的物质结构的异质性的、突现式的冲撞。关于这个主题的更多的讨论，可参见 Hannaway1986；以及 Shapin1988b。

[35] 柯林斯和库什(Kusch)对他们试图操作一个现代真空泵进行了一个讨论，这个讨论极好地具体说明了针对物质力量的捕获，人类力量所具有的稳定作用；由于他们不得不把真空泵视作他们自己的发现，这里的稳定作用不具有相互作用的性质——这一点由于柯林斯和库什的自身经历限制使然，科学的物质文化的情况则远非如此。

[36] 更进一步地探究这个忧虑，我们也许会疑惑在西巴姆实验中突现出来的规训是否与焦耳实践中突现出来的规训完全相同。再一

次，我不把它视作一个纯粹的忧虑问题。就像乔丹(Jordan)和林奇在他们对"准备血浆"(分子生物学实验中的一个基本技术)的研究中所表明的那样，实验室实践中自然生长出的规训在一个实验者与另外一个实验者之间发生着变换。问题的意义只是在于人类活动与物质操作之间的相互作用式稳定，产生了一个赛博式的机器以满足特定的活动目的。

[37] 这里，我简要地回到寻找夸克实验的例证，并注意到它与西巴姆研究的一些并行关系。在早期的抗磁实验中，在实践中莫柏哥认识到他必须格外小心不能碰到在测量中调节小板之间的距离的一个结。"在观察由于温度梯度导致的石墨颗粒的位移时，非常容易触到其中一个小板的一个结"(1972,5)。当我重新提到铁磁实验中的核心要素时，勾起了一定的烦恼：莫柏哥教授让我知道触及在激活的电场中使用的小板会导致"大量的斑点"(参见上述关于斑点或电压效应的讨论)。针对他们的铁磁悬浮电测仪，马里莱利和莫柏哥(1892,213—215)提供了一个"类似于操作手册的东西"，由一个典型的实验过程所包含的22个具体步骤构成，其中18个步骤必须在测量开始之前完成。

[38] 这样，通过把神经轴突发芽作为驯服物质对象(老鼠的大脑)的一般战略讨论的场所，林奇把科学研究课题的一个特定纲领带入到笛卡儿式的图形空间；他讨论的主要是他称之为"视觉主义的"和"数字主义的"，包含在科学(以及艺术)表征中的两个"主题编织"(topical contextures)。第一个编织的生长围绕着对几何视觉的传统理解；第二个编织则围绕着超级计算机和数字图象处理过程的王国。

[39] 进入脑际的例证是林奇、利维斯通(Livingston)以及伽芬克尔(Garfinkel)对工业化学实验室实验的评论(1093)；哈特莱(Hartley)对"触觉"描绘的教育学文本的分析；以及格雷厄姆(Graham)对社会学中的研究生训练的研究(尽管Graham主要关注的是概念实践，而不是物质实践)。还可参见格森(Geison 1993)引述的著作。这些研究中突现出来的有意义的主题关注的是围绕教育学文本(训练手册等等)展开的学生实践的冲撞，这些文本(训练手册等)曾经被视作权威性读本，需要的仅仅是一种开放式终结的解释(这种解释本身在实践中也会变成固定)。

[40] 这里，与米歇尔·福柯的工作(特别是与米歇尔·福柯 1979 的工作；参见第一章注释 43 引述的对社会科学福柯式的研究)存在着明显的联系。林奇论述到联盟(alignment)可以在福柯关于规训的思想和对实践的常人方法论的研究以及行动者网络理论之间产生。

[41] 有趣的是，无论是伽里森还是沙夫都记录了机器的附加层面的用处，或者是现存机器的新用处，这些用处存在于规训、标尺核准以及科学劳动力的标准化之中。这样记时器的引进就成为 19 世纪天文观测的关键所在——人工星体和电钟取代了自然的耳听-眼观的方法(Schaffer 1988，118)；同样，阿尔瓦雷茨的扫描仪所使用的用来测量粒子轨迹的计算机则使扫描仪在对话的舞蹈中工作，如果必要的话，可以要求它们计算；如果计算机输入不能产生物理意义，可以要求扫描仪重新运作(Galisson1985，343)。在科学研究中就像在工业中一样，人类规训的发展是与计量学的发展以及机器的标准化进程携手并进的——这一主题的讨论，可参见 Schaffer1992a；O'Conell1993；以及 Latour1987，247—57 的讨论。

[42] 古丁的例证关注的是法拉弟和电动机。经历了艰难的、物质的、概念的、以及规训的冲撞，法拉弟得到了最终的电动机；法拉弟建造了一个很小的模型电机，随机配备了对电机的组装和使用说明(Gooding 1992，105—106)。

[43] 类似于这个图景的大量的相互作用式稳定的异质性要素的组合，在科学的文化研究著述中通常被视作"生活形式"(Wittgenstein1953)。例证可参见 Collins1992；Shapin 和 Schaffer1985；以及 Pickering1989a。另外的避开明显的人类中心主义的替代名称包括"行动者网络"(这里的活动者指各种不同的人类和非人类力量)、哈拉维(Donna Haraway 1991b)的"赛博"(1991b)以及林奇的"主题编织"(参见上述注释 38)。

# 第四章 概念——建构四元数

113 类似的，围绕$\sqrt{-1}$讨论向量，似乎会非常自然地讨论平方为－1的事物。这一点，起初看来似乎是不可能的，但是如果你以恰当的中间环节考察它，它可能就变成最自然的事物。

路德维希·维特根斯坦：《关于数学基础的演讲》

意识的活动如何使意识自身成为问题？……基于有条理的研究，意识如何会导致意识本身成为问题？一旦确定的方法遭遇其自身的局限，这种情况就会发生（当然，在一定情况下是偶然地发生）。

S. 韦尔：《哲学讲义》

在第三章有一些遗漏。那里存在一个非对称：机器和仪器置身于力量的领域，概念则没有归属。这样，当我们非常自如地评价产生于我们和机器的相互作用的阻抗与适应的辩证运动时（我已经强调过物质力量的轮廓只能在实践中突现），我们似乎很难发现同样的过程可以用来描述我们与概念的相互作用。我们这里关注的问题是：概念为什么并非可以把玩于我们的股掌之间。恰如，在弥合他的物质仪器的操作与他的解释和现象的概念解释的结合的过程中，为什么莫柏哥不得不持续工作在真正的而不确定的阻抗与适应的辩证运动中？他的事实产生工作为什么不能简单直接地进行。为什么他没有基于他的仪器的解释意义而直接导致三分之一电荷的发现(这一发现很有可能使他获得诺贝尔奖)？或者，为什么他不让他的现象解释符合他的实验，即：存在着电荷的持续分布？更一般意义上说，为什么我们在第三章讨论的各种各样 114
扩展的表征链的连接都具有复杂不确定的成就形式(non-trival achievements)？为什么概念实践如此困难？"意识的活动如何会导致意识本身成为问题?"我认为，如果不能回答上述问题，我们不能声称对科学实践进行了透彻的分析。在本章，我首先抽象阐述、继而用例证说明：我们依旧需要冲撞[1]。

## 4.1 规训力量

> 当我们认为我们意识到的对各种感觉之间的连接是由一种普遍的法则决定时，我们实际就是意识到一种习惯在控制着存在。除了作为一种建立习惯继而在本质上彼此类似的情形中追随习惯的便利工具外，智能力量什么都不是；但是在广泛的非本质的众多形式中，在感觉的寻常事例的连接中，这些习惯才得以形成。
>
> C.S.皮尔斯：《理论的构建艺术》

> 学习数学的学生发现实在难以摆脱掉这样一种

不舒服的感觉，即：就形式意义而言，他所从事的科学能够在智能上超越他。

E. 马赫、E. 耐格尔，引自《复兴目的论》

我对概念实践的分析同样基于阐述我已经介绍过的三个基本思想：即各种文化实践活动都是受规训的和具有机器般(周而复始)运作性质的；作为文化的扩展，实践基本上是一个开放式终结的筑模过程；这种筑模过程发生于文化的多重性领域，指向异质文化要素联结的产生。我将依次阐述这些思想。

115 思考一下一个完善的概念实践——初等代数。我们学习代数是承认一套特征符号并且知道如何使用这些特征符号。正如维特根斯坦所表述的那样："每一个符号本身似乎是死的。是什么赋予其生命？在使用中它获得了生命。"(1953,432,Lynch 引注,1992b,289)。这种使用可以由第三章讨论的分离规训来构建，借用哈里·柯林斯的术语，它们像机器一样运作。正如在算术运算中，面对"3+4="，我们会毫不犹豫地写下"7"，在代数运算中，我们会自动地得出"$a(b+c)$"为"$ab+ac$"。概念系统与人类力量的特殊的规训模式结合在一起，特别是与使标记和符号相互间关联的常规化方法结合在一起。[2]这类规训(需要训练，并在使用中达到熟练)能够使概念实践独立于个体的愿望和动机。在这种意义上，科学家被动地处在受规训的概念实践中。这种受规训特征是我要讨论的中心，它标明并且使概念实践与物质实践具有对称特征。我试图使用规训力量这个术语重新描述人类力量的被动性。我认为，正是由于规训的力量(例如，初等代数中的训练)，它引导我们在完善的概念系统中，经历一系列运演操作[3]。

我们将很快回到规训力量，但现在我们暂时从被规训的实践转向实践的文化扩展。我之所以认为概念实践是完善的,是因为概念实践导引一个筑模过程。正像新机器基于旧机器模板建造起来一样,新的概念结构在基础概念结构上形成(见第一章的陈述)。下面我们要讨论的问题将采用把筑模术语分解为更基本的构成要素的形式进行。对于任何给定的 116
筑模过程区分出三个层次是非常有意义的,至少在我的例证中是这样。为了全面勾画出我的整体分析的轮廓,对其进行先行的简要描述是必要的。在前面的章节中,我强调过筑模过程应该被理解为一个开放式终结的过程,在此过程中不存在任何先存的决定性,这一点完全适应于描述概念实践过程。在局部意义上,我将筑模过程称作架桥(bridging),或者叫做建造桥头堡,即尝试性地固定一个文化扩展向量以待开拓。然而,架桥并不足以抹去筑模过程的开放性。其本身也不足以在旧概念的基础上界定新的概念系统,它仅仅是标记出一个"誊写"("transcription")空间,——对通过桥头堡,把旧体系发展到新的确定空间的过程的复制(这就是我为什么使用桥头堡概念)。如果我的例证是一个可靠的导引,这种誊写过程甚至可以不很充分地完成筑模过程。剩余的工作是填充(filling),在缺乏来自于基础模型的任何清晰的导引的条件下,完成新的概念体系。

这里,作为筑模过程分解结果的架桥、誊写和填充,就成为对概念实践分析的核心。当我开始分析我的例证时,我将清晰说明这些概念的含义。现在,我对这些概念如何与力量问题发生关联作一般的阐述。就像我所认为的那样,架桥和填充活动是科学家展示选择和判断力的活动,这种选择和判断力是人类力量最典型的特性。在弗莱克的意义上,在筑模过程的选择和判断层面上,科学家是主动的。架桥和填充是自由运动。相比较而言,誊写却是规训表现自身的过程,在这一过程中，规训力量和科学家活动结合在一起，科学家在面临他们的训练和接受某种公认程序的过程中由主动变为被动。在这个意义上，誊写是受规训的强制运动。这样，事实上，概念实践便具有了力量的舞蹈的相似形式，在舞蹈中，规训力量
117 和典型的人类力量轮番起舞[4]。这里有两点值得强调：第一，作为强制运动和自由运动的相互交织，力量的舞蹈在实践上显现在人类力量一端，这一点是不能选择的。实践只能采取这种形式。作为自由运动，架桥引发了随之而来的强制运动。没有这种引发过程，概念实践无从谈起[5]。第二，自由运动与强制运动的交织隐含着金格拉斯与斯韦伯（Gingras and Schweber 1986，380）涉及的概念"网络"的某种"刚性"。我认为它倾向于这样的事实：科学家并非完全受控于概念实践活动导引的方向和领域。我们可以认为，与规训力量相关的概念结构对人类力量的作用，恰如机器对物质力量的作用。如果我们试图修补前者，恰如我们试图修补后者，我们可以发现在概念实践中，概念机器的作用将导致什么样的结果。在这一方面，阻抗与适应的辩证运动肯定产生于概念实践。若想清楚地说明这一点，需要更进一步的讨论。

在概念实践中规训力量的构成性角色已经足以保证它的终结点是瞬时突现的。我们可以直接从建造特定的桥头堡经历概念实践的运动并同时把握概念运动导引的去向。但是，这并不足以解释阻抗的突现，并不足以理解意识活动如何引导其自身陷入问题的情境。要把握这一点，我们需要理解概念实践的目标走向是什么。我不认为存在着对这个问题的简短的一般性答案，但是，我认为所有的例证都可以引导我们回到前面章节中已经展开的主题：文化的多重性以及在异质文化要素之间联系断裂的主题。我想用两个例证说明这一点。

在科学领域，概念实践的一个主要任务是建立理论与实

验数据的联系，并用理论理解或解释实验数据，从实验数据中抽象出更基础的一般性认识。在《建构夸克》中，我强调这一过程是一个地道的筑模过程，现在，我要补充四点：第一，这个过程再次表明科学文化的多重性和异质性。数据和理论并没有必然的联系；然而，在它们之间，必须建立这样的联系。这导致我的第二个观点：概念实践的目的就在于在这些异质要素之间建造联结（转译、联合）。这里，在我们所讨论的过程中，理论和数据之间的关系事实上在一定程度上已经进入热 118
那亚实验。第三，正是因为在概念实践的力量的舞蹈中规训伙伴的出现，阻抗可以在建造这种联结中产生。因为概念实践的目的不能预先知道，概念实践的理论片段没有必要有意识地彼此适应、组合，就像莫柏哥在夸克探索中表现出的那样。第四，正如我们在第三章所看到的那样，这些阻抗参与阻抗与适应的辩证运动，在概念结构建造中，冲撞具有同建造物质仪器一样的运作形式和操作。[6]

当然，在第三章中，我没有陈述和分析在理论科学中学科结构是如何运作的（我仅仅是简单地就此表明了我的观点），现在，我依旧不想这样做。我保持缄默的原因是，我所理解的所有有意义的，我们要讨论的学科（大部分存在于理论基本粒子物理学中）都过于深奥，以至对其进行分析和解剖变得力不从心。在本章中我只能转向对数学的关注，特别是集中于数学发展史上一个既具有历史意义又具有智力意义的简单案例，这个案例仅仅涉及基础代数和几何学中非常基本的、众所熟知的学科。我希望冲撞在这个概念实践中的运作足以引导我们进入更广泛深入的分析，这种广泛深入的分析就像适应于数学那样适应于一般科学。我将很快进入例证分析，但首先对于数学，我要一般性地说明几点。

我们可以认为物理学是在其他事物中寻求如何描述世

界,那么数学在寻求什么?对此,我依旧认为不存在简单的一
119 般性答案。但我认为拉脱尔(1987)对此问题给出了一些重要的、极富洞察力的见解。他对数学形式主义的讨论,将数学结构比喻为铁路转运表(239)、交叉路口(241)、立交公路交汇站(241)以及电话中继交换站(242),拉脱尔始终强调参与、链接、联结以及联合的隐喻。他的观点是:这些结构本身就是担当多重目标的转换装置,在异质文化要素之间建立联结。我们很快就会看到这种见解会在我们的例证中显现出来。具体的细节将在4.2和4.3讨论,在此我可以给出一般性的见解。如果概念实践中的文化扩展,不是在能动的人类力量的充分控制之下,那么由于规训力量的构成性角色(constitutive role),各种新的联结的建造(建造新的电话中继交换站链接各种新用户)便具有非确定性的复杂特征。如果新的概念结构处在相互合作的规训力量的机遇中,那么这些概念结构就会被调整,我们就完全可以期望阻抗将会在建造新的概念联结中产生,将会在参与持续的阻抗与适应的辩证运动中产生,将会在筑模维度的冲撞——建造桥头堡和填充框架中产生,甚至在对誊写所赖以进行的描述中,也就是规训自身中产生。[7]

我们可以通过研究数学史中的一个例证展示这一过程。在随后的两节讨论中,我们将关注伟大的犹太数学家哈密尔顿爵士(Sir William Rowan Hamilton)的工作,特别是关注他那在1843年10月16日达到顶峰的建构新的四元数数学体系的数学实践的主要过程。在我们研究这个案例之前,我想
120 对这个案例的选择做一说明。就像上述提及到的,这个案例自身就有多种被选择的根据。显示在哈密尔顿的工作中的规训力量具有简单而熟知的数学结构,这种结构使这一案例与当代的数学家或其他科学家的工作相比更容易追随和把握。

与此同时,哈密尔顿构建四元数的成就具有深远的历史意义。在数学发展史中,它是一个重要的转折点:他第一次把非对易的量(noncommuting quantities)引进数学研究领域,同时引进一套新的数学实体和运演体系——四元数体系。这一体系使时间进入作为现代物理核心分析的向量分析。不仅如此,我们还可以得到哈密尔顿数学实践的详细记录资料。[8]哈密尔顿自己留下了引导他进入四元数发现的数学实践的许多记录,特别是记录发现的当天事件的一本笔记和发现的第二天写给格拉夫(John T. Grave)的一封信(Hamilton 1843a, 1843b)[9]。就像哈密尔顿传记中记载的那样,"这些记载使都柏林桥(Dublin bridge)(在这里哈密尔顿第一次完整地把握了四元数体系)的真理时刻成为数学史上记载最为完整的发现之一"(Hankins1980,295)。关于这最后一点,还需要一些讨论。

哈密尔顿的四元数发现,不仅记载最为完整,它还有许多值得讨论的地方。哈密尔顿代数学探索的许多方面包含着四元数的处理方式,在哈密尔顿或多或少地涉及其整体思想的各种思想的复述中,至少就有五种处理方式(Hankins 1980, 295—300;O'Neil 1986,365—68;Pycior 1976,chapter 7;van der Warden 1976;Wiittaker 1945)。我需要清楚地表明的是:我的观点与其他人观点的区别在于,我要表明哈密尔顿的工作确实可以在我称之为冲撞的力量与实践的相互作用的一般意义上去把握。结合对强制运动和规训力量的讨论,开放式终结的筑模过程在此显得特别重要。在随后的阐述中,我将通过设定构建四元数与构建"三元组"之间的联系轨迹方式,把自由运动置于哈密尔顿通向构建四元数的最终路径之中。 121

第四章第二节将描述哈密尔顿工作的技术背景。第四章

第三节对导向四元数的数学实践进行分析。第四章第四节基于对例证的讨论概括了概念实践的瞬时突现和后人类主义的去中心化性质以及在概念结构、规训和动机之间的相互作用式稳定和冲撞。由于第五章中我们的讨论从数学实践和科学实验室转向工厂，所以在第四章第五节中，我对第二章、第三章以及第四章中涉及的有关科学中的各种突现做了简短的总结。最后，在第四章第六节，作为结束语回顾了大卫·布鲁尔把哈密尔顿的工作作为 SSK 研究的一个例证所进行的形而上学分析。布鲁尔声称哈密尔顿的形而上学是由他的社会观所确立的；我则认为，像其他方面一样，这种形而上学服从于实践的冲撞。

## 4.2 从复数到三元组

19 世纪早期是代数学基础的危机时期，所关注的问题是如何能够理解一个"荒谬的"量——负数以及它们的平方根(Hankins 1980，248；Pycior1976，chap. 4)。围绕着这些荒谬的量展开了许多的争论，但只有一种我们在此将要说明的争论与我们讨论的问题直接相关，并且能够说明文化的多重性以及文化联结的形成这一主题。这个争论导引了向代数和其他的数学分支、几何分支之间的联结的建构这个方向的转移。这种联结主要是建立复数的各因数和运算与特殊的几何系统之间的一一对应关系(Crowe 1985，5—11)。由于这一过程在哈密尔顿构建四元数中具有重要的作用，我将详细讨论建立这种联结的过程。

复数的标准代数符号表示是 $x+iy$，其中 $x,y$ 是实数，$i^2=-1$。正实数可以认为是表达能够度量的数量或尺度——

一定数量的苹果、一定长度的棍棒，代数学中的基本问题是 $-1$ 和 $i$（以及它们的乘积）代表什么？

$\sqrt{-1}$个苹果的意义是什么？它到底是多少个苹果？对 122
这个问题的几何解答是：不把 $x$ 和 $y$ 视作数量或尺度，而是视作在一个“复杂的”二维平面上、起于一定始点的线段的终点坐标。这样，对于由线段表达的给定复数，平面上的 $x$ 轴度量复数的实数部分，$y$ 轴度量复数的虚数部分，虚数部分的
代数表示的单位为 $i$（见图 4.1）。这样，整个复数集合便与几 123
何线段之间构建起一一对应的关系。更进一步，这种对应关系使基于被恰当界定的线段之间的类似关系的复数运算成为可能。线段的和也基于相应的标准得到界定。按照代数学术语，两个复数的和应该被界定为：

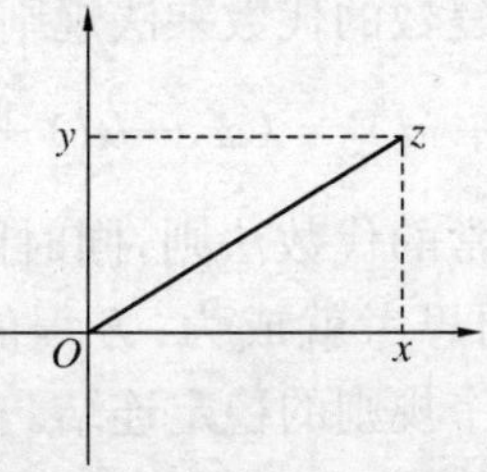


图 4.1　在复数平面上复数 $z = x + iy$ 的几何表征。指向 $x$ 轴和 $y$ 轴终点的线段 $oz$ 分别度量 $z$ 的实数和虚数部分。

$$(a + ib) + (c + id) = (a + c) + i(b + d),$$

相应的线段规则是：$x$ 坐标数目的加和应该等于被加和的 $x$ 坐标线段的数目，$y$ 坐标的加和规则与之相同（图 4.2）。减法规则可以直接从加法规则得到——用线段之间的差代替线段之间的和。

乘法规则和除法规则的几何表示则要复杂得多，在此，我们只讨论乘法法则，因为，正是乘法法则成为哈密尔顿发展四

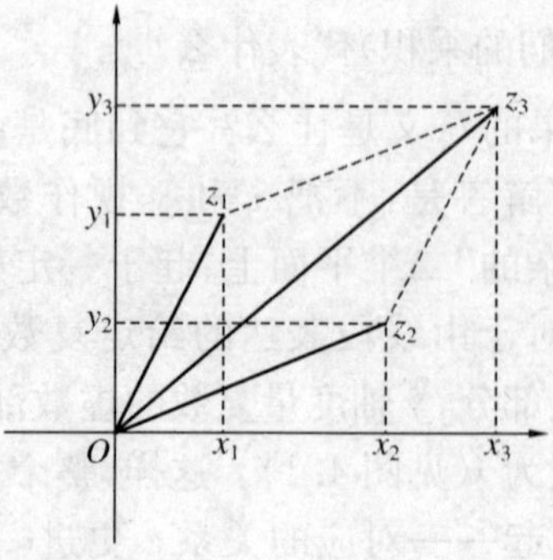


图 4.2　复数加法 $z_3 = z_1 + z_2$ 的几何表征。从结构上说，$z_3$ 的实数部分是 $z_1$ 和 $z_2$ 的实数部分（$x_3 = x_1 + x_2$），相应的 $z_3$ 的虚数部分是 $z_1$ 和 $z_2$ 的虚数部分（$y_3 = y_1 + y_2$）

元数的核心。两个复数的代数乘法规则是：

$$(a + ib)(c + id) = (ac - bd) + i(ad + bc),$$

其运算遵循通常的代数法则，同时附加一个特殊的界定 $i^2 = -1$。对问题的思考就成为：方程的几何意义可能是什么？它被证明是两个规则的稳定连结。作为两个线段的乘积是另外一个这样的线段：(1) 得到一个来自两条线段的积的长度；(2) 这条线段与 $x$ 轴形成一个等于两个线段分别与 $x$ 轴夹角之和的夹角（图 4.3）。

124 基于这种界定，线段乘法的几何表示产生一个与复数的代数表示相对应的结果便很容易得到验证。[10] 伴随着对复数除法的几何表示的成功界定，实数与复数代数操作以及在复数平面内对它们的线段表示之间一一对应的关系便建立起来了 。

对于 19 世纪的数学而言，至少从这种乘法对应中产生三个重要结论。第一，它是（尽管是有争议的）解决了针对荒谬

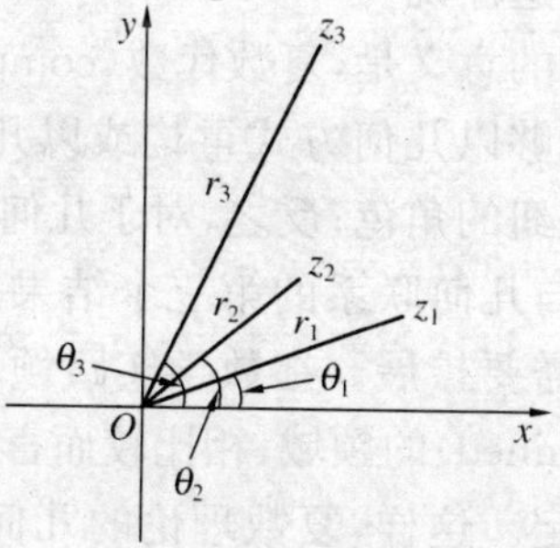


图 4.3　复数乘法 $z_3 = z_1 \times z_2$ 的几何表征。这里线段的长度是乘积 $(r_3 = r_1 \times r_2)$，同时线段与 $x$ 轴形成的夹角是一种加和$(\theta_3 = \theta_1 + \theta_2)$。

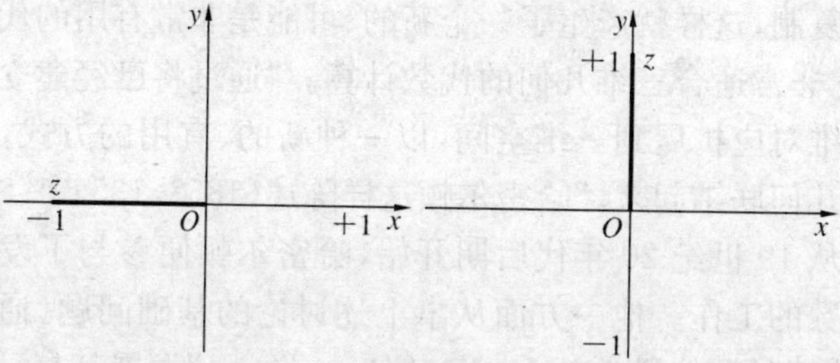


图 4.4　奇异数的几何表征。左图：$z = -1$；右图：$z = i = \sqrt{-1}$。

数的基础问题的一种对应。取代用真实客体的数量和尺度度量来理解负数和虚数的尝试，我们可以使用线段定位的术语，对它进行几何性思考。例如，可以把一个负数理解为沿着负 $x$ 轴(不是正 $x$ 轴)的一条线段，可以把一个纯粹的虚数理解为沿着 $y$ 轴的一条线段，以此类推(图 4.4)。这样，对于这一荒谬的数，人们可以通过对任何给定平面内一个刚体的不同的长度和定位(可以视为各种棍棒)的直觉，使其得到理解，这样，代数学中的一个基本问题就成为一个虚数问题，而不是实数问题(我们姑且这样说)。

第二,更实际的意义是,复数代数(complex algebra)几何表示,对于可能能够以几何方式重构或以几何方式解决的问题,扮演着转换枢纽的角色;反之,对于几何问题的代数表示,同样如此。代数与几何联系的第三个结果是,几何表示比代数表示更明显地需要扩展。在数学实践领域,复数代数是一个自足(self-contained)的领域;相比较而言,几何则没有在平面上被严格地限定。这样,复数理论的几何表示就要求从二维平面扩展到三维空间,基于已经形成的二维对应,要求扩展到三维代数与之对应。一方面,这种扩展可以视为一种游戏尝试,其目的仅仅是探究它可能会产生什么结果。另一方面,存在一个效用的承诺。希望对三维空间中的线段变换,进行代数复制,这样就产生了一个新的、可能是非常有用的代数体系,它非常适合三维几何的代数计算。“通过将已经建立起来
125 的二维对应扩展到三维空间,以一种新的、有用的方式,将计算和几何联结起来。”哈密尔顿这样陈述(1853,135)[11]。

从19世纪20年代后期开始,哈密尔顿便参与了发展复数代数的工作。他一方面从事上述讨论的基础问题(通过他
126 的“纯粹时间的科学(Science of Pure Time)”发展其自己的研究方向,一种通过“数对的”系统而不是几何的系统的研究;在第四章第六节,我将回到这一主题),同时对复数进行从二维系统到三维系统(他称之为“三元组”)的扩展研究。在19世纪30年代,哈密尔顿具有构建三元组系统的多种不同的意图,但哈密尔顿认为它们最终都是失败的(Hamilton 1967, 3—100, 117—42; Hankins 1980, 245—301; Pycior 1976, chaps. 3—6)。1843年,在对其它的主题进行了一段时间的研究后,他再次回到他所面临的挑战。他再一次没有达到他的目标,但这一次他不是空手而归。取代对三维系统的建造,

他很快达到了对四元数体系的建造，他自己把它视为其最伟大的数学成就，并为此倾注了其余生的整个研究时间和精力。这是一段我想详细分析的实践经历。

## 4.3 构建四元数

1843 年 10 月 16 日，汉密尔顿在笔记本上记录了他对四元数构建过程的回忆。记录是这样开始的："今天早晨，我被引导到对我来说似乎是四元数的理论，它似乎拥有极有意义的前景。数对(couples)已经被认为是已知，认为是代表平面上的点，这样，如果$\sqrt{-1}$垂直于 1，那么，很自然去设想，应该存在另一种类的$\sqrt{-1}$，垂直于平面自身。让这个新的虚数为 $j$，这样 $j^2=-1$，同时，$i^2=-1$。在空间中，点 $x,y,z$，意味着一个三元组 $x+iy+jz$ "(NBE,103)。

像通常一样，我从模型化过程是哈密尔顿实践的内在构成的强调开始，对这一实践过程进行评述。就像上述陈述中明显显现出来的那样，哈密尔顿并不是试图凭空构建出一个三维数学体系。他的探索从已知走向未知，去尝试发现已经存在的二维系统的创造性扩展。更进一步，就像伴随着我们的讨论变得越来越明显的那样，经由模型化过程的文化扩展过程，在这个例证和在其它的例证中一样，是开放式终结的。127
在构建四元数中达到顶峰的对三元组的研究工作中，哈密尔顿尝试过对复数代数和几何学的大量的不同方向的扩展。现在，我们需要讨论哈密尔顿如何在这个开放式终结的空间中周旋，这个讨论将把我们带入第四章第一节所提及的模型化过程的三部分组成。

在哈密尔顿参考"平面上的点"时，他首先借用的是复数代数的几何表达，对思考问题的扩展则从对二维平面中的线段的思考转向对三维空间的线段的思考。我认为，正是因为这样，他建立了复数代数向可能的三维空间扩展的桥头堡(bridgehead)。就像已经陈述并将继续讨论的那样，这类桥头堡运作的意义在于，它标志着模型化过程的特定目标；现在，我想强调对于桥头堡具有一般意义的两点。第一，无论哈密尔顿从二维平面转向三维空间是多么的自然，承认这一点是非常重要的，即：没有任何力量强迫他这样做。事实上，他以多种不同的方式对三元组系统进行了最初的尝试。经常，他开始时使用代数模型的术语，但最终他的运算却试图寻找他的发现的几何表达，一种与他开始进行尝试时完全不同的表达方式(Hamilton 1853,126—32)。[12] 在这个意义上，固定桥头堡的任务是一个积极的或自由的运动，它担当着降低开放式模型化过程的不确定性的任务。从这一点引申出的我的第二个观点是：这种固定桥头堡的任务应该是尝试性的和可修改的，并且，这种尝试与修改不能保证一定能够成功。正像哈密尔顿对桥头堡的最初选择按照他自己的估计是失败的一样，其他的尝试与修改也是同样如此。他评估他的特定选择的唯一方式就是交织于模型化过程、作用于模型化过程——看最终的结果是什么。类似的论述同样适用于构建哈密尔顿实践的第二个模型。这是一个复数的标准代数公式。他试图
128 通过将通常的 $x+iy$ 变动为 $x+iy+jz$ 来扩展上述引述。这似乎又是一个自然的变动。但同样，当这种变动与哈密尔顿早期在三元组上的工作相冲突时，最好把这一工作视为建造桥头堡的一个尝试性的自由发展。[13]

在回到哈密尔顿的回忆录之前，还需要更多地提及的是：我注意到在上述论述中，复数代数和它的几何表达在 1-1 对应关系中是相互交织在一起的。而对这种相互交织的有意识

保持，刻画了哈密尔顿的实践过程，这一点已经呈现在我们的讨论之中。在上述引述中，他在两次筑桥(bridging)过程中，实现了在已经界定了的要素之间建立一一对应的关系，在代数表示 $x + iy + jz$ 与经过适当界定了的三维空间中的线段之间，建立了对应关系。在随后的阶段中，他思考着在两个系统中保持数学运算的始终如一的交织可能性。这一点恰恰是对模型化过程进行分析的意义所在，在此，规训力量发挥了作用，在概念实践中阻抗存在的可能性开始变得明显。哈密尔顿在笔记中继续写到：

> 一方面，三元组 $(x + iy + jz)$ 的平方等于 $x^2 - y^2 - z^2 + 2ixy + 2jxz + 2ijyz$；至少最初对我来说是这样，因为我假定：$ij = ji$。另一方面，如果将它看作线段（即起点为原点，终点坐标为 $x, y, z$ 的线段）的坐标，表示为 $(1,0,0)$ 和 $(x, y, z)$ 的第三比例量，且设此第三比例量具有 1 和 $\sqrt{x^2 + y^2 + z^2}$ 的第三比例量的长度，而且从 1,0,0 角变换，它的距离是 $x, y, z$ 两倍；则此平方数的实数部分应该为 $x_2 - y_2 - z_2$，它的两个虚数部分的系数应该为 $2xy$ 和 $2xz$；这样一来，$2ijyz$ 项就消失了. 因而，我首先想到设 $ij = 0$. 但是，我又发现如果设 $ji = -ij$，就能解决这个难题.（NBE，103）

对这一段记录需要进行一些解释。在这里哈密尔顿开始思考针对三元组的数学运算问题，由此他的桥头堡得以界定，特别是，对乘法运算采取了对一个任意的三元组的平方的方式。于是，他从一个纯粹的代数表达式开始。为简明起见，如果我们写做 $t = x + iy + jz$，他发现

$$t^2 = x^2 - y^2 - z^2 + 2ixy + 2jxz + 2ijyz \qquad (1)$$

伴随着通常对 $i^2 = -1$ 界定、以及对 $j^2 = -1$，这个哈密尔顿的桥头堡的内在组成的新的界定，这个方程从标准的代数法则中自然地得出。在这个例证中，我们看到筑模的基本过程被分解为两个更明显的操作——架桥和誊写（bridging and transcription），在这里，誊写相当于把基本操作模型（这个例证中便是代数乘法规则）复制到桥头堡所建立起来的系统。这也正是我使用"桥头堡"这一语词的原因：它界定了一个可以使基本模型能够被转录的支撑点，界定了一个筑模过程的目标，就像我前述所讨论的那样。在这里我们应该注意，就像认为固定桥头堡是一个积极的、自由的活动是恰当的一样，把誊写认为是一系列被动的、强制性的活动，一系列基于与已经建造起来的基本模型相关的活动（这里的结果表现在方程(1)）中，同样是恰当的。我们可以进一步注意到，哈密尔顿屈服的力量，实际上就是假设的规训力量。当哈密尔顿实实在在作为一个透彻思考并最终写出最后的乘积的人，对于如何对这个乘积进行操作的选择，并非是自由的。无论何时，任何一个接受过代数运算训练的人，都可以验证哈密尔顿（还有我）所进行的乘法运算是正确的。这是在概念实践中力量的舞蹈的第一个例证，在其中，规训力量使哈密尔顿（还有我们）超越了仅仅是固定桥头堡的任务。

誊写过程的受约性质使得概念实践中阻抗的突现成为可能，在突现实现之前，我们应该注意筑模过程只是部分地分解为筑桥和誊写。方程(1)中依旧包含着未被界定的量——乘积 $ij$，它出现在方程右边的最后一部分。这个未被界定的量，既不取决于哈密尔顿的第一次自由运动，也不取决于随后的被动运动。我认为，这些"断裂"(gaps)的突现是筑模过程的另外一个一般特性的体现：规训力量不足以贯穿筑桥过程的全部的文化扩展过程。例如，断裂贯穿于哈密尔顿三元组研究工作的全过程，对这些断裂哈密尔顿的典型的应答，是我称之为填充(filling)的方式，其意义在于：为了进行更进一步的 130
自由运动，为未被界定的术语赋值。[14] 推测一下力量舞蹈的最初情形，哈密尔顿可能会对乘积 $ij$ 直接赋值，然后去探索进一步的强制力量会引导他走向何处。在这个例证中，结果是他使用不同的方式对其进行处理。

哈密尔顿回忆笔记中以“另一方面，如果它表示三分之一的比例……”开始的句子，与其说涉及三元组平方的代数表达，不如说涉及三元组的几何表达。考虑一下作为空间中的一个线段的三元组，哈密尔顿几乎可以把他的新的桥头堡转录为在第四章第二节所概括出的复数乘法的法则，尽管在这一阶段一切还不明晰，还遗留着一个问题，在三维空间中涉及到线段乘积的长度的第一原则依旧含糊不清；同时，与作为线段乘积的方向相关的第二个法则，却是清晰的。在字面意义上，这一点意味着任何一个三元组的平方与 $x$ 轴形成的夹角，都两倍于三元组自身——“两倍于角从 1,0,0 移动为 $x$，$y$，$z$”——形成的夹角，但这无论如何不能确定空间中作为线段乘积的方向。这里规训力量再次使哈密尔顿陷入困境。在从二维空间转向三维空间中，另外一个断裂又产生了，在这个例证中，哈密尔顿以一个特殊的填充步骤对这一断裂应答。

通过强制设定一个新的必要条件，即存在于空间中的三元组的平方由其自身和 $x$ 轴来界定(这是以几何表达方式获得他所陈述的三元组平方的唯一方式)，哈密尔顿规定了空间中线段乘法的法则。和通常一样，这个步骤似乎非常自然，但如果在哈密尔顿前期实践的意义上来理解，这种自然的感觉则非常容易动摇。例如，在三元组问题上，哈密尔顿最早的尝试是把它们表示为在三维空间中的线段，但在这个尝试中乘法要以不同方式界定。[15]这样，特定的填充步骤满足了并且被设计为使一系列被动的从二维复数转向三维复数的誊写成为可能，这种可能促使哈密尔顿对于一个任意的三元组可进
131 行平方运算。再一次向规训屈服，他发现“（对应线段的）实数部分应该是 $x^2-y^2-z^2$ ，它的两个虚数部分应该由两个系数 $2xy$ 和 $2xz$。”或者使这一结果回到纯粹的代数表述[16]：

$$t^2 = x^2 - y^2 - z^2 + 2ixy + 2jxz \qquad (2)$$

现在存在着方程 1 和方程 2 之间的明显的不同，二者都表示三元组的平方，但以不同的方式运算。除了在方程 1 中存在一个方程(2)中不存在的成问题的术语 $2ijyz$ 外，二者完全一致。当然，这正是在界定 $ij$ 乘积中哈密尔顿寻求解决的问题之一，我们随后就来检验一下他是如何使用它的。首先，现在是讨论阻抗的时候了。哈密尔顿作为分界点的两个基本模型——复数的代数表达和几何表达，在元素和运算的一一对应中，联结在一起。就像哈密尔顿已经扩展了的那样，这里，三维系统失去了这种联结。在代数系统中对平方的界定（方程(1)），不同于经由几何表达（方程(2)）的运算。哈密尔顿试图保留的“几何运算”的联结被破坏；通向成就目标的阻抗出现了。正如我已经提及的那样，这个阻抗突现的前提是，概念实践中规训力量的构成性角色以及在筑模过程中作为强制性运动和自由运动结果的相互交织。在不确定的筑模空间中，哈密尔顿的自由运动决定了其代数和几何的扩展方向，与自由运动交织在一起的强制性运动（被动运动）使这种扩展沿着方程(1)和方程(2)摩擦点发展。我认为，这就是“思维的运作如何使思维本身成为问题”。我们现在从阻抗自身转向对在概念实践中阻抗与适应的辩证法的思考——换言之，转向冲撞。

哈密尔顿所遭遇的在方程(1)和方程(2)中具有不对称性 132
的阻抗，可以被认为是“杜恒问题”的一般版本的一个例证[17]。在文化扩展的过程中，一些事情在一些地方走向歧途(各部分不能像所期望的那样结合在一起)，但哈密尔顿并不知晓应走向何处才能获得综合方法。他所能够做的只是在问题的扩展中修补——通过各种各样的自由运动、通过紧随自由运动的一系列的强制性运动(被动运动)，尝试着绕过已经产生的阻抗，实现代数和几何之间所期望的联结。他要寻找对阻抗的适应。指向适应的两个可能的始点在上述引用的段落中已经提及，二者都相当于对哈密尔顿已经扩展了的代数系统的填充，二者都直接导致方程(1)和方程(2)的对等。最直接的适应就是使乘积 $ij$ 等于 0[18]。一个替代的，虽然不很严格但却更生动、最终更深远的想法也激发了哈密尔顿。那就是放弃在 $i$ 和 $-1$ 新的平方根 $j$ 之间进行乘法交换的设想。[19]在普通的代数学中，这种假设($ab=ba$)是常规。哈密尔顿接受了假设 $ij=-ji$ 的可能性。这并不排除 $ij$ 与 $ji$ 都
是 0 的可能性。即使是没有这类情形，它同样保证方程(1)中 133
有问题的术语 $2ijyz$ 消失了。这样，哈密尔顿对这一阶段出现的阻抗，构建了一个成功的适应。[20]

通过假设 $i$ 和 $j$ 不能够进行乘法交换，哈密尔顿保持了代数系统与几何三维系统之间的联结，至少对他所关注的三元组平方的运算来说，情况如此。哈密尔顿对此感到满意。他的下一个步骤是思考乘法的一般运算的不很严格的情形，进行两个共面的(coplanar)但同样是任意的(arbitrary)的三元组的乘法运算。他再一次发现，只要他假设或者 $ij=0$，或者 $ij=-ji$，计算的代数表达和几何表达就完全相同(NBE，103)。然后，哈密尔顿转向思考在新的形式中的最一般的乘法运算：两个任意的三元组相乘(NBE，103-4)。像从前一样，

他从代数表达开始。继续假设 $ij = -ji$，他写到：

$$(a + ib + jc)(x + iy + jz) = ax - by - cz + i(ay + bx) + j(az + cx) + ij(bz - cy) \quad (3)$$

然后，他回过来思考几何表达的乘法，在这里，进一步的问题产生。回想起对三元组平方运算的界定，哈密尔顿发现采取一个填充的自由运动的必要性，即假定这个平方存在于原初的三元组与 $x$ 轴之间的平面上。这个自由的填充运动足以导致他经由一系列的强制性运动两个任意的但共面的三元组的乘积。但是，这不足以界定两个绝对任意的三元组的乘积在空间中的方向；一般来说，很难通过由任意两个三元组与 $x$ 轴组成的平面。再一次，哈密尔顿需要尝试填充步骤：为确定空间中线段乘积的方向制造一些规则，对线段乘积与 $x$ 轴之间形成的夹角继续使用加和规则。在这个例证中，他遵循一个不同的策略。

取代对在复数代数的标准的几何表达中充分界定了的两
134 个规则的誊写，他仅仅在第一个规则的意义上工作，即：线段乘积的长度，应该等于相乘线段长度的乘积。把这个规则扩展为三维，为研究方便，对长度进行平方或进行“模平方”，而不使用长度自身，他使用了毕达哥拉斯法则，把方程(3)左边的平方模数写为$(a^2+b^2+c^2)(x^2+y^2+z^2)$（另外一个强制性运动）。[21] 现在，他必须计算方程右边的长度的平方。这里运用毕达哥拉斯定理的障碍是量 $ij$ 在最后一项中再次出现。如果哈密尔顿假设 $ij = 0$，则这个定理可以直接运用，并且可以为 $(ax - by - cz)^2 + (ay + bx)^2 + (az + cx)^2$ 的模平方赋值。现在的问题是，出现在方程(3)两端的有关线段长度的表达是否相等。哈密尔顿分别让方程两边的量进行平方，并对方程左边平方模数的结果重新安排，事实上，他发现左边与右边的不同在于右边有一项 $(bz-cy)^2$ 。在思考几何表达和代数表达的两个任意三元组的乘积时，阻抗再次产生。再一次，在两种表达从二维转向三维时，产生不同的结果。再一次，对于阻抗哈密尔顿寻求新的适应，即：寻求一些方法使方程两边的量的乘积相等，就像在二维系统中二者相等一样。

新的阻抗依赖于条件假设 $ij=0$ 。于是，问题就变为：对于 $ij$ 的另外的一些安排是否能够成功地平衡方程(3)左边和方程右边的模数。[22]这里，哈密尔顿提出了一个核心的观点：方程(3)左边的模数平方中的多余的项 $(bz-cy)^2$ ，是右边 $ij$ 的系数的平方；如果假定 $i$ 与 $j$ 的乘积并没有消失，而是变成第三个量 $k$，即一个“新的虚数”(NBE, 104)，方程两边的模数平方的运算达到平衡。同样，$k$ 与 $i$ 和 $j$ 不同，在这种意义 135
上毕达哥拉斯定理依旧适用。

定义新引进的虚数 $k$ 为 $i$ 与 $j$ 的乘积，这种界定构成了哈密尔顿在几何表达和代数表达双重意义上思考任意两个三元组乘积问题过程中，对突现出来的阻抗的更进一步的适应。这个适应的一个方面尤其值得强调。它实际上等于两个表达体系的桥头堡的剧烈转移(这一点使我们回想起我早些时候强调的桥头堡的可修复性质)。更精确地说，它导引建造了一个复数代数的二维表达系统通向四维表达系统而不是三维表达系统的桥头堡，哈密尔顿随即把这个系统叫做四元数。这样，在代数表达范围内，基本的要素实体就从 $1,i$ 扩展到 $1,i,j,k$；与此同时，在几何表达范围内，就像哈密尔顿第二天所记载的那样：“我明白了这样一个思想，即：在一定意义上我们必须承认空间中有第四个维度(LTG,108)”。当然，这第四个维度，需要用新的 $k$ 轴来标识。

在下一章我们将更加深入地讨论基于桥头堡发生的转移；在这里我们注意到哈密尔顿实际上还没有彻底完成四元

数的实质性进展。在这个阶段上，除了 $ij=k$ 这个新的桥头堡外，$k^2$ 这个量还没有界定，$i$ 以及 $j$ 与 $k$ 的各种各样的乘积也没有界定。通过对各种假设的组合的填充，通过沿袭已经确定的各种量之间的关系，哈密尔顿对 $i$ 以及 $j$ 与 $k$ 的各种各样的乘积进行了界定。

> 我想我们大概可以使 $ik=-j$，因为 $ik=iij$，并且 $i^2=-1$；同样的，我们可以认为 $kj=ijj=-i$；基于此，我想应该 $ki=j$，$jk=i$，因为似乎是：如果 $ji=-ij$，那么也应该 $kj=-jk$，$ik=-ki$。因为这些虚数的次序是没有区别的，所以我们不能够因为 $i^2\times j^2=-1\times-1=+1$ 推出 $k^2=ijij$ 是 $+1$。更可行的似乎是 $k^2=ijij=-iijj=-1$。实际上，如果我们要使这种乘法与模数的乘法法则相一致的话，这后一种假设是必要的。(LTG,108)

哈密尔顿随后检验基于上述假设的包含有 $k^2=-1$ 的四元数乘法的代数表达，是否能够导致与线段乘积的几何表达（"模数的乘法法则"）乘法法则相一致的结果，事实是他发现了这种一致性。这样，四元数体系的所有一切就以这种方式
136 得到界定，这种乘法法则无论是在四元数的代数表达上，还是在四元数的几何表达上都畅行无阻。经由向四维空间的转向，哈密尔顿最终成功地适应了他扩展三维空间时所遭遇的阻抗。这个辩证运动的结果就是四元数乘法的一般法则(LTG,108)[23]：

$$(a,b,c,d)(a',b',c',d')=(a'',b'',c'',d''),$$

其中

$$
\begin{aligned}
a'' &= aa' - bb' - cc' - dd', \\
b'' &= ab' + ba' + cd' - dc', \\
c'' &= ac' + ca' + db' - bd', \\
d'' &= ad' + da' + bc' - cb'.
\end{aligned}
$$

基于这些代数方程以及这些代数方程的几何表达，在一定意义上，哈密尔顿达到了他尝试实现代数与几何相结合的目标，相应地，在此我也将结束我对这一过程的叙述。在结束之前，我要强调“在一定意义上”的重要意义。它表明了这样一个事实：哈密尔顿实现的是代数与几何的一种局部性联结，而不是一种整体性联结。在一个特定的代数系统和一个特定的几何系统之间哈密尔顿建造了一种一一对应关系，但并没有在抽象意义上，即在涵盖所有实体意义上，建立几何与代数之间全方位的链接。这一点明晰了这样一个事实，即哈密尔顿成就的一个重要方面就是重新界定未来数学实践和科学实践的文化空间：如果四元数曾经被“去局域化”(delocalized)，或者曾经被链接入事先并不知道哈密尔顿的四元数的数学以及科学实践的主流当中，那么更多的新的联结会留待建造。

就像所发生的那样，从 1843 年开始，哈密尔顿对于四元数体系倾注了其大部分的精力，无论是四元数理论还是人们视若神明的非交换原理，都被科学家共同体和数学家共同体逐渐地接受(Hankins 1980，第二十三章；Crowe 1985，第五章—第七章)。现在我要讨论哈密尔顿实践的最后一个方面，这个方面使体现在四元数理论中的局部性联结明了化。早些时候我把哈密尔顿的组织目标描述为把代数和几何连接起来。正如上述已经讨论过的那样，四元数实际上确实把一种代数运算转换为一种几何表达——一个用 $1, i, j, k$ 标识的特定的四维空间。遗憾的是，这并不是这种代数运算所期望的 137

几何形式。三元组体系(不是四元数体系)意味着三元组将使代数与物理学家和数学家感兴趣的真实的三维世界相关。哈密尔顿在阻抗与适应的辩证运动中贯穿他自己的方法,实际上,他把真实的世界甩在了脑后。或者换一种说法,至今为止所描述的哈密尔顿的实践,与其说是对阻抗的适应,不如说是对阻抗的替代。发展三维空间数学体系所产生的专业性阻抗,变成从哈密尔顿的四维世界向有物理意义的三维世界转移中的阻抗。两个世界如何彼此相关的问题并不十分清楚。这是哈密尔顿达到四元数的代数表达形式后,他所提出的第一个问题。

在 1843 年 10 月 17 日他写给格拉夫(John T. Grave)的信中,针对四元数哈密尔顿勾画出了一个新的几何解释,这个解释试图把四元数与三维世界联系起来。这个解释是对四维空间表达的早期形式的一种简明的同时又是结论性的再描述。哈密尔顿的思想是把任意一个四元数$(a,b,c,d)$设想为两部分的和:一个是实数部分 $a$,这是一个纯粹的实数,没有几何表达;一个是虚数部分,即三元组:$ib+jc+kd$,几何表达为三维空间中的一条线段。[24]完成了这个转折之后,哈密尔顿投入到详细说明后一部分的线段乘法规则中去,他做出了如下的总结:

> 最后,我们可以把后一个问题(两个任意的三元组的乘法)分解为另外的两个问题;将两个方向一致的纯虚数相乘;将同一个角两边的线段相乘。在第一种情形下,乘积是一个纯负数,等于符号相反的长度或模数的乘积。第二种情形中,乘积是一个纯虚数,其长度是线段长度的乘积并且与两个线段相互垂直。两个垂直线段之间的区别由旋转规则产生。

138

> 对我而言似乎在纯虚数部分存在一种类似于极化密度(polarized intensity)的东西；至于非极化的能量(inpolarized energy)(在方向上与前者不同)则存在于四元数的实数部分：这样我们就瞥见了未来极性的微积分(Calculus of Polarities)的影子。显然这一思想相当含糊，但我希望我上述所描述的大部分思想会是明晰的并且是数学化的。(LTG，110)

三维线段乘法的奇怪规则(在其中，根据它们彼此之间的相对方向，两个线段之间的乘积应该是一个数或另外一条线段或是数和线段的某种组合)把四元数同与三维世界相关的数学实践和科学实践连接起来。[25]无论如何，代数与几何之间的联结依旧是局域性(local)的。例如，不存在任何一个讨论三维世界中的实体的当代物理学理论服从哈密尔顿法则。在实践中我们还是有待发现四元数是否可以在某一点实现去局域化(delocalized)，在这一点上它变得有用。通过事后认识，我们可以从乘法规则中辨别出一些现代向量分析中"点"和"交叉"乘积的前身；参照"极化密度"和"非极化能量"，我们可以发现一种电磁理论中的态势，在这里四元数和向量分析发现了第一个重要的用途。但是，正如哈密尔顿所写到的那样，同四元数数学不同，这个"对未来的一瞥"在1843年"相当地含糊"。直至19世纪80年代，在哈密尔顿去世之后，吉伯斯(Josiah Willard Gibbs)和海维斯德(Oliver Heaviside)才奠定了向量分析的基础，分解四元数体系使其进入更加有用的过程之中(Crowe 1985，第五章)。四元数体系的去局域化的关键时刻，也正是四元数体系解体的时刻。

## 4.4 概念与冲撞

139 对于哈密尔顿以及四元数的讨论已到结尾之处，我认为，交织在叙述中的分析已经足够复杂，以至允许我做出一个一般的概括，甚至做出一个进一步的阐述。

我在本章中的研究对象始终围绕着科学实践的特定方面——概念实践（我继续把“科学的”作为一个伞状术语[umbrella term]来使用，其中包括数学）。我关于分界点的概念非常传统，即：把概念扩展作为筑模过程来理解。这样，我就试图表明：复数平面中的复数代数和它的几何表达在哈密尔顿实践中，都是构成式模型。但我又在两方面超越了传统概念。第一，取代把筑模（隐喻，类比）视作一个初始条件，我认为它值得更进一步的分析，并且自身分解为筑桥、誊写与填充三个组成。我已经具体说明了这些组成以及这些组成之间在哈密尔顿工作中的相互联系。我试图表明，筑模过程的开放性在筑桥过程和填充过程中如何被人类的自由意志所选择（传统意义上的人类力量），在誊写过程中又如何被规训力量（规训的、机器一样的人类力量）所削减。我还具体说明了这样一个事实：由于建造桥头堡使得受约实践已经围绕着基础模型建立起来，这样，就像我强调过的那样，筑模过程的两方面——从人类角度而言的主动方面和被动方面，便无法分离地交织在一起。于是，概念实践便同前述章节一样具有了力量的舞蹈的性质，只是力量的舞蹈这次在人类的自由意志力量和我所谓的规训力量之间展开。在这种舞蹈中规训力量所扮演的构成性角色，保证了人类力量的自由运动（筑桥和填充）只能沿着不能预期、但最终却可以在实践中发现的轨迹发展。

超越传统筑模概念的第二点是强调筑模过程不能凭空出现。文化多重性问题在此再次出现。我的观点是，概念实践围绕着分散的文化要素之间（在本章的例证中，则是在三元代数表达与三维几何表达之间）联结的产生（production of association）、连接的建立（making of connection）以及联合的创造（creation of alignment）而被组织起来。这里的核心观点 140
是：在实践中规训力量的缠结所造成的联结具有极端的非确定的、复杂的特征。哈密尔顿试图在保持元素与运算的一一对应关系的同时，将复数的代数表达和几何表达从二维扩展到三维，但无论是哈密尔顿，还是他的后继者都没能做到这一点。在概念实践中与有目的的联结相关的阻抗突现出来，并且促成了我称之为冲撞的适应和进一步阻抗相互作用的辩证法。现在我要讨论，什么力量卷入了冲撞。

在哈密尔顿实践中最明显的冲撞是他所追求的各种筑模向量。在阻抗的表面，他对桥头堡进行选择，用填充、用调节进行修补，我们可以认为，复数代数和它的几何表达的发展方向在这个过程中被扩展。并且，就像我们已经看到的那样，筑模向量的这种冲撞最终（并非必然）导致成功。在四元数系统中，他最终实现了在扩展了的复数代数和扩展了的复数代数的几何表达之间，建立了要素之间和运算之间的一一对应联结。采纳一个在前述章节中已经具体说明的术语，这种联结构成了一个特定自由运动与作为引导力量的被动运动之间的相互作用式稳定。这个特定的桥头堡协同这些特定的誊写、填充，界定了影响复数代数扩展的向量的方向、以及相应的几何扩展方向。严格意义上说，现存的概念结构应该如何被扩展，只能是冲撞的结果，就像四元数系统的精细结构是由一些特定的扩展所界定的一样。

这里有必要停顿一下来重申关于概念实践的我已经在对物质力量的捕获和构建(capture and framing)的意义上阐述过的两个观点。第一,哈密尔顿实践的确切轨迹和确切终点,无论如何是没有办法预先给定的。不存在任何先于实践的东西决定实践的进程。在数学实践的真实时间中,哈密尔顿固定了桥头堡,填充并发现了被规训的誊写要引导他走向何处。在真实的时间中,他进一步发现阻抗的突现与有目的的概念联合相关(这种阻抗同样不能够事先预见),并且产生他能够发现的对这些阻抗的适应。在不断的成功与失败中,这种适应本身在实践中变得明显。同我们的先前例证一样,概念实
141 践及其产物应该被视作瞬时突现的。[26]同样地,具体化在哈密尔顿的工作中概念实践的后人类主义方面是值得注意的。我的分析再次承担起人类主体的去中心作用,尽管这次这种去中心指向规训力量而不是指向以往所讨论的物质力量。这里并不意味着哈密尔顿作为人类力量从我的分析中消失。我绝非试图将他归并为规训力量的一种作用,我绝不认为可以合理地进行这种归并。应该是这样一种情形:在我所理解的意义上的引力中心,其位置处在作为经典的人类力量的哈密尔顿和引导他的规训力量之间。更准确地说,处在我所认为的中心位置上的是相互交织的人类力量和规训力量之间的舞蹈,这种规训力量在哈密尔顿的实践中可以寻找出轨迹。[27]

至今为止我们讨论的始终是概念实践中筑模向量的转换和形式。但在我所讨论的例证中所拥有的冲撞以及相互作用式稳定,超过了单纯的筑模向量的转换和形式。在回到关于哈密尔顿工作的规训力量方面的讨论之前,我首先要讨论的是哈密尔顿工作的动机结构。我认为,人们一定非常严肃地注意到引述中哈密尔顿的动机"通过一定的扩展,连接……计
142 算与几何达到三维空间"。我们不能以别的其他方式把握导

引哈密尔顿实践穿越开放式终结的筑模空间、最终终止于四元数体系建立的阻抗与适应的辩证运动。值得注意的重要一点是，哈密尔顿的目标绝对处在冲撞之中。他意在建立三维空间的联结，但经由在桥头堡中引进一个新的叫做 $k$ 的平方根的转换，最终却建立了四元数体系。

这里，两个思想极具价值。第一，这个例证进一步说明了格拉泽以及建造气泡室的历史所展示的目标和动机本身就处在科学实践的层面上。他们不在任何意义上控制实体。哈密尔顿的目标只有在已经建造起来的复数代数与几何的联结的文化空间内才是有意义的，并且目标本身在实践的真实时间演化中、作为阻抗与适应辩证运动的一部分，继续被转换（最终四维取代三维）。不过，在哈密尔顿的目标和格拉泽的目标之间依旧存在着一些差异。与格拉泽不同，在最终走向四元数体系的过程中，哈密尔顿不是自觉地改变目标。没有任何理由认为他首先决定构建四维形式体系，然后作为桥头堡引进一个新的量 $k$。我更愿意认为，对新的量 $k$ 的引进是对哈密尔顿实践中出现的阻抗的一种中介性的技术适应。直到最终实现了四元数体系的建构之后，哈密尔顿达到了其最初没有设计的目标这一点才变得清楚。在这个例证中，人类力量的动机结构的冲撞等同于动机结构在一个紧急时刻的磨损与消失，即便仅仅是暂时性的。

现在我们从人类力量的动机结构转向人类力量的受约的、重复的、机械的性质的方面。我已经强调过，哈密尔顿的实践过程追随着规训力量展开，对于我的分析的关键之点是，在誊写过程中他不加判断地行为着。这种不加判断恰恰是阻抗与适应辩证运动的突现产生的前提。值得强调的还有，在选择他将服从于哪一种规训时，哈密尔顿显然在进行判断。这样，贯穿哈密尔顿实践始终，他一直坚持已经建立起来的复

数平面上线段乘法的几何规则的第一部分(两个线段长度的
143 乘积是它们各自长度的乘积)。但是,在哈密尔顿通向四元数体系建立的关键一点是,他直接放弃了涉及乘法规则的第二部分的线段乘积的空间方向问题。在思考两个任意的三元组的乘法时,他没有尝试对乘法规则的第二部分的誊写。哈密尔顿对阻抗进行适应的部分战略是对规训的选择性的、试探性的修正,在这个情形中就是剔除掉一部分。对于已经建立起来的常规实践,哈密尔顿仅仅依从了部分而不是全部。[28]

我们还可以认为,哈密尔顿把不可交换的量引入复数代数的扩展也是一个对规训的选择性修正,但这次是添加了一部分。直到普通的数被涉及,哈密尔顿一直遵循惯常的科学实践(按照乘法规则始终如一地对待各种乘积),对于各种−1的平方根的乘法,他创造了一个新的、非寻常的规则。这样,哈密尔顿既依赖于已经建立起来的路径进行他的实践,又通过剔除一些部分或添加一些部分转换了这种路径(作为阻抗与适应的一部分)。因此我要说,规训力量再次出现在实践的平面上,并在绝对的阻抗与适应的辩证运动中冲撞,这种冲撞赋予哈密尔顿数学实践以结构。更进一步,转换了的规训本身在文化联结的成就中实现相互作用式稳定。规训转换的一些特定方面自身便由几何计算形成的联结来决定——哈密尔顿最终达到四元数体系的建立。

规训的主题将在第五章重现,但为了对本章的讨论做出总结,我们需要返回第三章第五节。在那里,我分析了与特定的科学实验操作相适应的原始规训的建构,在这里我则讨论数学实践过程的分离规训。抛开二者的差异,我想强调两个分析的共同之处。我认为,二者都强调规训应该被视为多元
144 的、异质的科学文化中的要素。甚至在这些要素从特定的环境中剥离出来的时候,甚至在它们成为我所描述的规训力量

的时候，它们依旧处在实践的平面上，它们依旧同科学文化的所有其他要素——物质的、概念的、社会的——一起，在瞬时突现的冲撞的去中心过程中，依从于相互作用式稳定、稳定性失落以及稳定性重建。

## 4.5 科学与冲撞

除了本章的附言外，我对科学实践的经验考察现在基本完成。下一章讨论技术和工业车间。现在我必须回顾一下我究竟完成了什么。第一，我要申明本章的讨论兑现了第三章所做的承诺。在第三章我提到对渗透在科学知识生产的物质层面和概念层面的冲撞的全面理解，必须依赖于对纯粹概念实践的动态过程的理解。这种概念实践就是我所刚刚完成的勾画。我们一旦把握了规训力量赋予概念实践以瞬时突现机制的思想，我们很快就会理解，从概念实践到机械过程，概念实践和机械操作如何在文化扩展中不能粘合，阻抗与适应的物质-概念辩证运动如何作为第三章所讨论的中心问题而出现。这意味着，只须将本章所讨论的思想直接添加到第三章的结尾便可概括出我对科学的全面分析，只是本章讨论的角度与第三章讨论的角度有所不同。

在第一章，我陈述了我试图发展一种对科学的操作性语言理解的意图，这种操作性语言能够把世界认可为一种持续地制造事物的过程(doing things)，我们自身也是如此。因为这样，我更多地关注与科学文化和科学实践融为一体的机器和仪器。在第一章和第三章的结论中，我们可以清楚地看到科学在机械领域的形态，在捕获与构架物质力量的过程中，科学本身的物质轮廓被精致地调整。机器或仪器的确切构建是

辩证地把这种构建过程置于物质力量的流动中的调节过程的结果，利用和引导物质力量，最终驯化物质力量。潜存在我意
145 识中的形象似乎是一个被精细操纵的阀门，调节和引导着管道中流出的水流（尽管可能是一种类似于涡轮的东西，我在第一章第二节提到过风磨）。操作性语言还指导着我们对人类力量的思考，在本书的最后三章中我所试图具体说明的思想就是，对于人类力量的理解和把握，可以沿着同样的线索进行。我们应该思考科学力量的范围和人类关系、以及这种力量的受约实践，同样都在与操作的关系中得到精致的调节。就像我始终如一地强调的那样，物质的和人类的工程，并非可以彼此独立地进行：在科学文化中，物质的和人类的特定的构建以彼此之间的相互作用式稳定的方式得以显现。

一旦我们把知识也理解为操作性的，整个的科学图景便变得更加精致，但它的形式还保持着一致。在第三章，我认为我们应该在表征链的意义上理解事实性知识和理论性知识，在世界中、在捕获和构架物质力量的过程中，这种表征链历经不同的抽象层面、概念多样性和概念终结。在本章中我补充到：概念结构（科学理论和模型以及数学形式）自身应该被理解为置身于规训理论的领域，就像机器置身于物质力量领域一样。概念结构像一个被精心操纵（engineering）的阀门，驯服规训力量。同样，概念的操纵绝非可以独立于人类力量和物质力量的操纵而进行。就像在本章中具体说明的那样，规训本身依从于概念实践中的转换，就像在第三章中具体说明的那样，科学文化的概念要素和机器要素在经验实践中共同演变。这样，科学文化便显示自身为一种基于极端异质组分、一种超级赛博、基于在概念操作和物质操作中对概念力量和物质力量的利用的狂野的机器，其中一部分进入表征的世界、事实的世界和理论的世界。[29]

我必须承认我喜欢这种关于科学文化的图景。它有助于我将我的思想固着于这样一个事实:科学知识的特定内容总是迅速地同特定的、精致地形成了的机器领域和规训领域联 146
系在一起。所有这一切帮助我关注这样一个事实:任何特定的科学知识都仅仅是这个科学图景的一部分,任何一部分都不具有分析上的特权,都与所有科学的其他文化层面——物质的、人类的、社会的要素一起,在杂和的、后人类主义的动态过程中演变(在下一章,我将形而上学系统同样掷入这一集合,在第六章第四节,我将补充方法论的认识论规则)。自然,所有这一切都与科学的表征语言描述形成对比,这种表征语言无法使科学的非表征层面成为焦点,并且永远无法把握科学的操作性方面。

我现在转向科学文化的超级赛博如何在真实的时间中扩展的问题。对这个问题的传统回答断言在科学文化中存在着某种实体性的东西——社会利益、认识论法则、或其他什么东西,贯穿着文化扩展过程,并且解释或控制着这一过程;或者某种外在于科学文化的力量——世界本身,担当着科学文化的控制角色。我已经批判了认为社会性要素承担着必需的解释角色的思想(第二章第五节),在第四章第六节和第五章第三节,我继续进行了这种批判。在第六章我申明反对认识论法则中任何必要的控制角色,同时提出我自己的关于"世界本身"如何进入文化扩展过程的思想。在没有既定目标、无法预知的开放式终结的筑模过程中,现存文化是其自身扩展过程的突现的表面。在多元、异质的科学文化内的所有一切,从原则上说,本身就处在实践过程之中。阻抗与适应的辩证法决定了文化转换的轨迹,而这种阻抗与适应则又在真实的时间中与瞬时突现的力量遭遇。在对力量的捕获和构架中,在多重、异质文化扩展的联结中,这种辩证运动间接性地达到暂时性的成就绿洲。我曾经强调过要理解这一过程必须深入思考人类力量的动机结构;文化扩展的向量暂时性地固定在人类的计划和目标中,各种阻抗相对于这类目标而存在。但是,正如我已经表明的那样,目标和计划都是从现存文化中突现出来、并处在科学实践之中的,它们依赖于阻抗与适应的辩证运动的冲撞。他们并非贯穿、解释或控制文化扩展。

这就是我的观点:对于科学文化的扩展而言,不存在任何既定的实体性解释。然而,我的观点同样认为:实践中存在着
147 我们能够暂时性把握的实践模式,我们到处都可以发现这种模式,这种模式构成了我们对正在进行的过程的理解。这是一个只能被描述为筑模过程中开放式终结的模式,只能被描述为阻抗与适应的辩证法。在任何时候,对于科学文化演变来说,这个模式——冲撞,是我所能够捍卫的唯一的解释;对于机器的构成、对于事实、对于理论、对于各种规训,对于社会关系,都是如此。科学处在冲撞之中。

## 4.6 附记:机器的、形而上学的和社会的

本章的中心任务应该被理解为是阻抗与适应的辩证法如何能够在概念实践中产生。我试图通过展开两个补充的论题,结束本章的讨论。至少对于数学史学家来说这是一个常识,即:哈密尔顿是一个数学家,同时是一个形而上学者。事实上,他自己认为他的形而上学是他的数学的核心(Hankins 1980;Hendry1984)。因此,我想讨论一下在这个例证中数学与形而上学之间的关系如何理解。同时,对于哈密尔顿的形而上学,大卫·布鲁尔恰好给出了一个明晰而有意义的 SSK 式的解释。这样,正如我在第二章第五节讨论社会理论时所

承诺的那样，我将利用这个机会具体刻画SSK思想在历史例证分析中的应用，并借此说明冲撞与SSK的分歧出现在哪里。我现在从布鲁尔和SSK开始。

布鲁尔的论文《哈密尔顿和皮科克论代数的本质》(1981；以下引文页码为书中页码)，一方面关注的是对精致的哈密尔顿代数的不同的形而上学理解，另一方面关注的是包括皮科克(Peacock)在内的剑桥数学家群体。通过回到19世纪代数学基础危机，我们能够发现一些差异。在第四章第二节，我指出对复数代数的几何表达是解除危机，为负数开方和虚数赋予意义的一种方法。但是，许多数学家并不选择这个常识性路径，他们倾向于一些更具形而上学色彩的方法。皮科克和剑桥的数学家们采取了一种形式主义的路线(布鲁尔这样称谓)，这种路线认为数学符号以及数学符号所嵌入的数学系统 148
对于其自身是自足的，不需要任何外在于数学的基础，仅仅依从于在数学的恰当运用中验证了的解释。这样，从形式主义的观点看，在代数中不存在也不应该存在基础性危机。布尔(George Boole)非常恰当地对此进行了总结：

> 熟悉符号代数理论现状的人们意识到，分析过程的有效性，并不依赖于对其所使用的符号的解释，仅仅依赖于符号结合的法则。一个不影响其所依存关系的真理性的解释系统的存在是可允许的，这样，同样一个过程，在一种解释框架下，可能在数量特性上是对一个问题的一种解决；在另外一种解释框架下，可能又是在几何特性上对一个问题的解决；第三种框架下，可能是动力学问题的解决或光学问题的解决。(Boole 1847，1；1979 Nagel 引述，166)

对此，哈密尔顿则不认同。他认为在研究代数问题时，数学符号以及数学运算必须拥有思想赖以存在（自觉或不自觉的）的坚固的基础。就像布鲁尔所指出的那样："哈密尔顿的形而上学兴趣牢固地置他于唯心主义传统之中。他吸收了康德主义的观点；数学具有先验知识的综合特性。数学派生于思想的内在特性，这些特性决定了我们的经验必须借用的先验的普遍形式。这样，几何学便展示给我们关于空间直觉的纯粹形式。哈密尔顿于是认为，如果几何学是关于纯粹空间的科学，那么，代数学就是关于纯粹时间的科学。"（204）确实，哈密尔顿在非常明晰的意义上发展出了复数代数的全部理论。1833 年首次在爱尔兰皇家科学院宣读的《共轭函数理论或代数偶：作为纯粹时间的科学的代数学初论》中，哈密尔顿说明正实数代数变量（表示为 $a,b,c$ 等等）如何应该被视为时间的"步伐"（Steps）（而不是物质实体的数量），而这些正实数前面的负号又如何应被认作是时间的反向指示，去掉负号就成为时间的正向指示。他还详述了在第四章第二节所提及的对偶系统的问题。写出 $(a,b)$，在标准数学运算中，这些数对的转换像通常的复变量转换一样，重要的只是，其中缺少问题符号 $i$。这样，哈密尔顿的观点就得到积极的肯定，并且复数
149 代数的基础也按照我们对时间以及对时间流逝的直觉描述出来。[30]

这一点已经非常清楚，但布鲁尔将其观点更引申了一步："我感兴趣的是为什么在学科领域中的领袖人物，那些通晓技术细节的人们，在关于他们所在的科学领域的本质方面从来都保持一致。对于哈密尔顿的形而上学以及哈密尔顿所参与的团体关于符号代数上的意见分歧，我将提出并且捍卫一种社会学理论"（203）。布鲁尔的思想是这样的，第一，代数的技术实质并不决定它的形而上学解释；第二，我们需要调用非技

术实质性的东西(如社会性的)以便解释为什么特定的个体或团体认可他们所处的形而上学地位。这是一个标准的SSK的开放式话题,通过讨论哈密尔顿和剑桥形式主义者的不同的社会地位以及不同的观点,通过解释特定的形而上学观点如何支持这些地位和观点,布鲁尔追随了这种SSK式的讨论。[31]根据布鲁尔的观点,哈密尔顿与科尔里奇(Coleridge)以及科尔里奇圈中人士的形而上学倾向一致,更广义地说,与"唯心主义的利益"一致(220)——保守的、全局的、反革命的利益对抗正在崛起的19世纪早期的物质主义、商业主义和个人主义,结果是传统社会秩序的破坏。正如布鲁尔所解释的那样,哈密尔顿的唯心主义把数学吸收进了康德式的理解范畴。这种理解本身反过来又被理解为更高层次的理性附属。在人类事务的平面上,理性自身就不是数学的领地,而是宗教和教会的领地。这样,哈密尔顿的唯心主义的"实际意义"就是在与更一般的教会关系之间,给数学安排一个职位。就像哈密尔顿所认为的那样,对于社会秩序的特定概念而言,代数 150
总是一种暗示,一种支持。代数是我们可以在科尔里奇论教会与国家的著作的表述中发现的那种"有机的"社会秩序的一种象征(217)。

这样,哈密尔顿的社会观点和抱负便构建了他的形而上学。剑桥的数学家团体关注同样的模式,但是他们却从不同的角度出发。无论在数学内部还是外部,他们都是"改革者和反叛者"(222)并且以"职业的"敏锐宣称他们对于传统的权威如教会的自治性(228)。他们的形式主义、他们对哈密尔顿这类基础主义者的反对,他们把数学界定为数学家们特殊的领地,宣告了哈密尔顿式形而上学的终结。我们可能会说,这是一种反形而上学,它把形而上学者和教会从数学中驱逐出去。这就是布鲁尔对针对数学基础的两种派别的差异所做的分析。就像布鲁尔总结的那样:“在最广泛的意义上说,要成为一个形式主义者是说:‘我们可以自己管理自己’。反对形式主义就是反对这个要旨。因此,这些信条就是反对或赞成建立社会控制机构和精神导向,反对或赞成建立职业学者等级制度和学术号召力的方法和途径。两个学派对符号本身就是符号性的态度,两个学派所奉行的要旨的关键差异在于采用符号的学术团体的独立性与依赖性。”(228)

在此我不想就布鲁尔的观点与其争论。我不具有布鲁尔所关注的社会地位以及学派抱负这方面的知识,这一点恰恰给我一个怀疑他所勾画的这种社会—形而上学—数学关联是否存在的理由。但尽管如此,有一些特殊的东西指向布鲁尔论文的结论。他以这种陈述做结论:“我不能假装这个观点是没有问题的或不是复杂的。”(228)随后,他列举出了这些问题。本章的剩余部分,我们将仅仅关注一个复杂要素。

布鲁尔提示到,“注意并且说明这样一个事实是相当必要的,即:哈密尔顿对剑桥形式主义的反对似乎伴随着时间的延续而减弱。在一封1846年10月13日写给皮科克的信中,哈密尔顿表明了关于‘符号科学可能越来越接近你们的立场’的重要性的观点。有意思的是,大约4年之后,哈密尔顿提到‘时间的流动如此这般地消磨了我的政治热情’”(229)。我认为,如果进行实证研究,这些句子的结构看起来具有SSK的典型特征。首先注意一点,哈密尔顿的形而上学转换被视作
151 一个“问题”。布鲁尔之所以这样认为是因为:他不仅想把社会性因素理解为形而上学的一种关联,而且试图把它理解为形而上学的一种致因。[32]社会是在开放式终结的空间中使特定的形而上学建立在牢固和可靠的基础上。哈密尔顿的任何一种形而上学变化都是对这种理解的一种威胁。于是,布鲁尔试图通过限制似乎非常明显的对剑桥数学团体的反对“似

乎在减弱”，再通过把这种“减弱”与哈密尔顿的“政治热情”的减弱相联，来对哈密尔顿的形而上学立场改变进行解释。似乎哈密尔顿的社会地位和观点首先发生变化，随后导致他向形式主义的妥协，正是布鲁尔要表明的要旨。如果真的是这样，布鲁尔的因果联系之箭穿越社会因素、射向形而上学应该是确定无疑的了。[33]

在以下的讨论中，我试图对哈密尔顿的形而上学彷徨给出一种不同的解释。但在进行这种解释之前，我首先要对布鲁尔的一般立场做更进一步的评论。需要强调三点：第一，尽管至今为止我所描述的 SSK 研究都倾向于把社会性因素视为科学的文化转变中非突现的致因，但布鲁尔确实承认社会因素会随时间变化这一点是清楚的。这一点恰恰表明他希望如何处理形而上学变化的问题。但是，第二，对于社会因素变化，布鲁尔没有提供任何的检验和分析。我想说，在布鲁尔的这篇论文以及在 SSK 所有一般性见解中，社会最多也只具有准突现的性质。[34]SSX 只凝神关注对科学文化中技术的和形而上学层面的建构行为中社会性因素作用的固定形象的捕获。SSK 似乎总是忽略掉社会性因素本身也在变化之中这种景象。[35]布鲁尔的论文具体说明了 SSK 与冲撞之间的区别（我在第二章第五节对此提及）。与 SSK 相比，我已经强调过，社会性要素在一般意义上应该被视为处在实践的平面上， 152
在滋养专业实践的同时，自身也在这种实践中冲撞；而不应该视为具有固定起源的单向因果之箭。第三，除了仅有的社会性要素变化外，布鲁尔甚至没有考虑对哈密尔顿形而上学变化的任何其他的可能解释。这正是 SSK 的典型特征。与之形成对比，针对这种转换，我现在要提供一个不是外向的指向社会，而是内在地指向哈密尔顿专业实践的关于这种形而上学变化的解释。

布鲁尔说哈密尔顿对形式主义的反对"似乎"趋于削弱，但事实上并没有关于这种"似乎"的证据。就像哈密尔顿在1846年的一封信(给他的朋友 Robert Graves)中所陈述的那样："伴随我对他们的更多的理解，我对那种哲学流派(布鲁尔的形式主义)越是感到同情。它帮助我更清楚地看到语言的强大功能，感受到符号对思想的更清晰、更一般的影响，帮助我认识到一个困扰了许多年的来自于你们的一个问题的答案，那就是科学的纯粹形态是什么？我认为，纯粹的科学形态必须是符号科学。"(引自 Negel 1979，189)

事实上，对于哈密尔顿的形而上学历程来说，1846年似
153 乎是关键的时期。就是在那段时间他开始暗示他的立场转变的多种路径。我们也许会怀疑哈密尔顿对在18世纪40年代早期围绕四元数问题的专业实践中包含有形而上学唯心主义的起源的问题充满忧虑。并且这种怀疑似乎又被这样一个事实支持，即哈密尔顿关于四元数的专业写作——尤其是他关于这个主题的第一部著作《四元数讲义》(1853)的序言中，包含着许多关于他自己过去和当时的形而上学思考的明晰的讨论。我们不妨对它进行部分的细读，看看事情究竟如何。

哈密尔顿的《讲义》的序言采取了对他的思想进行历史性介绍并涉及其他的相关数学家工作的写作形式，序言的一个显著特征是对《作为纯粹时间的科学》充满着遗憾和退缩的语调。序言从对其早期在数对问题上的研究总结开始，引进这样的一种评述：

> 许多年以前，代数作为一种关于纯粹时间的科学的思想一直引导着我……如果我现在重提我在早期的论文中的一些观点，事情将会非常简单，因为如果把它们视为代数的基本要素，它们可能会帮助读

> 者自己找到观点的核心，从我在这里渐渐形成的见解到与之对应的几何概念，就是本书最终所要达到的目的。出于对所设定的解释中任何不寻常的东西的尊重，对于一些简单和基本的符号，我的愿望是绝对不要认为它们所坚持的东西都是必要的，而应该把它们理解为仅仅是因为设定，才使它们在自身内部成为相容的，至少后者在某一方面，能够被看作是四元数的研究的准备工作。(117—18)

关于先验的知识就是这些。

后来，他以近乎道歉的方式提及他的旧形而上学。

> 也许我应该为贸然地产生一些(尽管是历史的……)很难得到科学权威支持的观点表示道歉。
> 我非常愿意承认我可能已经习惯于不太注重代数作 154
> 为一种语言、或作为指征的有组织系统的符号特征(尽管并非不习惯于计算)，而更习惯于经过康德式的时间与空间直觉的并行论，考虑代数作为类似于几何信条的科学特征。(125)

再后来，哈密尔顿非常积极地畅谈形式主义的优点，畅谈形式主义已经内在地进入他自己的数学实践，并说他“在撰写把四元数理解为线段在三维空间的商的一系列论文(发表在1846年和1849年之间)时，尝试着比以往的论文更多地接受一般的符号语言法则的更显著的影响。在这个层面上，我偶尔试图模仿皮科克博士的符号代数”(153)。

远远不是处在与皮科克形而上学鸿沟的相反一面，从1846年开始，哈密尔顿在他的专业实践中一直模仿皮科克的形式主义方法(我需要补充,并没有完全抛弃他早期的康德主义)。我认为我们需要理解为什么要如此密切地关注实践。在以对《纯粹时间的科学》思想表示歉疚方式开头的长篇的脚注中,哈密尔顿实际上一直在声称,在他的原初的形而上学框架内,他原本可以对四元数体系做出多方面的发展;“从整个理论应该处在发展状态(在设定的意义上说)出发,在与原初关于时间的思想(或直觉)严格一致的意义上,沿着这条发展路线,不会提供不完善的、不可理解的结果。”“还有”,他继续讲到:

> 我完全承认《纯粹时间的科学》或任何其他的观点提出的实际计算,必须根据一些固定的符号组合法则来进行,对于普通代数而言,正如德·莫根(De Morgan)所探索的那样,尽可能简化为最小的范围……在这种法则产生符号性结果的过程中,一些不可解释的结果(至少是不被解释的)可能产生……[例如]我在讲义7中所形成的那种东西:从把四元数看作一个实数的(或看作几何上可以解释的),到把双四元数(biquaternious)看作虚数的(或几何上不能解释的),但由于这些都被四元数公式的一般性赋予的符号性蕴涵,它们将被认作是我遵从一种变换法则,从被认定为一般性的特定的表述所证实了的定理出发所获得的,与欧姆(Ohm)和皮科
> 155 克的方法非常类似:尽管我也曾经思考过对双四元数进行几何解释的方法。(125—26)

现在,我不会超越我的能力去尝试解释双四元数究竟是什么、以及它如何进入我们所讨论的内容。但是,我认为从这

段引文中我们可以模糊地把握哈密尔顿的形而上学为什么变化以及如何变化。在哈密尔顿发现基于康德式的时间概念，他有可能平和而顺利地得到他关于复数代数的结果时，在随后的导引出四元数研究的数学实践中，不客气地说，他一直在侥幸地飞行。他在阻抗与适应的辩证运动中拼斗，竭尽所能地应对其专业实践中的突发事件，并没有更多地参考或借助他对所研究的符号的内在意义的任何先验的直觉。例如，第四章第三节我所叙述的在通向四元数的道路上哈密尔顿所进行的不同的筑桥和填充活动，基本上背离了与“原初的思想(直觉)的”任何“严格的一致性”。更进一步说，我认为引导哈密尔顿穿越开放式终结的筑模过程空间的——是规训力量，表现为由筑桥和填充所规划的拥有新的内容的运算形式的反复建立。并且在产物而不是过程的层面上，我们可以获得类似的境况。哈密尔顿持续地获得专业成果，随后便匆匆对它们进行解释：起始于探求对四元数的四维形成的三维的几何解释，终止于借助于双四元数形成的一个引语(我曾经思考过的一个方法)。然而，哈密尔顿原来的思考对他的发现具有几种不同的解释。在《讲义》的序言中，他讨论了三个不同的三维几何表达，其中一个(在第四章第三节中没有提到)形成了他在书中所展示的四元数的基础(145—154)，数目不确定的解释带来的形式结果就是：这是一个形式主义形而上学的描述。

因此，对于理解19世纪40年代中叶，作为对专业—形而 156
上学实践中产生的阻抗的适应而发生的哈密尔顿的形而上学转换，主要表现为这样一种面貌。在哈密尔顿康德式先验主义和哈密尔顿的专业实践中突现出一种张力，他通过对前者进行削弱，并对前者附加、渗入浓重的形式主义的方式，对这种张力进行了应答。我的观点是，我们应该把形而上学看作科学家作用其上、活动其中的科学文化的另一个异质要素。如同科学的技术文化,如同社会性因素、如同规训力量,形而上学本身就处在实践之中,本身就依赖于在于所有其他要素的相互作用的冲撞中的瞬时性突现。这就是本章、也是对我始终关注的实践分析的一个积极的结论。

在比较意义上,我试图表明在针对具体例证上我自己的分析可以同 SSK 的认识不同。在 SSK 外在于形而上学(以及一般意义的专业文化)、对变化(以及稳定性)的社会性因素做准突现解释的地方,我则进行内在性解释,解释为内在于专业实践过程本身。在这种内在性解释中,运行着不被 SSK 认可的动态突现。自然,对于布鲁尔所提及的在哈密尔顿形而上学转换中的"政治热情",我不发表任何意见。鉴于早先讨论的社会性因素的冲撞,我发现,认为哈密尔顿的政治观点和他的形而上学一起以瞬时突现式冲撞和相互作用式稳定的方式融入四元数体系发展过程中,是完全可以接受的。另一方面,这种政治热情也许就不存在。关于这一问题,我不比布鲁尔拥有更多的知识,但至少有一点是肯定的,关于社会性因素的作用,冲撞可以指引给我们一条跨越 SSK 准突现观点的道路。

[注释]

[1] 拉脱尔所抱怨的对科学的实证研究以及对科学的概念分析趋于死亡是正确的。他谈到:"几乎没有人有勇气进行一种认真的人类学研究。"(1987,246)我不能确定,这是否真的是失去勇气的问题。在新近的科学的文化研究中,对科学的物质维度的强调大多都是对早期历史学和科学哲学的过于倾向于理论化性质持反对态度的一种反应。但无论如何,利文斯通(Livingston1986)对数学所进行的人类文化学的探索,就是拉脱尔看法的一个反例;下述进行的对概念实践的分析,是对我早些时候对基本粒子物理学的理论发展的筑模分析的一个直接的扩

展(Pickering 1981c,1984b,还可参见第一章注释30对隐喻和类比的论述)。无论如何,在我早期的研究中,阻抗与适应没有被主题化,这一点也许正是拉脱尔所抱怨的欠缺之点。

[2] 林奇对来自维特根斯坦的引语的解释是这样的:"如果'有用性'是一种表述的'生命',它就不再会是'附着'在其他无生命的指征上的一种意义。我们首先遭遇的是在使用中的指征或对着实践正在使用的背景。它已经是实践的有意义的组成,即便是实践的个体需要了解与实践的其他方面作用在一起的规则。进行'我们如何把意义附着于'一种指征的发问,本身就是一种误导,因为这个问题隐含着我们每个人独立地完成了通过语言的运用而建立起来的、在指征中已经使用的东西。提出这个问题的方式类似于从一个活的有机体中强行撕扯出一个细胞、然后考察这个细胞如何使生命附着到细胞中去。"(1992b,289)对概念实践(在数学领域)的最具体的研究,当属利文斯通(Livingston 1986);还可参见林奇对利文斯通的工作以及布鲁尔对利文斯通工作的批评的讨论。

[3] 规训作为一种操作力量的内涵对于那些习惯于认为规训是施加在人类力量之上的限制的思考来说似乎是奇怪的,但是我(像Foucault一样)还认为,规训是生产性的、创造性的。如果没有我们所讨论的规训,将不会有任何的概念实践;存在的只能是纸上的各种标记。

[4] 将这个观点与我们(Pickering and Stephanide1992)对概念实践所进行的分析、以及展现在本书中突现轨迹联系起来是相当有意义的。就像第三章注释4所提及的,对热那亚实验夸克寻找实验的全面研究使我确信我必须把物质力量纳入我对实践的分析,这种确信反过来又产生了前述章节讨论的物质力量与人类力量共舞的概念。与此同时,我认识到:如果我们把人类力量的被动方面对称地视为规训力量的表现形式的话,我们在1992年给出的概念实践的主动方面与被动方面相互交织的讨论,正是对这种人类力量与物质力量共舞的绝好分析。

[5] 只需略做努力,我们就可以把这个观点与前述的对专业结构实践所做的分析(1981c,1984b)联系起来。

[6] 与我的早期著述相联系的一个分类观点在这里想必是有用的。在Pickring1989c中,在"弹性"隐喻的意义上我讨论了科学文化的

开放式终结的扩展。我谈到对于实践来说文化要素是一种弹性资源。如果刻意地追究的话，这个隐喻中存在的问题是它使科学实践显得过于容易了——我们似乎只需要不断地对油灰的碎末进行筑模直到它们彼此适合。同粘合油灰不同，我们当下对规训力量的讨论的结果是：概念文化的片断在我们对它们挤压之后，以不可预知的方式不断地转换自身（也许我们可以同样看待机器文化：我们可以对仪器的物质构成进行修补，但这种修补并不能决定这个仪器未来究竟如何工作）。这一点表明要在实践中实现某种联结是相当困难的（同时还是有风险的）。

[7] 关于数学，我应该提及它区别于一般科学的一个重要的方面是：数学证明。这里，拉卡托斯（Lacatos）关于欧拉定理的发展的观点，再一次指出了概念实践中的冲撞。展示出的对这一定理的特定证明的反证，按照我的术语可以视作阻抗的突现；同时，拉卡托斯非常精致地把对证明过程的修正，描述为对这种阻抗的开放式终结的适应；相互作用式稳定则等于是对这种反例的调整过程。数学史和数学哲学的其他方面的工作，则倾向于把实践理解为文化要素的相互调节，如基彻（Philip Kitcher 1983，1988）认为每一种数学实践包含有 5 个组成。克劳威（Michael Crowe 1988，1990；参见下述注释 17）以及巴什拉（Gaston Bachelard 1984）则在“阻抗”（他自己的用语）以及分离数学领域之间的“冲突”意义上理解概念实践。

[8] 如果不是因为亚当·斯坦费尼泽（Adam Stephanides）（名义上是我指导的学生）的工作，我对此将毫无觉察。斯坦费尼泽写了一篇极有见地的强调哈密尔顿开放式终结的数学实践的文章，这篇文章引起我对哈密尔顿工作的注意，这篇文章最终的思想体现在 Pickering 和 Stephanides1992 中。

[9] 我的原始的文献资料，是事件发生后第一人称所做的叙述。因此，这些文献与其说是完整的著述，不如说是对叙述的编辑，不过，它足以说明概念实践中冲撞的具体运作，这一点正是我所关注的中心。

[10] 把握这些规则的最简易的方法如下。在代数意义上，任何一个复数 $z = x + iy$ 可以重新表述为 $r(\cos\theta + i\sin\theta)$，反过来，可以将其在几何意义上解释为长度为 $r$ 的线段，与 $x$ 轴形成夹角 $\theta$。两个复数 $z_1$ 和 $z_2$ 的乘积，于是就成为 $r_1 r_2([\cos\theta_1 + i\sin\theta_1][\cos\theta_2 + i\sin\theta_2])$。当括

号中的项相乘并且运用标准的三角函数关系对其重新排列，我们就得到 $z_1 z_2 = r_1 r_2[\cos(\theta_1+\theta_2)+i\sin(\theta_1+\theta_2)]$，这个方程本身又可以几何解释为作为具有一定的长度的线段相乘的乘积的具有一定长度的线段（方程的第一部分），这个线段与 $x$ 轴形成一个等于线段相乘形成的夹角总和的夹角（方程的第二部分）。

[11] 对于一个能够在比现存的体系更明晰的三维空间中表达要各因素及运算的代数体系的感觉上的需要，在克朗（Crown 1985，3—12）中，已经讨论过。尽管在事件发生之后数年，哈密尔顿写到他的愿望是把几何和计算联系起来，但在同一篇幅他回忆到他的朋友格拉夫斯（John T. Graves）曾鼓励他在困难面前不屈不挠。格拉夫斯"怀着希望，并形成了研究计划，与我同时、或者在比我更早的时间以各种方式克服困难（1853，137；引述的页码参照 Hamilton 著作 1967 的再版）"。哈密尔顿与格拉夫斯对代数共同发生兴趣可以追溯到 19 世纪 20 年代（Hamilton 1980，第十七章），因此，没有理由怀疑这种功利的兴趣的确在哈密尔顿的实践中发挥了作用。还可参见 O'Neill 1986。

[12] 出于这样的意图，任何坚持代数与几何之间的有用的联结的动机似乎都不再是问题的核心：哈密尔顿的主要意图就是在现存的元组的二维空间体系（tow-place system couples）之上，直接发展三元代数体系的模型。因为在我的分析中，在多元领域之间建造联结发挥着重要的作用，我应该指出对这个概念的关注即便是对这些代数意图也极具启发。哈密尔顿发现了改写分散数组（couples piecemeal）的必要性，于是对系统的分散部分进行重组（或联结）的目标，导致了阻抗的突现。

[13] 哈密尔顿元组的基本意义绝对是符号 $i$ 在其中不出现，因此在上述注释 12 讨论的建造三元组的试图中没有这一个符号。实现这种转移的基本的桥梁从把二元组写做 $(a,b)$ 到把三元组写做 $(a,b,c)$。

[14] 例证可参见哈密尔顿对元组乘法规则的发展（哈密尔顿 1837，80—83；引注的页码参考哈密尔顿著作 1967 年的再版）。

[15] 哈密尔顿（1853，139—40）引述了他自己 1830 年的笔记，其中包括构建一个通过空间极坐标 $x = r\cos\theta$，$y = r\sin\theta\cos\varphi$，$z = r\sin\theta\sin\varphi$，来表示线段的终点的三元组几何体系的设想，并把乘法规则从二维扩展为三维即 $r'' = rr'$，$\theta'' = \theta+\theta'$，$\varphi'' = \varphi+\varphi'$。这个角 $\varphi$ 的附

加规则打破了问题中的共用平面性(coplanarity requirement at issue)要求。

[16] 我们的通向这个结果的路径是用空间极坐标表示三元组 $t$。根据上述讨论的规则,通过乘方,线段的长度从 $r$ 变为 $r^2$,角 $\theta$ 扩大一倍,同时角 $\varphi$ 保持不变。使用标准的三角函数关系,用 $\cos\theta$ 和 $\sin\theta$ 表示 $\cos 2\theta$ 和 $\sin 2\theta$,于是我们回到 $x,y,z$,得到方程 2。

[17] 参见第三章注释 19。杜恒问题通常基于数据和理论预测的不匹配的意义上形成。就像我所意识到的那样,先前对它的进行的主要与纯数学概念实践相关的讨论,在克劳威 1990 年 441—43 中论及,追随拉卡托斯 1976 年的观点,克劳威认为:证明与反例之间的冲突并非必然地弱化证明。克劳威 1988 年还把杜恒问题从物理学扩展到数学,尽管没有详细的文献分析,他还是不断地讨论了公理与它们所证明的定理相互间的稳定联系,数学系统与它们所导出的结果之间的稳定联系。我感谢克劳威教授使我注意到了这一点。

[18] 第二天,哈密尔顿描述了把 $ij=0$ 描述为"奇异的和令人不安的结果"(LTG,107)。对于这种描述,他没有给出任何原因,也许这一点从他后来取得的成就的著述中可以得到最好的理解。四元数系统保留了乘积的长度等于线段长度的乘积的乘法的几何规则。因为无论是 $i$ 还是 $j$ 在几何表达中都有它的单位长度,方程 $ij=0$ 打破了这个规则。这里我们获得了一个在自由运动的理性化中解释的反观式重建的例证。

[19] 皮西奥(Pycior, 1976, 147)注意到哈密尔顿早在 1843 年夏季就在考虑非对易性代数,虽然他后来注意到了关系 $ij=j, ji=i$。哈金斯(Hankins 1980, 291—92)发现了哈密尔顿与德国数学家爱森斯坦(Gotthold Eisenstein)与哈密尔顿之间的一次会面可能对哈密尔顿产生的影响。

[20] 如果我们将方程(1)中的各项相乘,请注意一下各要素的排列顺序,右边的最后一项 $yz$ 的系数变成 $(ij+ji)$;哈密尔顿的假设,使这个系数为 0。

[21] 根据毕达哥拉斯定理,一条线段的平方模数,直接就是其终点坐标的平方,意味着代数记号中 1,$i$ 和 $j$ 的系数。

[22] 严格意义上说，这是一个过于刻板的公式。问题其实仅仅是：对于桥头堡的修补、填充等等，是否可以在不引发这个或那个阻力的情形下跨越这一点。

[23] $(a,b,c,d)$是哈密尔顿对于任意一个四元数的界定。在几何表达意义上，四维空间中一个线段的终点坐标就这样给定；在代数界定的意义上，同一个四元数将被写做 $a+ib+jc+kd$ 。

[24] 四元数的实数部分和虚数部分的区分源于界定四元数乘法的方程之间的不同：方程用三个减号界定 $a''$，同时用两个加号和一个减号界定 $b''$，$c''$ 和 $d''$。

[25] 注意，这个几何解释包含着一个保留下来的规则，即：旋转规则。这个规则在乘法次序相反时使垂直线段的乘积符号相反。这样以解释代数的不可交换规则，类似于复数的二维几何表达解释了“奇异”的负数量和虚数量。

[26] 针对哈密尔顿在构建三元组中的不成功的尝试的讨论，历史学家们通常求助于后来出现的相关的数学证明。例如：哈金（1980，438，注释 2）在介绍哈密尔顿论文集第三卷（哈密尔顿 1967）时，做了如下的引语：“在哈密尔顿去世 13 年之后，弗罗本尼斯（G. Frobenius）证明了，在实数之上，即实数本身，复数以及真正的四元数，确实存在三个结合的可除代数”。还有人试图从下述断言中做出结论，认为哈密尔顿对三元组的探索注定就是要失败的（或注定要达到四元数体系的），在实践中，在活动产物中的瞬时突现仅仅是表面的。反对的说法是，类似于弗罗本尼斯的证明本身就是尚待检验的实践序列的产物。没有任何理由认为，对这些实践序列的分析不会导引一种证明其自身的瞬时突现。还值得注意的是，这些序列是哈密尔顿实践中，是三元组、四元数以及其他多维空间的探索活动中不期而至的东西，这一切都表明了“在实数之上确实存在三个结合的可除代数”的可能蕴涵。哈密尔顿并没有获得这个概念，他不可能为这个概念寻找新的例证。关于“证明”的无效性，可参见 Lakatos1976 以及 Pinch 1977。

[27] 在早些时候，关于瞬时突现以及后人类主义我们已经进行了讨论。这些讨论在更一般的意义上关注文化异质性以及人类力量与非人类力量的相互作用。值得明晰的一点是：哈密尔顿实践的突现特性

和后人类主义特性与文化的异质性没有太紧密的关联。与我所分析的前述例证不同,哈密尔顿的实践进入的是概念和规训的异质(虽然是多重的)空间。

[28] 类似的,哈密尔顿早期构建三元组代数体系的尝试以其二元组体系为模型。面对阻抗,哈密尔顿放弃了成熟的唯一除法(unique division)代数法则。

[29] 我看到过劳(John Law)的论文的初稿,他乐意把科学和技术的形象视为一种巨大的管道系统,需要持续的修理和扩建。

[30] 哈德赖(Hendry)对哈密尔顿的康德主义的早期发展提供了一个微妙的分析,暗示哈密尔顿很可能已经独立于这种思想发展出他的四元数理论,把康德的形而上学联系着他的四元数理论,其目的"不过是使他的文章能够较容易被发表"(1984,64)。我注意到了这种观察不会与我在下面的讨论有所抵触。我并没有坚持实践总是有着形而上学的偏见,但即使形而上学与实践相关,它在实践中也是易于变化与发展的。

[31] 表明布鲁尔的文章不是典型的 SSK 的唯一因素是:他没有把形而上学置于科学的专业领域中考察,仅仅停留于对其简短的解释。然而,他的确说明:"应该清楚这个形而上学确实与专业数学相关,我的观点将有助于阐明这个问题"(206)。不过,我自己则更关注布鲁尔观点的整体形式,而不是他对形而上学的限制。

[32] 布鲁尔(1991,7)列举出因果的社会解释作为强纲领 SSK 的首要特征。

[33] 因此,布鲁尔的著作直接跟随先前的引语继续"一种对应的和相反的运动出现在惠威尔的生活之中,这里,与我讨论的一致,人们知道惠威尔走向了正确的方向……他逐渐摆脱了数学研究中的形式主义的做法"。

[34] 人们可能把这种社会因素的准突现观点作为对 SSK 标准的一种定义。这并不是一种循环的定义,因为,它至少符合那些在 SSK 领域中从事科学元勘研究的几乎所有作者的早期关键著作(见第四章注解 4)。

[35] 在其早期的发展中,SSK 清楚地表明其目的是反对对社会因

素怀有敌意的哲学立场，这种立场认为社会因素对科学知识不会有任何有意义的贡献。讨论主要集中在认为社会因素应该被视为知识发展中的一个确定成份，能够对形而上学与技术发展做出说明，因此完成了SSK 的一种策略性论战功能。然而，SSK 几乎根本不涉及社会因素自身是怎样变化发展的，即使存在着这种变化的事实，这看来是令人困惑的。我猜测部分原因是 SSK 几乎一直都拒绝反思诸如"利益"之类的关键社会因素。因此，在 1977 年，我们发现巴里·巴恩斯在其著作《利益与知识增长》一书中这样写道："新形式活动的产生不是因为人们被新的思想所征服，而是因为他们主动地在一种新的语境、一种能够推进他们利益的来源中来展现他们的知识"(79)。但随后，他把利益归属入的社会理论中无法探测的领域之中，他评论道："我一直很谨慎地避免提出任何'利益'与'社会结构'的精确定义"(86)。在过去的数年中，情况也没有发生任何变化。利益，事实上它们的动态发展，仍然未能进入SSK 视野。在目前一篇评论拉脱尔的《行动中的科学》一书的文章中，夏平写道："人们必须欢迎任何迫使分析家进一步进入精炼、定义、辩护和反思他们的解释依据的做法。如果存在着误解，决不意味着所有的责备都应该归咎为拉脱尔。'利益—说明'的确需要更进一步地辩护"(1988a, 549)。在其《知识与社会意象》第二版的后记中，拉脱尔回答了对他的批评，他写道："不可否认，利益说明的诸多术语是直观的，需要更进一步地阐明"(1991,171)。在同一本书的第三章中，布鲁尔发展了杜克海姆的观点，认为对强纲领的反对是来自于现代社会赋予科学的神圣地位。也许，在 SSK 中，社会也具有同样的神圣权势。

# 第五章

# 技术——数控机床

157 在这最后一章的第一部分，我从科学转向技术和工厂。在我们的社会中，工业领域是最杰出的捕获物质力量的场所，通过关注这一主题，我想经验地说明已经被清楚地抽象说明了的东西。在向技术领域的转移中，在表征语言的表征链必然显示出断裂的时候，工业机械则直接指向物质操作，不是指向知识，不是指向表征，而是指向在技术分析和生产分析中畅通无阻的操作性语言。[1]我希望表明我对冲撞的分析如何能够直接说明我不仅关注科学的文化研究领域，而且关注更广泛的科学、技术和社会研究的领域(STS)。

除了扩展我的分析范围外，本章还将扩展和论述前述章节陈述过的观点和主题。这样，曾经用来阐明社会因素的冲撞的研究案例，这里就意味着社会操作和社会关系，由此我们将继续讨论第二章第四节的观点。作为问题中心的操作和社
158 会关系是那些第一线的劳动，这些劳动通过明晰的管理规训条例，强加在各种操作和社会关系中。本章我将进一步讨论从第三章第五节到第四章所涉及的规训和规训的冲撞。最后，尽管近来的技术研究非常奇怪地忽视了对工厂的研究，但我认为工厂依旧是发展社会理论的经典场所；在本章的结尾

处，我将借机具体说明我对文化扩展的分析与比较传统的社会学观点的分歧，这个问题在第二章第五节以及第四章第六节已经涉及。[2]

## 5.1 数控机床

本章的例证来自于《生产力》(*Forces of Production*)(1986)——大卫·诺贝尔(David Nobel)关于数控机床的发展以及数控机床如何进入工厂的精彩的研究著作。我对数控机床进入工厂尤感兴趣，这也是诺贝尔著作第十一章所讨论的主题，不过一些基本的观点需要首先申明。在开始的时候，机床是将金属切割成特定精度的一种设备——车床、磨床或其他类似的设备。按照我的想法，很清楚机床是捕获非人类力量的一种原初的设备：人们可以使用车床完成纯粹的人类力量永远不能完成的事情。然而，注意到这一点非常重要，即传统的机床不能够按照它们自己的意志切割金属。它们需要熟练的操作者向所期望的方向传输力量，但这一点并不能削弱物质机器捕获非人类力量的思想。它意味着机器切割的实质是一个人类－机器共生体——车床和熟练的操作者结合成一个机械捕获的单元；在工业生产中，它们构成人类/非人类 159
的合力，借用唐娜·哈拉维(Donna Haraway，1991b)的用语，是一个赛博(Cyber，指多惟多元共生体。译者注)(在第七章第二节我将回到这一主题)，我们可以更进一步讨论赛博思想。按照诺贝尔的观点，在20世纪的企业资本框架中，在机器和个人的联合中几乎不包含赛博构成这一点并不显得非常重要。我们发现的只是社会赛博：在扮演特定的社会角色和社会关系的经典的泰勒式规训设备之间，有酬劳动者在操作一排排车床和磨床。科层组织指挥结构、精确的工作部署、生产目标、奖励和惩罚,等等,等等。

这样,在金属加工工业中我们便获得了以泰勒式社会赛博为基本单元的对力量的机械捕获的思想。并且,就像诺贝尔所告诉我们的那样,第二次世界大战以后,在管理领域看来,这种社会赛博对力量的捕获的运作已经不很奏效。[3]使用我的术语,相对于资本目标的阻抗已经变得明显。工业中,对这种阻抗的尝试性适应就是由麻省理工学院的工程师们以数控机床(缩写为 N/C)的形态发展起来的。数控的思想是在基本的赛博单元内的力量平衡移动。取代精细的人类控制,数控设备由执行一整套程序指令的数字计算机控制;作为一种必然结果,从上而下的劳动者结构,简化为按钮操作者,至少在麻省理工学院的自动控制装置(servomechanism)实验室的工作是这样。现在,我想集中讨论工业中数控技术的实施情况。特别是,追随诺贝尔,我想讨论 20 世纪 60 年代早期,数控技术在通用电气集团公司的一个在马萨诸塞州东北部城市林恩(Lynn)工厂中的技术引进过程(诺贝尔 1986,chap. 11;下列引文中的页码为该书的页码),在其中我将特别注重分析作为这个过程的结果的社会性因素的冲撞。在此,我不可能评价诺贝尔书中所展现的思想财富的价值,但是,我们可以展示其思想的基本面貌。

数控技术的工业实现包含着双重置换:物质性技术从实验室进入车间,用一整套机器完全替换掉另一整套机器;与此同时,降低了生产过程中人力构成的工资的比率(车床操作从常规的 R-19 降低到 R-17)。从我先前的对力量捕获的讨论中,我们可以预期这种替代不会是没有问题的,事实上,这种替代与生产过程的结合现在不是更加紧密,而是变得松弛了,阻抗由此产生,重新构建的社会赛博需要调节。事实证明

了这一点。结果是，数控技术非但不能够解决通用电气存在的管理问题，反而使管理问题更加严重。 160

在思考数控技术中，通用公司的管理中隐含地吸收了技术决定论者的设定，即：新物质技术的内在特性本身就能够保证提高高质量机械部件的生产效率。鉴于数控车床直接执行程序的指令，因而从上至下的操作者便不需要参与机器的这种操作过程。结果将会如何呢？这种设定，在实践的物化过程中导致失败。当工人们像管理者所期望地那样成为按钮操作者那样工作时，在生产高质量机械部件的同时，生产效率下降(270—71；还可参见 221 和 244—46)。

> 工人和工会强烈反对降低了的工资比率，他们坚持认为数控机床要求更多而不是更少的技能，工资比率应该反映这个事实。他们强调，在机器运转时为了预期、矫正或避免可能的紊乱，数控机床要求更强的注意力，这种注意力需要特殊的技能和经验，并会产生强度更大的紧张和疲劳。还有，工会认为，由于某些机器部件的偏差是相互联系在一起的，各种精度规格的形成就变得比较困难。而且，即便借助于传送带控制(tape control)，机器本身也不会完全自己运转，因为，在传送带的循环中，检查误差、校准设备、机器磨损补偿、间或的工作不规则、以及为保证较好地完成工作所采取的其他措施等人力性介入，是经常发生的。在针对新部件实施新程序时，这种状况尤其突出，此时，错误出现的概率达 90%(270)。

在生产效率与产品质量以及工人合作问题的交织点上，

对引进数控机床的阻抗产生了。值得注意的是，对于引进数控机床的初始的阻抗在实践中确实是瞬时突现了。在实践中这种阻抗直接表现为生产效率和产品质量的下降；按照管理层对数控机床的原初理解，情境绝对不会是这样。与此同时，
161 劳动者一方的抗议也就此产生：如果引进数控机床在把操作工人简化为单纯的按钮操作者的同时，能够成功地维持或改进生产，那么，在现存劳动关系体系内工人工资比率的降低是不会引起争议的。无论如何，为了适应这一阻抗，通用电气的管理层采用了多种策略尝试提高数控机床的生产效率，包括发放较高的隐蔽工资以激励被选择出来的工人，但这样做的结果是更加疏远了与一线车间的关系，最终引发了 1965 年 1 月的罢工，迫使公司使数控机床的操作者的工资比率从 R-17 回到 R-19(275—76)。[4]

罢工结束后，管理层对阻抗的第一个适应依旧失败。"生产中的问题依旧存在：不稳定性、程序错误、过多的停工检修等与进度问题、工人与管理层调整以及极低的工作士气交织在一起"(276)。于是，基于对传统劳动关系的理解，管理层尝试进行第二次适应："他们持续地增加压力。使用操作快手(lead hands)提高操作速度。车间主管以提升快手操作工资的方式贿赂一些操作者扩大生产产量……工头也挑起工人之间为获得较高的工资而竞争"(277)。这里我们看到泰勒式规训被用作一种调节装置，而这一过程中的开放式调节尤其值得重视。从上述引文中可以明显地看到，其中的机械主义、受约角色以及由此特化的彼此关系，应该被认为是突现式适应某种特殊情境的。在这个例证中适应过程近乎紧锣密鼓。[5]然而，远远没有达到生产中社会赛博所意图达到的调节效果，这种紧锣密鼓"导致深层的不信任以及车间操作工人之间关系的破裂，尤其是导致操作工人与管理者之间关系的破裂。

在74号建筑中，疏远与仇视已被视为寻常。工厂中拥有最复杂、最先进设备的部分，变成了工厂中废品率最高、稳定性最差、生产效率最低的部分，在飞机发动机生产中出现‘瓶颈’” 162
(277)。

针对这种状况，公司管理层断断续续地变换策略。他们不再坚持沿袭传统的规训路径尝试对阻抗的适应，而是放松纪律、鼓励“工作乐趣”[6]。这种所谓的飞行员计划(pilot program)在1968年末开始实施，对于劳动者的许多传统的纪律规训被取消，鼓励数控机床的操作者担当指挥生产中的一些管理职能。为通用电气的飞行员计划奠定基础的任务规训(task force)强调：

> 任务规训(Task Force)相信数控机床操作者缺乏动机的主要原因是管理层太深地沉浸在工业工程的传统概念中。这些与旧有的设备以及老一代劳动力非常匹配的概念似乎是我们存在的所有问题的根源。任务规训的信念是：摧毁几个时代以来存在于工作分工(job classification)与交易单元之间的许多障碍的时代已经到来。更直截了当地说，今天的工作需要为新一代设备和新一代的工人来构建 163
> (280)。[7]

这样，新的飞行员计划王国将是“没有工头，没有固定的就餐时间，工作时间具有弹性、具有个人时间的独特的王国”(281)。更进一步，操作者的分工将是“无限的”(281)，就是说，他们可以自由地承担通常由其他人承担的责任，其中包括管理责任。

> 领导者们(资深数控机床机械师)……将(例如)安排数控机床机械师调试新设备、新工具和新方法;设计设备启动时间序列;参与开发、实施以及控制新方法和新程序的计划与设计;从有助于车间实践的角度改进程序;对工作场所、操作工具和固定设备的变更参与评议并提出建议;采用工作单元质量责任以及界面质量控制;对使用的所有物质领域进行监控、检测设备确保安全以及功能完备。(280—81)

简言之,基于策略的剧烈变化,通用电气的管理层现在期待飞行员计划能够有效地发挥传统的管理顾问那样的作用,执行他们自己的建议,把自己的角色融进传统的工头、计划者、程序员、质量控制者等角色。

实验计划的一个方面特别值得注意。从计划设计上看,它绝对是开放式终结的,严格适应于我所使用的术语。就像诺贝尔所表述的那样:"通用电气管理层设计计划的动机是学习如何通过保证员工的较大程度的自由和较高的责任感、从而引发他们关于如何最好地处理对这类设备的使用的知识,来最终实现对数控机床的最有效的利用。"(281)像以往一样,管理层放弃了传统的规训控制,希望员工能够形成一个新的以数控机床设备为中心的稳定系统。

> 通用电气没有明晰"员工责任"究竟是什么,重复强调这一点容易导致恼怒,严格意义上说,它仅仅是建立员工计划要发现什么。"我们能否使操作者成为基层推动者或负责任的人?""我们是否应该把传送带就安装在地板上?""在时间安排、设备维护、故障诊断、纷争解决以及过程监控中,操作者的角色

应该是什么?”公司认为对于这些问题他们也没有答案,满意不满意的事实取决于参与者和工会(P164)。“我们不知道。我们没有设置任何限制。他们可以从任何他们现在认为正确的地方开始。这些人将设定生产的进度。他们自己决定他们将要做什么。我们不知道他们将做多少。我们将允许人们自己决定他们将走出多远。”他们郑重地总结到:“我们现在踏上了蓝领工人所能够介入的最具进步性的脚步。”(288)

确实,飞行员计划“攫取主动”。

由于管理层的激励,在固定设备维修、传送带调试(与程序员一起)、故障诊断(与维护人员一起)、过程监控(与质量控制工程师一起)、修正计划单(与计划员一起)以及进度安排(和生产工程师一起)中,他们变得越来越投入。在这种合作中,对于工具使用定位、工艺变化、对金属的新的切割路径,提出了新的方法。另外,他们相互培训,尤其是针对数控机床的操作新手,以此获得关于内在于生产过程中各种困难和复杂性的正确认识。对于一些问题他们提出了非常实际的解决方案。他们建议:为加速资源流动以及机器运转,在车间中应该存在一些信使(runners),像管理家务那样给予车间特殊的关注。为控制规格标准以及为了安置他们经常用来修理部件细部和固定设备的独有的微型工具,控制人员需要自己的操纵室。另外,他们要求应该配备经过特殊培训的人,这些人要更多地安排在对外在粗放领域进

> 入他们自己的精细领域的过程监视中……最后，控制人员对进度安排提出建议，如何最好地安排机器的布局以达到机器的最高使用效率。(289)

我大段地引用原文是为了说明在飞行员计划的早期实践中，工作方式、各种角色以及各种关系之间开放式终结的演化的范围和程度。1970 年，计划的实施范围进一步扩展，允许作为“飞行员”的工人更多地对数控机床运行进行控制。

> “是的，我们将让作为“飞行员”的工人做所有的事情，取消车间操作主管(MSO)。”允许工人在他们
> 165 的活动范围内“驾御自己的工作”被进一步扩展到管理凭单、绘制和评估时间进度……否决外在粗放领域部件的进入……，对所有的 MRB(转送至军事资源检查委员会审查和认可)全程负责。现在操作快手的功能是质量控制工程师、生产进度员、工作安排调度……作为一个群体的“飞行员”现在担当除指定纪律之外的所有的管理职能和文案工作，……相应地拥有了使他们的投入直接在操作中发挥作用的地位，进而从他们自己的观点看，实际上确定了进行工作的最好方式。(294—95)

这样，作为“飞行员”的工人便稳健地进入通用电气管理层所让与的开放空间，在他们进行工作以及在他们日益承担管理功能的过程中，设计出新的工作安排。按照诺贝尔的说法，作为“飞行员”的工人的计划得以成功地实施。数控机床车间的绩效改善，这种调节终于获得成功(尽管就像诺贝尔在 304 页所说明的那样，工会始终保持控制的记录这次遭到失

败)。与此同时,新的阻抗又突现了,只是这次问题不是针对数控机床,而是围绕作为“飞行员”的工人计划的边缘,现在的问题在通用电气整体大赛博的边界产生。“对作为‘飞行员’的工人的培训与对作为‘飞行员’的工人所将要适应的新责任所进行的培训极端地不匹配……,同时,由于在作为‘飞行员’的工人计划中,计时工作工人的责任得到扩展,这种扩展与质量控制、计划以及生产等环节的工作人员之间的冲突加剧,工人的责任严重地侵占了以往令人嫉妒的,被特殊人员把守的领地。”(295)通用电气管理层与林恩地方管理层之间的关系也变得紧张。为了应对这些突现的阻抗,尝试进行了最后一个适应。1975年初,通用电气管理层正式宣布终止作为“飞行员”的工人计划的决定,在林恩使用数控机床进行的生产以传统的方式重新组织起来,管理功能从作为“飞行员”的工人的责任中剥离出来,再次回到“计划、工头以及主管”的管理模式”(317)。尽管,非常重要的是在这种试验中他们也学习到一些新的东西。“通用电气最后得到了它想要的一切,数控机床的日生产效率严格控制在R-19……并且获得如何最有效率地使用新设备以及如何使操作者的工作更有弹性的信息。”(313)

## 5.2 冲撞和社会

这决不意味着通用电气或其他什么地方的数控机床的技术引进以及生产车间计算机化过程的结束。在林恩,使用数控机床的生产车间重新起用的泰勒制管理的效果没有比原有 166
的泰勒制管理效果更好。针对这一问题,通用电气管理层更大强度地推进计算机化,更大程度地把人力挤出生产过程的赛博体。对于这一过程，我的讨论到此为止。现在我想将这一过程与我的冲撞整体图景联系起来，然后转向诺贝尔自己对这同一过程的另外一种不同的分析。

通用电气数控机床的技术引进过程实际上是一个社会－物质文化的扩展过程，机器的非连续性转换——从传统机械工具到数控机床设备，以及社会性因素的进步性转换——工作意义的变化、车间工人之间以及车间工人与管理人员之间关系的变化，共同刻画了这种社会－物质文化的扩展。对于后者，作为冲撞的例证，我在一系列的阻抗与适应的突现的意义上进行了分析。像以往一样，我要在当下的讨论中，解读出社会性要素冲撞的瞬时突现和后人类主义的性质。

非常清楚，就突现而言，不存在任何先于通用电气的数控机床技术引进文化的东西能够控制或解释这种文化扩展中的纠葛和冲突，能够调节使用数控机床的生产中各种角色以及角色之间的关系。要想理解早期的紧张化规训安排与进入管理领域的越来越变得模糊的工人角色之间的关系，要想理解作为“飞行员”的工人计划实施的实际过程以及这一计划以正式成文的方式在重新恢复的规训领域中终结的社会性图景，我们必须透视与数控机床技术引进的伴随发展中突现出来的一系列特殊的阻抗与适应。在通用电气或其他任何地方，没有人能够预先知道阻抗或适应将如何出现。我认为，在一般意义上说这无疑是正确的，但在作为“飞行员”的工人计划的执行过程中，这一点显现得特别明显，无论是在工人一方还是在管理一方，都始终在声称不存在任何预先决定的终点。

转向后人类主义方面，我认为在通用电气公司发生的社会性因素的冲撞，不应该在单纯的社会的(人类的)意义上来理解。这类理解本身并不是社会领域关注的中心。理解这一问题的最便捷的方法是继续跟随诺贝尔，继续保持他对数控

机床技术引进过程中通用电气管理问题分析的观点。值得注
意的是我们不能忽视在上述讨论中通用电气管理中的各种动
机和意图。管理计划以及管理目标本身都成为过程的有机构
成。在最初决定如何对数控设备的安装、如何在不同的时间
进行特定的规训安排上,公司管理拥有主动权。在第五章第 167
三节中,我将更多地讨论通用电气的管理目标,我要强调这个
管理目标本身就应该被理解为处在后人类主义的冲撞中。在
进行这个讨论之前,陈述一个与之相关的重要观点是必要的,
即在通用电气公司中发生的社会性转换,决不能简化为管理
目标。转换过程决不仅仅围绕着这个问题展开。特别是,我
要说明数控机床的物质形式和操作本身就应该被视作在通用
电气规训实践中的突现轨迹的有机构成。

这里,有四点结论性的观点。第一,从通用电气的管理优势角度看,数控机床所关注的物质形式和操作,在我们所讨论的贯穿发展过程的与阻抗遭遇的意义上,明显区别于各种观念与表征。就像我早先提及的那样,按照预先的期望,数控机床的技术引进不应该存在阻抗发生的余地;只是在实际的物质过程发生了,这种余地才突现出来。第二,我们应该思考一下在数控机床使用的发展过程中计算机程序员的角色地位。在前述的引文中,诺贝尔提到针对飞行员与程序员之间的关系而展开的开放式终结性的谈判,很明显,脱离数控机床的物质形式,这些关系本身便不会存在;并且,在使用数控机床生产之前,也不存在程序员的实际位置。第三,我认为,从诺贝尔所做的描述看,有一点非常清楚,即:在飞行员计划实施中飞行员所参与的规训(反向的工作描述(P167)、工人之间以及工人与管理人员之间的关系)是自然产生的(autochthonous),并且不断地被数控机床设备的物质形式和操作所调节。[8]第四,这种调节构成了一个学习过程,结果是通用电气

公司的管理最终重新规范为更新了的泰勒制管理模式并以此取代了飞行员计划。

上述观点中体现的基本精神是：在通用电气公司管理中社会性因素冲撞的过程再次展示为一种后人类主义的替代。
168 讨论通用电气管理中人类力量和人类动机的作用是相当有意义的，但是这一过程的重心不在于此，重心存在于人类力量和物质力量的交叉点上。这里，社会性因素的演化轨迹，应该在发生在异质领域的交错面上的阻抗与适应的突现的意义上理解。我要补充的是，尽管我只是从管理以及管理目标的角度得出上述结论，但如果从车间劳动的人类力量或从数控机床设备使用本身的物质形式的角度看，上述结论同样有效。例如，对于后者我们可以认为，数控机床使用的物质形式和操作在通用电气管理中都不隐含任何特定的规训转换。我们已经讨论过的在规训过程中的各种纠葛和调节以及我们已经叙述过的车间文化的持续的不稳定性，足以说明这一点。同样值得注意的是数控机床使用的两种物质形式本身就处在问题的情境之中，至少在一定程度上是这样，而这一点正是旨在同时实现物质的和社会的要素转换的生产文化的管理实践和工程实践的扩展过程。[9]换言之，我们不能使社会性要素的冲撞单独围绕物质性的力量或单独围绕着人类力量进行。我们在此讨论的就是一个社会—物质文化扩展的后人类主义的去中心化的例证。

这个结论要把我们引向何处？显然，我们不应该仅仅基于一个例证来概括科学、技术与社会的无止境的相互联系。例如，对于麻省理工学院内部数控机床技术的发展以及麻省理工学院与外在工业领域的相互联系，我不会发表任何看法。[10]但无论如何，我要申明我们应该认真地对待这个例证，特别是这个例证的内在蕴涵，即：在社会范围内，技术发展以突现和后人类主义的方式在进行。在第七章第三节和第七章第四节,我强调我们应该在严格的突现和后人类主义的意义上理解 STS 的整体发展。现在,为了突出我正在陈述的思想,我需要说明我对技术一社会关系的分析与在这个问题上的传统分析有何不同。[11] 169

在传统意义上,技术与社会之间的关系是以两种对立的、但都是非突现的方式理解。反人类主义的观点通常叫做技术决定论,这种观点认为特定的社会转换追随特定的技术创新,即围绕着技术指令持续地进行社会重建(Mackenzie and Wajcman1985)。基于数控机床的例证,我认为非常清楚的是,技术创新确实以冲击社会关系、形成各种规训等等的方式对社会产生影响,社会会围绕技术发展调节自身。在这个意义上,技术确实不是中立的。然而,上述篇幅的讨论中至少有一点瓦解了技术决定论:从数控机床技术使用中不能产生任何特定的社会转换,并且数控机床的物质形式本身就处在通用电气管理活动过程中这一点,就否认了被视为理所当然的技术决定论的自治以及引导特权。与此同时,我的分析也瓦解了对技术决定论人类主义的反对,这种反对是在社会意义上而不是在技术意义上阐释技术与社会的关系。这种观点必须从我们所持有的观点中清除出去,但它值得进行更深入的讨论。

## 5.3 冲撞、社会理论和界限

现代美国人遭遇着一个总在变化,但没有变动的世界。

大卫·诺贝尔:《设计的美国》

> 在表象领域中灾难性解释的毁灭性作用是难以估量的，这种解释对隐含意义的至高无上的探询很可能是一种彻头彻尾的错误。
>
> J. 鲍德里亚：《论诱惑》

170 这一部分继续进行我在第二章第五节开始、在第四章第六节重述的冲撞与传统社会理论之间冲突的讨论。就像所发生的那样，对于我们讨论过的特定的历史情节，大卫·诺贝尔给出了他自己的传统的、非突现的、人类主义的和社会学的分析。我将解析他的分析结构并对其展开批判。我的终极目标是考察这类分析如何在历史迹象的表面支撑它们自身，我的这种考察从精神疗法以及进一步阐明我自己的立场两个方面进行。[12]

在《生产力》一书的开场白中，诺贝尔宣告了他的人类主义观点："这不是一部讨论美国技术的著作，而是一部讨论美国社会的著作。对物的分析是分析的中心，但它实际上关注的是人，是社会关系把他们连接在一起或者分离开来的人。……这是我们所有的技术产生的基础……在一定意义上说，这似乎是越来越相信是技术而不是其他的方式塑造了他们自身的现代美国人，已经丢失了的不证自明的真理"。从这段论述、特别是从这段论述的结论中，我们清楚地看到，诺贝尔对力量的分类不同于我对力量的分类。他断言：力量存在于人类之中而不是存在于物质世界，人类是力量的核心源泉，"似乎是不证自明的真理"。[13]与之类似的传统的观点在诺贝尔的另外一部著作中也有论述。因为人类的力量是唯一的力量，因此，如果我们要使历史有一定的意义，我们就需要一种积极的观点，诺贝尔给我们提供了这种观点的经典的保留曲目——"利益"。在关于通用电气的数控机床技术使用过程的评论中，他集中分析管理；关于管理，他归因于两种持续的利益：创造利润的利益和控制工人的利益。他进一步认为，相比较利润的利益，控制的利益才是真正重要的。 171

> 特别是对于那些接受过正式的经济学训练或受到正式的经济学的不正确影响的人而言，存在着一种庸俗的认识混乱，即认为：资本主义是一个利益驱动的、有效生产的系统。这是不正确的，并且从来没有正确过。如果说通过财产私有和对生产过程的控制来追逐利润最大化在历史上曾经担当过资本主义发展的主要角色，那么它绝对不会贯穿资本主义发展的始终。资本主义的目标永远是统治……以及对统治的保持。(321—22)

诺贝尔的人类主义就这样具有通常的非突现性质，它依赖于一组稳定的利益集合体——“目标总是”来刻画他所认为的稳定的行动者集合体：统治者(资本家/管理者)和被统治者(有酬劳动者)。抛开细节，现在我们已经非常了解这种过程。对于在一般意义上思考当代生活而言，持久的行动者的持久的利益(管理者和劳动者可以视作原型例证)是惯常的分类。既然如此，像诺贝尔所认为的那样，把数控机床的技术使用过程看作与之类似的一种操作又有什么不对呢？

实际上，相当错误。我已经说明了一个基本的观点，即：即使我们接受诺贝尔所做的分析，车间文化演化的细节我们还没有进行陈述。在这种情形中，理解社会因素的特定的转换的唯一的方法是诉诸于在这一过程中突现出来的阻抗和适应。当然，这个观点可能会被认为是寻求冲撞与传统社会理论之间的一种折中的结合，即冲撞把突现的、后人类主义的血肉附着到传统社会理论的非突现的、人类主义的骨骼之上。对此，我将展开更深入的批判，我们首先应该注意，通用电气的飞行员计划的奠基与发展本身就是对管理者的控制利益（而不是利润利益）这段历史的思想基础的有力的驳斥。在劳动者的角色和劳动者之间的关系融入管理的过程中，劳动者已经获得更多的自主性。在这个历史情节中，控制不是强化了，而是减弱了。

如果我们想在利益的意义上进行思考，一个明确的解释就是：在通用电气数控机床技术使用的历史中，管理者的利益在不断地转移。可以认为在高度泰勒制的最初阶段控制利益强劲，在管理者实施飞行员计划过程中，可以认为控制利益在
172 减弱，在管理层决定终止飞行员计划而赞成恢复泰勒制时，控制利益以更新的活力得以恢复。我倾向于认为，管理的利益本身应该被理解为就处在实践的平面上，并且作为已经描述过的阻抗与适应的复合过程的一部分，不断地被转换和重建。至少，在作为一种明晰的自我认识的意义上，管理的利益在这段历史情节中是处在突现的、后人类主义的冲撞中的。[14]

这一点表明，同样的解释绝对可以适用于工人一方。这样，诺贝尔意义的基准就是：有酬劳动者的持久利益就是工资率，因为工资率代表着他们在工业利润中的份额（或者他们拥有保护自身、阻止管理者降低他们的份额的利益）。然而，非常清楚的是，在飞行员计划中，工人发展（在实践中突现出来）出了一种可以合理地称作拥有“新的生活方式”的利益（307，一个工人的引语），一种与工资率不是非常吻合的利益。“对他们中间的一些人来说，就像后来所反映的那样，飞行员计划是他们曾经参与过的最令人兴奋的事情，他们憎恨他们居然没有进行起码的抗争就放弃了这一计划。就像一个操纵员所回忆的那样，‘一些人真的不想看到这个计划就这样消失了。

只要不要工头回来，他们宁愿牺牲奖金！'"(315)因此，就像管理层一样，工人的利益在这段历史中同样处在突现的、后人类主义的冲撞中。[15]更进一步，传统的社会—科学关系假设，即这段历史情节是由一组稳定的社会活动者的集合完整刻画的，本身就存在问题。毕竟，飞行员计划所定义的性质是：至 173
少在一定程度上，工人的角色就是模糊地进入管理职能。这就是说，所介入的社会活动者的确切的一致性是冲撞着的——在飞行员计划实施之前或终止之后的明晰的角色界限，在实施过程中是不存在的。[16]

在讨论了社会活动者以及他们的利益的稳定性的所有意义后，诺贝尔对其自己的历史编纂(historiography)的分析似乎偏离了方向。但我们可以说，诺贝尔意识到这个隐忧，他的分析自然包含着显示出他小心翼翼的下一步分析。下文是《生产力》的核心段落：

> 如果生产的实际需要要求放松对车间的监管，要求在工厂中少一些权威决定，那么这类要求是可以容忍的——但必须在一定的界限以内。就最终结果而言，这些限度应该由更基础的东西来决定，而不是由有利润的生产，即由对阶级权利的保持来决定。(173)
>
> 对于工人和工会来说，由于对计划的参与，飞行员计划暴露出了界限。这个经验表明……在一定意义上这个计划实际上扮演了为扩大工人权利提供通道的角色，他们将始终不变地反抗由资本所设定的更大的界限，直至最后反抗终止。(318)

"界限"在这里等同于我在第二章第五节讨论的"规训"。 174
这种咒语迫使诺贝尔在保留传统的非突现人类主义的框架的

同时,很快承认社会活动者以及他们的特性在一定意义上的冲撞特性。利益的确在冲撞中,但仅在一定界限内,这种界限继续保持着人类的、非突现的恒久的状况:界限由“阶级权力”来界定,并且总是存在——就像人们要“反抗的”篱笆或监狱的围墙。[17]这就是为什么“一切都在变化,但没有变动发生”。

诺贝尔的分析非常具体地说明了我在第二章第五节中与冲撞进行对比分析的在社会理论中阶级的地位。通用电气公司引进数控机床的效应应该在稳定的活动者以及近似稳定的利益的意义上去理解,这种稳定只能在恒久的界限内部晃动。就像我早些时候所说的那样,这是一种常见的分析形式,在我从事我的实践探索之前,我也会不加思考地接受这种分析。这种分析是有缺陷的,至少诺贝尔的分析是这样。要明白这一点,我们只需要反思一下“界限”——诺贝尔构筑的抵抗瞬时突现(以及后人类主义)的最后一道壕沟。这里,有关键的两点。

首先,尽管诺贝尔似乎占据着经典的杜克海姆的领地,但有一点值得说明清楚,即他所调用的界限不是可见的东西(visible ones)。例如,他不能提交出任何明确的工作规则来清晰地确定角色以及生产过程中的各种关系。按照他自己的
175 解释,这一切在实践中都是可修正的。诺贝尔所需要的术语“界限”,是一个隐蔽的(behind-the-scenes)东西。第二,在我看来,这个隐蔽术语——界限,既重复又无用。术语的重复性明显表现在,自始至终,诺贝尔明确表达的似乎合理的思想始终停留在对飞行员计划如何实施的过程叙述中,并且认为计划的最终终止本身就说明了他的界限存在的思想。术语的无用性表现在:在飞行员计划实施轨迹的任何一点决定终止飞行员计划,都大致可以对界限做出解释。如果计划早一些终

止，我们可以断言：作用于管理的控制利益的界限弹性要更加严格；如果计划允许比实际发生的走得更远，以至在计划终止之前使工人与管理层之间的极限消失，诺贝尔还可以做出同样的断言。即使计划从未被终止，断言还没有到达"界限"的机会的大门依旧敞开。在这个例证中，就像特纳（Stephen Turner）所表述的那样，把界限视为"一种用来沉思和解释的含混的终点"是最为合适的。它直指诺贝尔的界限分析，而不是实践的隐蔽结构。

这样，讨论的结果是这样的：我认为，如果传统社会理论试图把握（或试图不受侵害）类似于我们所讨论的历史情节的细节，那么，隐含界限（规训，范围）就是传统社会理论的必要组成。在这种历史情节的细节中，社会活动者及其特性处在后人类主义的、突现的冲撞中，诺贝尔所认为的那种界限由此便值得深深地怀疑。准确地说，除非对于后来需要解释的历史情节的轮廓预先已经确定，否则，界限所显示出的一切都是苍白而无用。然而，即便是在最起码的意义上，这种要求也难以满足。事实上，在通用电气管理中以及在飞行员计划实施所涉及的范围内，很难想象存在任何一个预先确定的特定的稳定之点。[18]就像鲍德里亚所陈述的那样，我的结论是："对隐含意义的某种至高无上的寻求是一个彻头彻尾的错误。"我们应该选择冲撞而放弃传统社会理论。我们应该把文化扩展 176
中的障碍视为在时间中突现的阻抗，而不是表现于外的隐含界限。我们应该承认一种杂糅的（impure）的、后人类主义的动态过程的存在，一方是社会活动者以及他们的社会关系的范围和界限，一方是机器以及机器的操作，二者循环往复地连接和转换。替代的选择应该是对常识分类的非反身性认识以及对扑朔迷离的社会现象的间接性剥离。

[注释]

[1] 就像沙夫向我指出的那样，这一章最好是放在本书上篇第一章，而不是最后一章。从操作性语言的观点看，在第二章和第三章对科学仪器和设备的讨论，和它们与科学知识的生产和表征的密切关系有些不符。于是，我就要着手在机器原本作用的意义上、即机器对物质力量的捕获的意义上，展开我对机器的阐述。以传记的方式，我开始对旨在理解和把握科学的实践的分析，我的研究重心也存在实践之中，正是因为这样，我把实践对技术的开放放在最后讨论。

[2] 我记得问题的最近发端来自于平奇和比吉克(Bijker)提出的"技术系统的社会建构"(SCOTS)研究和活动者网络理论(关于SCOTS，参见 Pinch and Bijker1984 以及 Bijker Hughes and Pinch1987；关于活动者网络，参见已经引述的 Callon，Latour 和 Law 的著述；关于论述技术的最近的论文集，参见 Bijker and Law1992)。SCOTS 研究倾向于关注技术设计的社会方面，而不是技术的执行过程。活动者网络研究更多地关注技术的执行过程，但基本上是外在于工厂进行这种研究。在理论层面上，我的研究则从 SCOTS 分离出来，因为在 SCOTS 的早期研究中，SCOTS 曾经尝试把非突现或准突现的 SSK 式的框架从社会领域移植到技术领域，尽管同平奇的谈话已经让我信服，现在我已经没有必要离开 SCOTS 进行我的研究。关于我与活动者网络理论的分歧，可参见下述的注解 11。自然，对于马克思主义对技术和社会的研究而言，工业工厂依旧是一个关键的领域，在第五章第三节，我们就遭遇了这个研究领域具有影响的学者的所提供的分析。

[3] 这里以及随后的讨论，我追随诺贝尔主要从工程和管理的角度，而不是从生产第一线展开我的论述。

[4] GE(通用公司)工人们的斗争，也应该视作这一过程中突现出来的一个特性。就像一个调查在其他产业中引进数控机器的工会研究者所说的："至今为止对收集到数据的分析，……没有显示出任何成熟的模式。从手工操作到自动化操作的转换导致的对工资率影响，直接与介入谈判的地方机构的谈判力度和谈判技巧密切相关"(274—75)。

[5] 为了把这个论点同前述章节给出的分析结合起来，我应该提及，此例证中在GE存在着的泰勒制管理，构成了开放式终结的文化扩展的模式。

[6] 非常感谢奥利尔里(Ted O'Leary)向我强调："工作丰富"(job enrichment)动机，在这一阶段并非在GE独有(在诺贝尔的书中，的确对此有过明确地说明)。米勒(Peter Miller)和罗斯(Nikolas Rose)最近的一篇文章(1993)提供了重要的背景资料。他们讨论了开始于20世纪50年代旨在就工人的精神健康和个人成就、管理者的能力和道德品行、产品的质量、企业的竞争力和效率、工厂合作的政治立法等意义上……"提高工作生活的质量"的运动。通过参与设计、工人代表制、弹性工作时间、工作丰富(job enrichment)、工作扩展(enlargement)、自我管理工作团队、持续的再培训等等改革，工作变成了民主的、有创造性的、创新的和有效率的：一种与现代化自身匹配的劳动(a labor worthy of the modern self)"(19)。基于米勒和罗斯20世纪70年代早期的说法，这个运动已经变成"一个自我意识的国际运动……，这个运动不仅得到了来自研究者、咨询顾问、雇主和政治家的热情支持，而且得到诸如'国际劳动组织'这样的机构的积极认可"(24)。尽管米勒和罗斯没有讨论诺贝尔意义上的飞行员计划，但有一点是清楚的，那就是飞行员计划被认为与"工作生活的质量"密切相关，并且飞行员计划有助于具体说明："工厂车间管理、民主的政治问题以及主体性伦理"之间的新的联合的设想，即将付诸实施(就像阿尔瓦雷茨的气泡室计划，有助于具体说明大科学即将进入实验粒子物理学研究一样)。这个运动早期的一个重要中心是塔维斯托克(Tavistock)人类关系研究所，在这个研究所中，工厂车间被理论化为一个术语"社会技术系统"(20)。塔维斯托克研究者的目的在于"经由一个特殊的社会技术设计(一个自治团体)的……"，以及经由对"一个开放系统"的组织形式的特化的…… 一个"社会的和技术的'理想化的结合'"(22)。

[7] 这种把人和物结为一体("把设备与今天的工人结为一体")，正是引导卡伦把工程师视为"工程社会学家"并推荐他的后人类主义社会学于学术上人类主义社会学之上的原因所在。

[8] 遗憾的是，诺贝尔没有通过充分的细节具体说明在飞行员计

划中的内在的阻抗与适应的辩证法。他仅仅是在上述引文中简单地陈述到：作为主人翁的工人"因为生产工程的复杂性和内在的困难而得到鼓励……并对其中的问题提出了实际的解决方案"（诺贝尔 289）。在没有其他推论的前提下，我相信我们应该认为在这个计划中新的工作规训的演化，理应结构性地类似于第三章第五节讨论的一个自发形成的实验室中的各种规训。

[9] 这样，在飞行员计划下，生产一线工人被允许介入驱动设备运转的计算机程序运作过程，机器处于"开放状态"以便于使工人在实际的生产中及时排除一些错误（279—280，288—289）。正如诺贝尔清楚表明的那样，GE 安装的数控设备，代表计算机化生产的全部发展理论的一个特殊阶段，并且，就像上述提及的那样，在飞行员计划失败后 GE 的管理动机，采取了更计算机化和更自动化的形式（322—23）。

[10] 诺贝尔 1986 著述的大多内容，涉及的主要是 MIT 的伺服机实验室，如何承担了（在军方支持下）从工业中发展数控机器、又将数控机器以剧烈重构的方式返回工业应用的研发过程。

[11] 我还要提及我与活动者网络理论在技术和社会研究上的分歧之点，特别是与拉脱尔的分歧。拉脱尔谈到：在一般意义上，很难做到使事实和机器在实验室之外循环，同时认为数控机器在 GE 的发展历史具体说明了这一点。但是拉脱尔（Latour 1983，1987）又指出，为了使这种循环能够在实验室外通畅地进行，必须重新装备实验室的内在构成。这是一个极具想象力的构想，但数控机器的历史实际上并没有证实这一点。发生在 GE 的任何的社会性转换，似乎都没有促使发生在数控机器车间的实践、从其发端的地方转移到 MIT 的伺服机实验室。我的结论是：在社会－技术冲撞中的社会性转换比拉脱尔所允许的要开放得多。

[12] 特别是，诺贝尔的解释是马克思主义的，我更关注它的整体形式，而不是它的特定的理论的和政治的信条。说到此，值得一提的是，自从布拉弗曼（Harry Braverman）把数控机器作为具体说明马克思主义的技术异化理论（deskilling thesis）的例证以来，数控机器一直是研究和论述的一个重要论题。马克思主义学者把数控机器的形成作为社会理论争论的一个关键领域。

[13] 诺贝尔援引芒福德(Mumford 1934)得出相同的观点:"技术……作为人类文化的一个要素存在。它的前景是好是坏取决于,开发技术的社会团体的前景是好是坏。技术本身不产生任何需求,也不给出任何承诺;正是人类精神产生需求并且兑现承诺。"

[14] 诺贝尔让辅助的利益(他把这种辅助利益归咎于为创造利润的管理)消失在他的分析背景中,但是我们明显注意到这种利益在实践中的显现要比它应该显现的更加间接和含糊。霍普伍德(Hopwood)的颇具吸引力的会计系统考古学(1987)显示利润和亏损计算嵌入在广泛变化的记录存储和计算系统中,包含着各种各样的推算和近似,这种计算本身就在我们应该理解为冲撞过程的实践中变换。讨论一下数控机器的经济学的基本原理,诺贝尔得出了类似的观点:"[经济学的]公平通常由交易的双方做出,如果需要的商品满足了特定的人的需求,公平最终将反映购买者的利益……购后决算(post-audit)很少发生,如果购后决算发生,那也一定是为了证明先前的购买决定……数据也并非总是准确无误地制成表格并且放在抽屉里的某个地方。它总是分布在许多部门、分开预算,对于一个部门的成本是另一个部门的隐含成本。另外,有任何理由相信:存在着的数据是各个运作单位为了避开批评、为了提升其在公司中的地位而提供出来的自我庇护(self-serving)的信息。最后,经济的生命力意味着用不同的事物对待不同的人"(217)。

[15] 诺贝尔的观点实际上指出了围绕GE的数控机器问题产生的广泛的利益问题。在许多等级分工工作中,人们为自己的生计而惧怕,因为飞行员计划侵蚀了他们的传统的功用;其他的一些人嫉妒飞行员的自主性,并为自己不能成为其中的一员而怨恨。更进一步,"公司管理人员关心的是:林奇没有让他们充分知晓计划的进展;10%的分红搅乱了全公司范围内的等级付酬体系;垂直成就的概念(vertical enrichment notion)引发了相对于其他公司的同等位置,人们能否得到公平的报酬的问题;更具流动性的工作角色可能不符合国家劳动关系法对纳税工作(有薪管理者)和免除纳税工作(小时计酬)的定义"(302)。似乎是,高度的管理(如工会)在公司范围和产业范围的操作标准化中、在工资率等方面获益,尽管诺贝尔在他的解释性概括中没有证实这一点。我认为,所有这些利益应该被视为冲撞的产物,无论是个体利益和群体

利益的形成和再形成，还是流动在实践中的意义蕴涵。米勒和奥利尔里（Miller and O'Leary 1994）记录了依附于工作场所的文化扩展以及依附于执行特定计划的各种转换的团体、行业和利益的分歧。

[16] 朱波夫（Zuboff 1987）讨论了与将以计算机为基础的信息技术引进工作场所相关的劳动和管理一致性的消失相关的各种转换。

[17] 在援引的段落中，诺贝尔讨论了资本利益和管理利益，但是他以与上述方式相同的方式处理具有明显的冲撞性质的劳动利益，把飞行员计划中突现出的利益视为错误或误导，视为一个相对于一些稳定的、不成问题的基准的错误。他承认"参与这个计划的确是一种解放和欣悦的体验……'人们将永远不会再同以往一样了。他们看到的事物将是别样的'"（318）。这听起来好像承认利益能够并且确实突现出来了，并且伴随任务而改变。但是随后，他又回到原位，"由这个计划激发的激动和热情以及对共同目标的高度信念也可以用来反对劳动力（the work force）的利益（被假定为真实而持久的）"。随后他罗列了一长串的理由来解释为什么飞行员计划中的工人利益是错误的。所有的推论都基于一个假定，即：这些利益最大限度地对抗传统的规训。在诺贝尔最终完整地回到"限制"问题之前，他总结到："简言之，管理冲突内在于像数控机器这样的泛资本技术的运用。在GE，推动引进飞行员计划的因素，隐含着资本主义生产内的巨大的冲突。这类冲突为这类设置了界限并且最大限度地限定了它的过程。"（319）

[18] 在我偶然发现下述这段文字之前，我一直以为在对社会理论中非突现的监狱隐喻的敏锐批判中，我或多或少是孤独的。这段文字是："关于'思想的客观性限定在对原文解读中、或限定在对物理事件的描述中'的问题是：外在于作者的自圆其说，或外在于其他的读者所发现的其中的'荒谬绝伦'，在讨论之前说他们究竟是什么是不可能的。但是这一点同样遗憾，因为通常人们发现的荒谬绝伦，明显是一个社会性的判断和认同，对真理或实在的保证度，一点也不比后来的判断认为先前的判断是错误的更多一点。"（Edwards，Ashmore 以及 Potter1994，手稿第13页）

# 第二部分

# 整　　合

# 第六章
# 生活在物质世界

仅仅专注于把知识视为对自然的表征，我们疑惑我们如何能够从表征中逃逸出来，如何能够与我们的世界携手……杜威曾经讽刺性地论及始终沉迷于西方哲学的知识旁观者理论。在生活的剧院中，如果我们仅仅是旁观者，我们如何能够在上演剧目的内在意义上知道演员究竟表征了什么？如何知道真实的过程到底是什么？ 179

I. 哈金：《表征和干预》

在上篇的4个章节中，我完成了我在导论中计划完成的任务。在操作语言的层面上，我对科学实践进行了例证说明和阐述。现在，我可以结束此书了。我以胚胎发生的方式对科学（数学、技术和社会）进行了细节分析和总结。但所有的分析都不是分立的，在下篇的两个章节里，我想将我的分析置于依旧围绕科学的文化研究的另外的思想和工作中。在本章中，我将我的分析界定在传统领域。关注的中心是冲撞如何与科学知识的评价相关，特别是冲撞如何与传统的实在论和客观性（理性）的哲学问题相关。因为这些问题都是科学的表征主义的讨论主题，因此看起来似乎是对第二章主题的一种背离。但是，它们所包含的问题是值得探讨的，它们之间的相似性是相当重要的。它们为我们所关注的问题提供了醒目的里程碑，同时为冲撞支撑起一些新异的东西。对于这些问题的思考，我认为转向操作语言描述将会产生极有意义和极富成果的替换。本章还为下一章的讨论提供了论述基础：超越人类主义/表征主义传统，确立冲撞纲领。

如果进行一种纲要式陈述，本章的面貌应由传统历史学
180 和传统科学哲学的三大主题刻画：自然、理性与社会。第一个主题涉及科学知识和我们的世界的关系，涉及表征与被表征之间的反映论与实在论的问题。第六章的第一节涉及实在论，我表述了我自己的观点，我强调对于科学知识而言，冲撞倡导一种非反映论的实在论观点（不是反实在论的）。在第六章第二节，在关于不可通约性的讨论中，针对机器操作的不可通约性，我强调了这种实在论的特质。第六章第三节，回顾了与我所探讨的问题有关的其他两个主题的基本思想。理性的主题主要涉及科学的特殊理性。这一主题通常在控制（或应该控制）科学知识的生产、从而保证科学知识的客观性的认识论法则或科学方法的标准的意义上被理解和把握。第六章第四节的论题是：第一，冲撞明晰了这样一个思想：科学知识可以被认为是客观的，但这种客观性并不表现为任何法则或标准；第二，当这些标准在科学实践中起重要作用的时候，这些标准本身便依赖于冲撞；社会主题所承载的不是科学知识的认识论法则，而是一些社会特性，它指向的不是科学知识的客观性、而是科学知识的相对性。在第六章第五节，我申明科学知识的确应该被视为具有文化的相对性。我努力寻求明确相对主义的本质，我要表明它不能在沿着这一思考路径独立存在的社会的、即便是技术的变量的意义（利益、格式塔或其他

任何东西)上来界定。本章以强调瞬时突现的冲撞所隐含的对科学的不可逆的历史主义理解作为总结。为突出这一问题,我采用了莫柏哥追寻夸克实验的其他的附加材料以及莫柏哥与另外的夸克追寻者费尔班克的争论。在科学的文化研究领域,我对这些相关主题的分析结果是:非反映论的实在论与科学知识的客观性、相对性及彻底的历史性有机共存(如果客观性、相对性及历史性在恰当意义上被理解的话),这就是问题的全部。

## 6.1 实在论

> 实用主义将我们的意识与现实之间的关于"反映"的静态关系的空洞术语,彻底转换为我们的特定的思想与拥有别样的经历的宇宙之间的丰富而积极的交易(任何人都可以在细节意义上理解它)。这个拥有别样经历的伟大宇宙以自身的功用在运作。 181
>
> 威廉·詹姆斯:《实用主义》

我们的知识和我们的世界之间的关系是什么? 自然,在"科学实在论"的引导下,对于这一主题,科学哲学有过相当深入透彻的争论,但是这种争论使这一主题变得相当局限和僵硬。传统哲学的发展一直处在表征语言描述的范围内,但是,一方面,留给实在论问题的空间几乎已经被知识(认识论意义的,尤其是理论意义的)问题耗尽,另一方面,无论知识如何描述世界,世界仍然以其固有的方式存在,不为所动。在这一空间可以建造的哲学问题仅仅是:科学知识是否真实地反应、反映、代表我们的世界? 我们的世界到底是怎样的? 更具体地说，伴随着这种争论在现代科学哲学中的发展，问题的新的提法是：在认识论上被完整证明了的显现在科学理论中的不可观察的理论实体是否真地反映了自然的真实状态。或者说，夸克是否真的是物质世界的基本组件？基因是否真的是生物遗传的控制者？实在论者的回答是：至少在某些情形下是这样，至少我们有理由认为是这样；反实在论者则认为，我们没有任何理由认为是这样（参见 Leplin1984l 论及实在论的当代发展状态）。

在这些争论中，实在论者的观点，显然同人们的惯常认识倾向相一致，认为我们应该视科学知识为清楚明白的，我们应该尊重由聪明的人群组成的科学共同体的勤奋严谨的工作。谁愿意说使用难以置信的昂贵的机器和仪器的基本粒子物理学家对于夸克的研究居然得出错误的结论。反实在论者则持有其独立的立场，坚持不懈地以各种方式阐释其反对观点。除却神秘的启示或神圣的精神外，科学通常被视作是我们拥有的关于我们的世界的真实面貌的最完备的知识，因此在科学的图景中检验科学得到的知识是否正确几乎是不可想象的。科学知识是否真实地反映了我们的世界于是具有了最大的不可检验性。因此比较反映论的断言与信仰的誓言，二者没有太大的区别。基于此，反实在论者拒绝接受任何关于科学的反映论观点。

在表面上看来，关于科学实在论的传统争论，永远处在实
182 在论观点与反实在论观点的僵持之中。事实上，我的观点在超越反映论的争论中，将与反实在论者结成联盟。但是，我首先要说明，对实践的分析以及从表征语言描述转向操作语言描述，将会取代这种实在论与反实在论争论的传统问题，将会转向一种相当不同的东西——更有意义、并且更好驾驭。基于操作语言描述，我们绝对不需要在反映论的意义上探讨我

们的知识与我们的世界的关系。取而代之，我们将去探讨在实践中，我们的知识与我们所建造的世界是如何关联起来的，在实践中建造的这种关联有什么样的构成。[1]在第二章至第四章的讨论中，已经内在地回答了这些问题。

我已经强调过，在实践中，我们的知识与我们的世界之间的关联，是在机器操作与概念操作之间的相互作用式稳定中建造起来的。物质的世界与表征的世界的联合，支撑起特定的事实和理论，并且给予这种事实和理论以精致的形式。如果我们愿意基于操作语言描述取代传统的实在论问题，那将极大地有助于我们思考达到这种相互作用式稳定的时间演化过程。在第二章和第三章，我们已经了解到：对存在于机器力量与仪器力量中的物质力量的捕获和构建，依赖于在开放式终结的筑模过程中的一系列不确定的努力，并且无论这种努力是成功还是失败，都不取决于单纯的人类王国的力量。各种结果最终依赖于世界是如何运作的：这种机器或那种仪器是否有目的地捕获或构建了物质力量。在第三章我们看到，建设性地馈入实验知识和理论知识的对物质力量的构建过程，使机器和仪器的操作与概念体系反复交织——我们看到相互冲撞和相互调节始终在其中发挥作用。莫柏哥在夸克探索过程中，始终与机器操作以及对机器操作的概念解释和现象解释抗争，不存在实现三者有机结合的任何的预先保证。 183
这样，物质世界是怎样的问题便以非确定的、复杂的和间接的(nontrivial and consequential)方式，渗入和影响我们对物质世界的表征。这样，我的这种分析，便在科学知识和作为科学实践的有机构成的物质世界之间展示了一种密切的和应答式的参与。在这种特殊意义上，冲撞提供给我们一种对科学知识的现实主义者的评价。在本节的剩余部分以及下一节的内容中，我将对冲撞意义上的实在论进行讨论，并解释这种实在论的一些方面。

第一，当冲撞意义上的实在论论及和特化科学知识和我们的世界之间的关系时，这种特化具有一种不同于传统哲学的实在论（以及传统的反实在论）的特质。冲撞意义上的实在论关注机器操作和表征链以及在时间演化中操作和表征链如何彼此联合；传统哲学的实在论则驻留于知识和世界本身之间的无时间演化的反映关系。为表明这种不同，我称冲撞意义上的实在论为实用主义的实在论（pragmatic realism）（Pickering 1989）[2]。第二，反映论中的遗留问题，将在实用主义认识论关注的范围内得到解决。[3]第三，按照林奇的说法，实用主义的实在论不把自己置身于论战的位置（1992a）。我们在这里注意到，传统实在论的争论从对表征的典型的人
184 类主义的恐惧中获取了大量能量，对于这一点，哈金把它简称为关于知识的"旁观者理论"（spectator theory）。[4]反实在论者强调在科学图景背后表述对科学表征的怀疑的不可能性，就像人类的建造物，大概永远不能真实地代表客体。但在实用主义的实在论中，则没有与表征主义实在论相当的焦灼。知识和我们的世界之间的链接，已经充分展示在莫柏哥的夸克探索实验中，在真实时间的实践中，非确定的成就得以实现。对于这些非确定性的成就，我们不需要有任何担心和恐惧：我们不需要彻夜不眠地躺在床上担心知识完全漂浮于其所反映的客体之上。[5]在这个意义上，冲撞的实用主义实在论消解了反映论的实在论的全部问题；通过为科学知识如何与我们的世界发生关联提供其自身独有的答案，冲撞在起点上就窒息了探询反映论问题的任何冲动。

这样，冲撞的实用主义的实在论对于知识与世界的关联问题的回答便与传统的认识论实在论（无论是实在论还是反实在论）的回答大不相同。对于转向操作语言描述更为重要

的方面是，对老问题它开辟了建构新答案的广阔空间。它使得对事物新异的、有意义的思考能够进行。至此，我针对实在论问题的观点还没有完结。尽管实用主义的实在论与反映论的实在论从不同的角度触及知识和世界之间的关系，我还是 185
认为，实用主义实在论颠覆并且消解了反映论的实在论。

如果说对于反映论的问题，实用主义实在论是不可知论的，那么实用主义的实在论如何在与传统实在论的争论图景中确立其竞争者地位？我的观点是，在这幅图景中，实用主义实在论显示为一种积极的、非怀疑的、传统反实在论的转换形态。如何实现冲撞与传统反映论的实在论的联合看起来是一件非常困难的事情。解决这一问题的一个途径便是关注我对实践的分析（这种分析在本书的第一部分以及第六章第四节至第六章第六节已经得到阐述），这种分析指向知识生产的情境以及路径依赖。一方面，在任何时候，经验知识和理论知识的功用都不仅仅是描述世界是怎样的，更是对世界给出作为社会的、学科的、概念的以及物质的综合的特定说明。知识产生的空间是与情境相关的。另一方面，知识的价值和意义不取决于生产知识的空间。正如我曾经强调过的，我们同样需要考虑实践过程中的偶然性的意义，实践的真实路径不可避免地会经历偶然性的空间。筑模维项的偶然试探式的固定、偶然式阻抗的产生、适应策略的偶然式形成以及所有这一切中包含的偶然式的成功或失败，所有这些偶然性构建着实践和实践的产物。这些与偶然性相关的特性，对于反映论的实在论而言都构成一系列重大问题。如果从实用主义实在论的观点分析反映论的实在论，下述假定是必要的，即：冲撞过程的情境与路径依赖以某种方式、在某些时刻被冲刷掉了，因此科学知识最终汇聚为对自然的镜像反映，这种镜像反映与科学实践始于何处、走向何方毫不相干。[6]我必须指出，在我的分析中不存在任何作用能够删除科学实践的情境与路径依赖，这也正是冲撞不能认同反映论的实在论的基本点。对于这一问题，我不想仅限于抽象的争论，我更愿意就冲撞思想针对反映论的认识论引发的问题来阐述更具体的观点。正如哈
186 金声称的那样（1983，66），关于科学实在论的众多纷争，主要围绕着不可通约性问题。

## 6.2　不可通约性

在20世纪60年代早期，关于不可通约性的争论成为科学史研究和科学哲学研究的中心问题，对这一中心问题的讨论，主要在经由库恩（1962）到费耶阿本德（1962，1965a，1965b）的工作中展开。为了明确所讨论的问题，我在此简要回顾一下库恩的观点。库恩的思想是：科学发展的历史，由一个长期的科学持续发展的阶段——由“范式”支配下的“常规科学”，以及交叉其中的“连续性中断”或“科学革命”组成。库恩强调，在革命时期，科学世界发生变革。作为共同先驱者亚里士多德的后继者，伽里略与后来的科学家们好像生活在完全不同的世界。当然，关于库恩这些思想中的一些断言还需要澄清（我随后很快会进行这种澄清），但是，如果上述认识仅仅是这一思想的表面价值，我们随后将会看到其内在蕴涵的更深、更基本的思想。

如果在科学革命中科学世界发生了变化，那么适用于变化了的世界的理论本身必须发生变化。最重要的是，不存在一个中性的方法评价这种理论的转换。每一个理论都适用于其自身所属的世界，而不适用于先前的世界或后继的世界。在革命性的连续性中断的两端，理论之间是不可通约的，也就

是说他们之间不能用同一的尺度衡量，正如库恩和费耶阿本德所声称的那样。在不可通约这一点上，两类相互交织的问题摆在传统科学哲学面前。一方面，捍卫传统的科学的客观性（或理性）变得不太可能，因为没有办法公正地评价不可通约的科学理论（第六章第三节我将回到科学的客观性的讨论）。另一方面，我们的实在论者的直觉认识被瓦解了。按照库恩和费耶阿本德的见解，发生在科学中的革命性变化，总是与为后继科学理论做出贡献的连续性中断的本体论的转换相伴随。在现代化学诞生时期发生的从燃素说到氧化说的转换，经常作为典型例证陈述这类革命性的变化。如果问题果真如此，那么我们凭什么应该相信以往的本体论基础是正确的？谁会知道下一次科学革命会不会扫荡夸克或者基因，就像以往的本体论在通往今天的道路上一次次被扫荡一样。

基于为反实在论者提供附加的能量，我们现在回到实在论的争论：从库恩和费耶阿本德开始，反实在论者的一个典型的思想运动就是以积极的态度阐述科学史中的不可通约性， 187
并以此反对任何具体的科学理论都毫无疑问地反映世界真实状态的信念（例如 Laudan 1984 a）。对于反实在论者而言，这的确是一个强有力的争论策略，但在此我自己并不想利用这一策略。我想转向另外的讨论路径。我想通过我对实践的分析，使不可通约性在一种全新的、简洁的方式中成为可被理解的，并以此展开对反映论的实在论批判。

把握不可通约性的困难在于“生活在不同世界”的可能意义是什么？我们凭什么断言在科学革命中世界发生了变化？伽里略和亚里士多德如何传承了不同的世界？难道我们不是仅仅拥有一个世界，并且时时处处都是如此么？许多人都以反诘的方式发问，隐含着对不可通约存在的可能性的反对。我需要强调的一点是：对于不可通约性，无论是支持者还是反对者，他们的全部争论大都停留在表征语言的范围内，像传统实在论中的各种争论一样。在表征语言范围内的对于不可通约性的争论，无非是要表明我们关于我们的世界的思想能够或不能够影响我们的认识。例如，站在不可通约性的反对立场，戴维森(Davidson 1973—1974)认为，表征语言的意义上，我们实际上不能对不可通约性形成首尾一贯的认识，与此同时，另一方面哈金(1983，chapt5)认为，在表征语言体系内，有三种方法可能影响我们通达经验世界，其中最激进的方法来自库恩的观点。库恩强调，理论的功用是社会心理学的一种格式塔，这种格式塔全盘组织我们的经验。因此，理论发生变化，世界随之发生变化，至少在“我们”感受的范围内是这样。

尽管讨论批判极有意义，但我不想进入表征语言体系支持或反对不可通约性。代替它的是，如何转向操作语言描述，从而引导我们期待“一种全新的、关于不可通约性的基本形态”(1992a，54)，这种基本形态与明晰的科学的机器操作层面直接相关。就是说，基于我对实践的分析，科学的表征链不是终止于“世界本身”，而是终止于对物质力量的特定的捕获和
188 构建。[7]似乎没有理由认为，存在着一种特别优越的对世界的机械摹写——真实无误地反映世界。恰恰相反，我们很容易设想，对世界认识和把握的不确定性的各种变化，以各种方式通向表征链的所有形式。这里，我们可以瞥视一下不在表征语言范围内阐述的不可通约性的一种形式，一种在捕获和构建物质力量中存在的、在表征链中终止的不可通约性。[8]这就是在冲撞意义上产生可理解的不可通约性的新途径，我可以用例证具体对其进行阐述。

在《建构夸克》中，我将基本粒子物理学的历史分为两个阶段：直至20世纪70年代早期一直占据统治地位的“旧物理学”以及而后的“新物理学”，我认为二者是不可通约的。旧理

论以及对应的本体论基础与新物理学显著不同，但我对不可通约性的分析主要针对物质操作特性的差异，集中于二者的机器基础的彼此分离。旧理论的研究主要基于加速器实验室发现的最为常见的现象，新物理学研究则针对相当稀有的物理现象。各自的现象领域都通过自身的一套仪器和设备建造 189
起来。在最显著的层面上，旧物理学由调整指向固定靶盘的粒子束实验支撑，与此同时，新物理学则是粒子束碰撞物理学。在固定靶盘实验坚持进入新物理学的地方，对粒子束的研究兴趣已经由重子束（介子，k 中介子）转向轻子束（电子、中子），对重子束的研究恰恰是旧物理学研究的重点所在。更进一步，实验室的几何布局和构建也由旧物理学转向新物理学。对于旧物理学而言，为了采集占居优势的“软散射”（soft-scattering）事件，探测器靠近粒子束轴线安置；对于新物理学而言，为了实现探测器的灵敏度的最大化以捕获稀少的“硬散射”（hard-scattering）事件，探测器垂直于粒子束轴线安置。在新物理学的历史中，“硬散射”靶盘被探测器包围，它们的输出信号进入计算机处理层，在进行物理分析之前，计算机完成对“软散射”事件的过滤。[9]

简言之，从旧物理学向新物理学的转换恰恰是冲撞引导我们所期望的机械性的不可通约性的一个例证。旧物理学理论经由一套机器操作把自身与世界联系起来；新物理学则以一套完全不同的机器操作参与对世界的认识和把握。这样，对世界的表征自然在从旧物理学转向新物理学过程中发生变化，并且以不可通约的方式发生变化，因为不存在一种中性的机器的、现象的和事实的领域可以使二者同时具有意义。关于对世界的表征如何影响世界的问题，没有、也不需要明智或有争议的讨论用来最终解决问题。粒子物理学共同体中不可通约性的机械性转换在 20 世纪 70 年代完成。[10]

190 这种分析启示我们什么？我可以依次做四点总结。第一，在实在论的意义上，对于不可通约性疑难，转向操作语言描述是一个富有意义、富有成果的替代。取代思考表征如何影响我们对于世界的认识和把握，操作性语言描述引发我们去思考表征链的机械性终结以及这种终结如何实现转换。[11]一个相当简明，但无论如何相当重要的关于不可通约性的认识由此跃然纸上。第二，对不可通约性的这种认识，在我所给出的定义的意义上，保留一种无疑义的特性，它不需要我们想象科学家们有时相当正确，而在另外一些时候又明显错误。实用主义的实在论就像适用于新物理学一样适用于旧物理学。没有理由怀疑旧物理学表征对世界的介入同新物理学表征对世界的介入具有同样的敏感性和循环往复。这样，如同先前提及的那样，我们达到一种无疑义的反实在论。谁能知道对于我们的世界，我们能够有多少种不同的机械性的理解和把握（每一种理解和把握都是事实、理论、及本体论的相互作用式稳定）？我们如何能够知道我们曾经达到一种对于世界的“真的”理解和把握？如果果真是真的，它又意味着什么？

191 第三点与本节讨论问题的方向有关。就像我承诺过的，我不会沿袭传统反实在论的路径，从不可通约性走向反实在论。与之形成对照，我的讨论起始于对冲撞的分析（这是我没有借助不可通约性而充分阐述的思想），并且表明冲撞如何引导我们期望关于不可通约性的一种特定形式。[12]在任何意义上我都不把不可通约性视为科学发展历史上的主要特性。例如，我怀疑库恩常态科学阶段的图式穿插出现于革命性的连续性中断具有普遍意义。我也不认为总体上的不可通约性总是存在，同样不认为革命性中断之间的鸿沟永远不能填平。[13]我只是强调，科学历史中的剧烈变革以及科学中的巨大差异不能在表征语言描述中理解和把握。这一思想引发我的第四个观点以及结论。

在从旧物理学转向新物理学的过程中，发生变化的远远不止于知识和仪器设备。旧的技艺和规训贬值，新的技艺与规训升值。例如，在新物理学中气泡室没有什么作用，一代气泡室物理学家不得不在相当程度上围绕电子探测器适应新的工作方式。社会关系也被重组，在粒子物理学共同体不同传统的研究成果的循环之间建立了新的共生关系。伽里森(1994)特别注意到：新物理学的成长内在地包含着具体的社会技术关系的转换，这种关系转换延伸到粒子物理学共同体之外，例如，延伸到工业、特别是军事与工业复合体。[14]简言之，文化异质要素的全体——社会的以及物质的和概念的，在 192
向新物理学转换中冲撞并且实现新的稳定。这就引发了一个问题，在科学文化的全方位转换中，为什么要给予概念层和表征以特权？为什么传统的“不可通约性”“不同的世界”这些蕴涵总是不可取缔地附着在理论层面的对差异的讨论之中？和以往一样，罪魁祸首依旧是表征性语言描述；同样与往常一样，操作性语言描述给出了走出幽闭恐惧空间的道路。我认为，冲撞激励我们在任何有意义的科学文化层面考察各种差异，激励我们理解更为有意义的各种差异的相互交织，不论这些差异是否存在于科学的表征层面。这里，冲撞再次指向对传统实在论疑难的一个彻底的、富有成果的取代。[15]在第七章第五节，在讨论人类力量中的差异和不可通约性时，对上述思想我要进一步阐述。[16]

## 6.3 知识和我们

正像实在论中的问题和不可通约性问题讨论的是知识与

193 世界的关系一样，本章的剩余部分讨论的问题则涉及知识和我们之间的关系，涉及科学知识距离特定的生产者和使用者共同体（客观主义）的远近程度，涉及科学知识不可化解地与这些共同体相连（相对主义）。从传统观点看，客观主义与相对主义站在相反的立场捍卫自身、攻击对方，一方否认的恰恰是另一方认可的。然而，近年来对科学以及对一般意义上的知识的最有意义的研究，认为对客观性和相对性之间关系简单定位无以立足。[17]我同意这种观点，我的目标是在冲撞意义上展开我的思考路径。这种路径展开的结果要表明：同时作为客观主义者、相对主义者以及历史主义者，冲撞对客观性与相对性关系的定位并非远远“超越客观主义和相对主义”（波恩斯坦 1983）。

尽管在随后的章节中我以各种方式进行特定的陈述，这一思想的基本形式依旧相当简单。如果我们认可作为文化扩展的实践是一个开放式终结的筑模过程，那么，传统的客观主义者和相对主义者可以简化为、可以比照为冲撞意义上的终结——即特定的筑模向量如何从可能性的不确定区域中突现出来。这样，客观主义者可以认为这种终结基于认识论的标准或规则可以达到，只是符合这些标准的理论扩展被视为客观性的（或理性的）。[18]借助于在知识生产中把科学家的双手反绑在他们身后，这些标准和规则便可以保证科学的客观性。相对主义者则以两种方式理解终结。要么是用明确的社会要素，如利益或社会结构决定文化向量的扩展，要么关注于其他的内在于科学的技术文化的内容，如理论、世界观、范式，这些技术文化要素的功能是压缩实践空间。

194 我需要申明几点：第一，尽管客观主义者与相对主义者之间存在不可否认的差异，但由于他们坚持某种实体性的、持久不变的东西（非突现的）——利益、规则、世界观等最终应该对终结负责，因而二者属于同一种形态。第二，冲撞本身就是对终结的一种分析——前面章节的讨论一直围绕这一主题。但是，在冲撞意义上的对终结的分析是一种不同于传统的分析。代替以任何实体性的、持久不变的东西解释终结，冲撞指向瞬时性扩展过程——指向物质力量与规训力量领域内机器的、概念的和社会的要素之间的周旋，指向文化要素和文化层面稳定过程和稳定性破坏过程。对于终结的解释的两种不同的方法产生了一个问题：终结到底是实体性的还是过程性的。在本章的剩余部分，我要说明冲撞意义的终结解释可以取代也可以吸纳传统意义的终结解释，但其中包含着某种转换，一种具有相对意义的转换。与此同时，冲撞的瞬时突现特性为科学提供了历史主义的评价。这也正是我所分析的科学知识如何同时具有客观性、相对性以及真正的历史性的特性。[19]

## 6.4 客观性

> Honda 秘密地标记着他自己的"客体性的疾患"。那是一个地狱的深渊，充满着愉悦的战栗，其间，一种拒绝有所作为的认识，最终突然降临。
>
> Y. 米什马：《黎明的庙宇》

认识论规则提供一种思考科学实践中的终结方法，冲撞则提供一种不同的方法。在本章的这一节，我的讨论从建立可以被纯粹理解为科学的客观性的冲撞意义上的终结开始。在这个意义上，冲撞讨论一种类似于传统意义的客观性。不 195
仅如此，我还要申明，冲撞意义上的客观性彻底颠覆了传统意义上的客观性。

为了将冲撞与客观性联系起来，我们的讨论需要起始于主观性。在本书的上篇，如果不涉及人类力量的动机结构，便不能理解科学实践活动。文化扩展的各种探测性向量是被人类的计划和目标固定下来的，对于特定的科学家为什么构想出特定的计划，我们找不到任何一般性的解释。基于这一点，我的分析指向科学实践的主观性或主体性：科学实践中的计划和目标适合于计划和目标的设计构想者。然而我很快会离开关于主观性或主体性的这类讨论，我要强调：内在的目标和计划不能决定结果。我要强调：不是要改变发生在物质力量和规训力量领域的阻抗与适应辩证运动过程的筑模向量的方向，辩证运动本身便是具体的实践产物的有机构成。进一步说，这种辩证运动担当着重建在对物质力量的机器捕获中、在多重的物质和概念的文化要素之间的相互作用式稳定中坍塌了的人类计划和目标的重任。包含着知识、以及机器、仪器、各种规训、社会关系等等的科学实践的产物，通过冲撞过程，必然地从人类力量的主观性或主体性（其本身又是产物的有机组成）中分离出来。这种经由与物质力量与各种规训力量（它们本身就不依从于任何个体意义的主体）对抗而实现的对人类力量的动机性结构的脱离便是冲撞所展示给我们的科学的客观性的基本内涵。[20]

现在我将转向对冲撞意义的客观性的一些特性的讨论，这种讨论的起点是这种客观性的非确定性。经由冲撞过程的路径极为有效地界定了客观性的严格标准。这一点可以清楚地从我对阻抗的核心分析中看出。特化科学实践的客观性内容和产物的任何一个成功的捕获、构建以及相互作用式稳定
196 决非轻易获得，获得过程艰难而不确定。在大部分时间中，科学家们淹没于非客观性的泥潭。在充满疑问的科学活动中，事情决非“怎么都行”那般简单。冲撞意义的对客观性的理

解，决非无所指向，它实实在在地具有特定的内涵。

基于我的定义，我的讨论的第二个基点是：科学的客观性在科学活动的个体实践层面上就已经存在。例如，我已经描述过格拉泽、莫柏哥以及哈密尔顿在物质力量以及各种规训力量作用的领域中的成功地周旋的过程，我相信，这一过程先于任何社会性认可赋予他们的实践产物以客观性特征。我认为这种阐释方式是恰当的，因为，作用于个体实践并使个体实践的产物分离出去的力量本身并不属于任何实践个体。但这并不意味着在个体实践中客观性的获得是一蹴而就的。正如我们在格拉泽和莫柏哥的例证中看到的那样，在实践中相互作用式稳定的实现是在同一实践个体的后继实践活动中的一次次去稳(destabilized)、以及相应的一次次的稳定性重建中获得的。第六章第六节关于莫柏哥与费尔班克的争论的讨论将表明科学实践中其他的类似的去稳过程。就此也许我们应该建立一种基准，基于这一基准，我们可以依据科学知识进入科学文化的其他部分的程度、根据社会性稳定跨越的时间长度等等，对科学知识中客观性的程度进行判定。我不认为这种思路有何不妥，但是，我们必须牢记：任何一般性的公共认同过程本身都具有进一步冲撞的特性，对此我们已经进行过分析。为明确这一点，我们可以回首远望在本书的上篇我们分析过的科学实践的各种路径。由于科学实践的各种路径本身就是新文化要素生产过程的一部分，因此这些路径也就成为一般性公共认同过程的一部分——利用现存文化、同时保持现存文化某些部分不被触及，使其他要素去稳或对其它要素进行稳定性重建。遵从这种分析，对于客观性的这种明晰的社会纬度，如果不存在任何其他的特殊理解或非冲撞意义的理解，我们只能承认稳定化的知识总是倾向于在未来的实践中去稳，尽管它可能高度适合我们的客观性基准。[21]

就此我认为，由冲撞提供的对文化扩展中的终结的分析，
197 可以恰当地被描述为是对可被称之为科学知识的客观性的一
种刻画。这种刻画不同于传统科学哲学对客观性的理解。在我的分析看来，客观性是从后人类主义的去中心化过程中瞬时突现出来的产物的一种特性，而传统科学哲学提供给我们的则是一种非突现的、人类主义的分析。在传统科学哲学中，客观性被视为产生于一种特定的心智卫生术或思维控制。[22]这种控制的功能与科学中的理论选择密切相关，它强调理论纷争中的终结的最终实现，要诉诸于理性规则或方法（就像我在第六章第三节已经提及的那样）。科学哲学中"一般方法论者"的名单中包括着像卡尔·波普（1935，1959），拉卡托斯（1970），以及劳丹（1984b）这样的著述者。针对客观性问题，在理论选择中他们所推崇的方法论规则，通常采取"只提出可证伪理论"，"避免理论特设"，"倾向于能够做出成功的惊人预测的理论，而不是只解释已知的东西的理论"等形式[23]。[24]值得提及的是，如果这类规则要完成从科学家的活动产物中
198 抽取客观性的使命，这类规则必须是非突现性的，至少在实践
的时间跨度上要相对持久。

这样，在我们面前便有两种关于客观性的陈述：一种遵从于我称之为冲撞的对实践的突现式的、后人类主义的分析，另一种则是包含在心智卫生术中的持久的人类主义规则。在本节的其他部分，我将对二者的关系进行探究[25]。我将以尽量简短的方式进行这种探究，因为我猜想没有太多的人还有兴趣对客观性问题进行方法论研究。这部分是因为，对客观性问题的方法论方向的研究已经脱离客观性问题研究的主流，几乎没有什么哲学家还积极地工作于他们自身也不能彼此认同的关于科学中的主导规则究竟是什么的研究领域。[26]然而，从冲撞的观点出发，一些有意义的思想将会产生。在第二

章第五节、第四章第六节、以及第五章第三节，我已经从对传统社会科学进行分析的角度，提出了冲撞意义上相应观点的基本形式。

我阐明的第一点是，我在此所讨论的一切（或在其他地方讨论的一切）没有任何暗示或隐含认为倡导一种方法论研究所涉及的规则是有用的。自然，在我阐释经验材料或进行经验解释时，这一点可能会导向一些特殊的盲点，但它同样可以导向一般的结论。不存在一套确定的规则能够担当解释实践和终结的重任。为使用规则而关注规则退化的典型的维特根斯坦争论引导着方法论研究的方向，我则倾向于直接认为对格拉泽、莫柏哥或哈密尔顿的实践细节的解释已经包含了特定的阻抗与适应的辩证运动，这种辩证运动构建着他们科学实践的文化扩展轨迹。基于第五章第三节的诺贝尔的社会理论的讨论，为使规则的形成过程能够循环，对科学的客观性的 199
完整评价需要采取折衷方式。这种折衷方式认为，作为科学的一般特性，客观性应该在人类主义非突现性的方法论规则意义上解释；而作为科学实践的具体过程，客观性可以在突现的、后人类主义的意义上解释。我则倾向于非折衷的结论，我可以以迂回的方式对其进行解释。

哲学意义上的方法规则一般都不是由具体的科学家或者一般意义上的科学家提出的。在对哲学的蕴涵和哲学的思想发展的需求中，他们在缄默中彼此心照不宣；他们隐藏在诸如诺贝尔所讨论的社会利益图景的背后。尽管通常科学家们确实要结合起一些规则用来控制他们的实践活动，但是考察这种实践中结合起的规则如何锲入我对科学实践的冲撞意义的分析将是更为有意义的。关于这一点，一个典型的例证从我已经讨论过的情境中勃然而出。这个例证主要涉及数学而不是一般意义上的科学的本质，但我认为我要陈述的观点无疑具有普遍意义。在数学的哈密尔顿时代，人们普遍承认形式运演法则。这是一种法则，它说明在代数发展中不应该引入任何新的不能够赋予算术意义的运演规则。事实上，它界定了什么可能是现存的代数知识和技术的恰当扩展（理性的、客观的或类似的东西），以及什么是不应该具有的扩展。这里是哈密尔顿传记中关于其在数学发展中的伟大成就的记述："四元数是连接现代代数的通道。形式运演法则崩溃了……通向不局限于一般的算术法则的广泛、多样性的代数发展道路由此打开。"（Hankins1980）哈金斯这里谈论的是四元数体系对非交换性的依赖（乘积 $xy$ 与乘积 $yx$ 不相等），它与数量的算术世界不能对等。使形式运演法则崩溃的非交换性，很快被哈密尔顿同时代的许多数学家接受并积极地开始使用。

关于这一情境最令我感兴趣的是，它表明像形式运演规则这类代表理性及客观性的明晰法则本身便依从于冲撞过程。在这个例证中，阻碍哈密尔顿实践的这种形式运演法则，以及围绕在四元数周围的其他障碍（相对于四元数体系的次
200 级陈述的变量目标而言构成阻抗）、还有数学共同体对这种阻碍的适应是对形式运演法则直接的和间断性的抛弃。肇始于哈密尔顿工作，数学领域不再对恰当性、理性以及客观性等进行简单的评价。这类明晰、确定的规则由此便仅仅被视为科学文化的一种要素，仅仅被看作是与这些规则所"控制"的科学文化的实质性要素一样具有可转换的特性。

借助于特勒提出的观点（Stephen Turner1994），我将我的这一思路引入对哲学上呼唤隐含规则的接触和讨论。当我们尝试在隐含规则（隐含什么？客观性?）意义上理解实践活动时，我们在做什么？特勒的回答是我们必须借助于类比进行推理；我们必须认为隐含规则同明晰规则具有一样的作用。我认为特勒是正确的，这样我们上述进行的一系列讨论便具

有了一般性的蕴涵。我认为一旦我们试图讨论隐含规则(我们可能时刻能够感受到这一点),我们就应该把它同形式运演规则一样看待。特别是,我们不能以传统科学哲学的思维定势考察它们,我们不应认为它们以非突现的方式始终盘旋于某种认识论的天国并且从外部控制着实践活动,相反,我们应该把它们视为处在实践的平面上并且依从于冲撞过程。[27]

我们的结论是:关于客观性的方法论的和冲撞意义的接
合,并非一定要我们在二者之间必择其一或者接受一种折衷 201
的联合。把对客观性的方法论分析归置于其自身的位置,并把方法论规则视为文化扩展中可冲撞的要素(如果或者当我们使它们与实践相关时),这样对实践的冲撞意义上的分析,就颠覆了关于客观性的方法论的分析。冲撞意义上的客观性先于方法论意义上的客观性而存在,并且总是倾向于转变扰乱后者的实质性的清晰度。[28]

## 6.5 相对性

狮子不懂得微妙与局部解决。他不能接受共享是一切事物的基础。他占有,他把握!他不是一个布尔什维克或一个犹太人。从狮子的口中你永远听不到相对性。他只要绝对。生与死。没有休战或商议,只有怒吼和跳跃的快乐,只有流血。

T. 毕农:《引力的彩虹》

在学术世界,相对性到处遭受厌弃。

B. 巴恩斯和 D. 布鲁尔:
《相对主义,理性主义与知识社会学》

也许的确如此，甚至这种状况也许超越了学术世界。依旧，完成了冲撞意义上的客观性的讨论，我转向冲撞意义的关于相对性的讨论。[29]对于科学的简单直接的相对主义评价来自于我对实践的分析。如果恰如我所认为的那样，对于新文化而言，现存文化仅仅是突现的表面，并从造就自身的世界中构建出各种模型和资源，那么，对于文化而言，知识绝对是相对的。这一分析使我回到第六章第二节关于不可通约性的讨论，对新旧基本粒子物理学的比较可以再次担当问题讨论的例证。无论是新物理学还是旧物理学都利用其自身的或多或少地与对方脱离的一套模型和资源——机器、仪器、理论和数学结构等等，用来阐述明确地属于自身领域的事实和现象，并以此展示对世界的理解。在其中，知识作为产物对于其特定
202 的文化先行者而言是相对的。这是在我涉及科学知识的情境特性讨论时，在第六章第一节提出的思想。问题是，如何对这种文化相对性进行详细说明。自然，我的回答依旧是冲撞。在本章的其他部分我将对这一回答详细阐述。我要特别强调的是：在理解文化扩展时，不存在任何我们可以依赖的具有普遍性的实体性法则，在文化扩展中，连接现在与未来的只有在冲撞中显示出来的瞬时突现的发展轨迹，而没有其他的东西。我在本书上篇的讨论中已经申明了这一点。这一点也明确了冲撞与其他的思想、其他的相对主义的根本区别。

我们可以在第六章第三节介绍的在一般图式意义上理解传统的相对主义。问题可以重新表述为：什么力量控制科学文化的扩展以及什么力量决定这一扩展过程的终结？恰如传统客观主义的回答：是“规则”一样，传统的相对主义者给出了它们固有的非突现的、人类主义的回答，这类回答属于下述二者其一。社会相对主义的回答明确强调知识生产对社会结构的依赖，与此同时，技术相对主义则强调科学本身的技术文化

的作用。我要表明冲撞观点与二者不同。

关于科学的社会相对主义与 SSK 领域的强纲领的早期形成密切相关。这种观点认为：社会的一些特性，如社会结构、社会利益等，贯穿实践活动始终。科学文化的技术要素，包括认识论规则，围绕着这些社会结构及要素不断地重组。[30] 在前述章节的讨论中我们已经看到，困扰这一思想的障碍是明显的。我曾经反复强调过，在任何意义上，"社会性"作用都同科学的技术层面一样依从于实践中的冲撞。计划、目标、科学家的利益，人类活动者的活动范围和社会关系，各种规训和专业技术，所有这一切本身都是实践过程中的问题，它们都不会外在于实践控制实践。冲撞意义上的相对主义不是社会相对主义，它不赋予社会以任何特权，科学文化的现在与未来的链接不能在赋予社会意义以特权的意义上刻画。 203

冲撞意义的相对主义讨论同样适用于技术相对主义，认为科学文化的理论层面控制科学文化的其他层面的观点是技术相对主义的最著名的观点。相对主义（以及不可通约性）的经典代表思想强调从上而下控制，认为高层理论、世界观、范式或类似于分类学词典的东西，构建着所有的其他一切——低层级筑模、近似图式、仪器操作、数据的生产、解释和评价等等，等等。我对实践的分析丝毫不支持这种观点。我的观点是：科学文化中的所有的技术要素和技术层面，都依从于冲撞。如果发生整个实践集合体围绕着一个理论结构被组织起来的情形（就像持续了 20 年的基本粒子物理学的发展那样），按照我的分析，那只能是实践过程的偶然结果。没有深刻的法则隐藏其后。不存在任何的法则隐藏在自下而上的美国经验主义的主流社会学背后，同样不能想象在自上而下控制与自下而上控制之间存在任何中间环节或发现任何例证说明这类中间环节的存在。按照我的分析，只有冲撞，冲撞能够在冲撞过程中完成这种层级安排。当然，从技术相对主义转向社会相对主义图式的尝试，试图避免这个结论。我们可能会认为，科学中理论对实验的层级控制是理论工作与实验工作的相对的社会地位决定的功能，但这直接引导我们回到我们所反对的社会相对主义。



204 因此，冲撞的相对主义既不是社会相对主义，也不是技术相对主义。它是一种不能用科学中社会的或技术的任何持久特性(非突现、非冲撞)来刻画的文化相对主义。这就是我的基本观点，我想以两种方式强化这一基本观点。一方面，在我认为对文化而言知识具有相对性的同时，我强调“文化”意义本身在实践中也趋向于重新定义，至少在两种意义上是这样。一方面，认为知识对于文化具有相对性，同时意味着文化本身在某种程度上是有界限的。可以断言，当我们认为新、旧物理学具有相对性时，它们分别对应着明确的文化领域。我认为这是正确的，但认为文化的界限本身在实践中冲撞、失稳以及进行稳定性重建，同样是正确的。在第二章第四节的讨论中便有这样的例证：阿尔瓦雷茨的72英寸气泡室研究项目中的新的社会一技术链接的建造，超越了实验粒子物理学的传统领域。在对大量获取液氢的驾御中、在对发展中的国家电子计算机技术的使用中，物质的、概念的和人力资源的组合作用，前所未有地超越了粒子物理学合作的文化领域。在广阔的文化领域，知识的相对性本身就是实践中的问题，而不是其他的问题(Pickering 1989a 更多地阐述了这一思想)。另一方面，即便我们在一些特殊的例证中注意到文化界限的存在，那么这种文化内容也不是先于实践过程牢固定义好的。

这里的核心之点是：不存在可以预先依照、继而寻求扩展的内容罗列。作为筑模过程的文化扩展，总是在一些描述下沟通，而在实践中的重新描述又具有不确定的可能性。格拉泽的气泡室基于云室而筑模,但是云室经历多次修正而达到气泡室的路径如何预先描述和扩展呢?莫柏哥的磁悬浮电测仪基于密立根的油滴仪器而筑模,又是如何预先描述和扩展为寻求他认为更为有用的目的,莫柏哥经过了一次次重新概念化的过程。在他的数学文化中,哈密尔顿与不同的要素周旋,时而认为这个性质对于代数更本质,时而认为那个性质对于代数更本质。例如,在通向四元数的道路上,针对复数乘法的几何表征,哈密尔顿直觉地期望着 tow-part rule,然而,事实上,他最终放弃了与乘法的一般描述不相关的角度描述,等
等,等等。这里的问题核心便是:开放式终结的筑模过程自身 205
在文化扩展描述中就是一个开放式终结过程。文化扩展中知识生产的相对性本身就具有不确定重组的特性。我们走向那里,瞬时性地界定了我们现在处在何处。[31]

为结束对相对主义的讨论,我需要对格拉泽关于科学实践的"语境与规训"模型做一评论(1987,1988a,1994;以及 Pickering 1994a)。有关"规训"的思想,基本上是杜克汉姆式的模型,但是格拉泽以一种极为有意义的方式发展了这一思想。他强调承认科学文化(以及科学所介入的其他文化)多元性的重要意义。伽里森强调,文化要素以及文化层面彼此之间扮演着语境的脚色,彼此规训着各自的发展。更进一步,追随布朗戴尔(Fernand Braudel),伽里森认为语境规训层级之间具有不同的内部时间特性。[32]恰如在一般意义上,物理景观对于人类文化演化只构成极为缓慢的变化规训一样,存在一种"长程"规训作用于科学实践活动——科学家们的"形而上学认同",例如对于能量守恒定律的认同(1987,246)。同时还有"短程"规训,例如,科学家们对于"某一种实验设计的坚信,即便仅仅是仪器的一个细小部分"(1987,254),在格拉泽
的气泡室中,或在莫柏哥的磁悬浮电测仪中。 206

这样，以其固有的思考方式，伽里森关于语境与规训的思想使认为科学知识既是客观性的又是相对性的成为可能。在语境具有的时间性分层特性、继而使科学实践在一定程度上独立于科学家的目标和计划的意义上，科学知识是客观性的；而在同一层次内部，知识又是相对性的。与此同时，与冲撞一样，语境规训思想认为不需要特化一些独立的类似于规则、利益的实体链条连接现在与未来是可能的。我对规训的思想抱怀疑态度（第二章第五节以及第五章第三节），我的例证分析反对这一观点。但是伽里森在规训问题上的准冲撞分析有其优点——知识层面的内部时间是必要的。[33]我要提出的问题是：我们是否要追随伽里森认为文化的各种层面具有这种有序的时间轮廓——好像在可预测的时间表的扩展中不断地进进出出。

支持伽里森图式的一个观点是：确实，并非所有一切都在每一次冲撞中发生转换。一些文化要素和层面确实在实践的特定通道上“彼此无关”。例如，在我们已经讨论过的第二章至第五章，无论是莫柏哥还是哈密尔顿的实践，在社会层面都没有发生有意义的转换。就像已经发生的那样，莫柏哥和哈密尔顿的实践把社会放在一边。与此同时，并非与实践通道发生积极关联（有目的地进入链接关系或联合）的所有的文化要素都发生必要的冲撞。比如，莫柏哥从来没有修补他的一对现象解释——从实验方案的开始到结束，这种状态一直保持着。在这些情形中，一些文化要素和文化层面贯穿着特定的实践通道始终。伽里森启示我们要做的是我们是否能够对为什么一些要素在一些情境中是真的、而在另一些情境却不是这样给出一种一般的解释。我认为，我们不能。

207 这个问题与诺贝尔的“界限”类似，即：伽里森对不同文化要素的时间轮廓的分层是回顾性的。表明一些文化要素具有

“长程”规训、而不是“短程”规训，无非是说其在很长的一段时间或多或少地保持不变。但是如果没有其他的输入（就像反映论的实在论那样），这种已经发生过的持久性，对于未来可能发生什么不会提供任何东西；与之类似，这种或那种长程规训在下一段实践通道中会以突发的方式进入冲撞过程。直到盖尔曼和茨维格提出他们的夸克计划，物理学家被基本粒子以整数电子数目方式存在的信念规训了长达半个世纪，随后他们放弃了这一信念；直到格拉泽发明了气泡室，基本粒子物理学实验一直被特定的一套探测器规训，随后又被另外一套探测器规训；从科学转向政治，直到20世纪80年代末期一方力量突然瓦解，国际政治一直受制于两个持久的全球超级力量的冷战关系，等等，等等。[34]

我的结论是：在承认并非所有的文化要素和文化层面都无一例外在科学实践的每一通道发生冲撞的同时，我们不能发现任何能够说明实践过程中什么发生变化、什么没有发生变化的任何特别有意义的模式。伽里森所提出的关于文化要素的内部时间性的思想，绝对不是一个装扮，如果不是在回顾式的层级意义上、而是在真实时间演化意义上理解问题的话，至少是这样。我们受到冲撞的突现式的后人类主义深深地影响。过去、现在与未来之间的链接只能由冲撞来具体化，而绝对不会是任何其他东西。在这个意义上，冲撞的相对主义是超相对主义（hyperrelativism）。它是比我们所讨论的任何其他相对主义更为狂野的相对主义，因为，在理解文化扩展的问题上，它没有提供给我们任何实体性的关系：不是社会利益、不是社会结构、不是格式塔、不是变化时间的规训、不是认识论规则、也不是形而上学。

与此同时，我们需要记住：在时间演化中构成相对性链接 208

的冲撞本身，也冲撞于科学的客观性进程中，如我们在第六章第四节讨论的那样。科学的物质层面、概念层面、社会结构层面的不间断的重构，使得把科学知识的相对性具体化为特定的实体性变化成为不可能，这种不可能正是阻抗与适应的辩证运动的结果，这种阻抗与适应的辩证运动又使实践中的各种转换产物具有客观性特征。后人类主义的冲撞，使这一切成为可能。这就是为什么当我们经由对实践的分析理解科学知识时，客观主义与相对主义之间便不再是剑拔弩张。

## 6.6 历史性

> 真的，使团知道所有一切都是有待被知晓的，教育的真正错误在于怀疑的太多。
>
> 亨利·亚当斯：《亨利·亚当斯的教育》

> 人类……洞察了历史中的一个情节、一段韵律和一个先定的图式……我所看到的仅仅是一个接一个的突现。
>
> H.A.L.费歇尔：《欧洲的历史》

冲撞使我们认识到科学既是客观性的，又具有文化的相对性。但是，就像我们已经讨论的那样，对科学的这种认识又把文化的相对性置于传统的客观主义与相对主义的研究范围之外。[35]传统相对主义在思考文化转换时至少留给我们一些依存于实体性的东西，尽管留下的不是传统客观主义展示的认识论的各种规则。为了表明冲撞分析所处的这种非同寻常的位置，我倾向于把它称之为历史主义的。我认为，我对这个术语的这种意义上的使用是相当标准的，在我对其做进一步的阐述之前，我需要对其含义做一解释。

在本书中，我一直在寻求使用筑模、阻抗、适应、联结等概 209
念刻画我所分析的实践的一般结构或一般模式。我认为这一模式在科学实践中无止无境地重复。与此同时我还强调，粗蛮的偶然、纯粹的巧合在时间中突现，并成为实践过程的有机构成——表现在目标的探测性固定中、在特定的阻抗的突现中、在特定的适应的获得中以及在相关的各种各样的成功和失败中。这些偶然性成为实践结构中不可更改的部分，它们不是干涉实践过程，也不是仅仅将自身附加于实践过程之上，而是实实在在构成实践的结构。基于我自己的研究，我坚信：对于文化扩展轨迹的理解、对于文化扩展产物地位的评价，偶然性至关重要。这样，科学文化，包括科学知识，由于其本质上是一种瞬时性偶然突现的产物，因而其便具有了内在的历史性。这就是我在冲撞意义上描述的科学的历史主义观点的基本蕴涵。换言之，冲撞的历史主义是从另一不同角度审视瞬时突现——在时间上向后看，而不是向前看。[36]

我想通过对一种科学争端的讨论使冲撞意义上的历史主义终归其所，并以此结束本章的讨论。这种方式可以以一种全新的方式对偶然性做出明确的结论。我要表明始于相似起点、行进于相似方向的实践过程可以偶然性地导致不同的最终结果。在此我要强调知识生产的路径依赖（我在第六章第一节讨论过它）。因为对于 SSK 而言，科学的争端一直是他们热衷的讨论主题，因而路径依赖问题在此依旧相关。贯穿本书的始终，我指出了冲撞观点与 SSK 研究的分歧（最近的讨论出现在第六章第五节），但对一个科学争端的讨论可以在 SSK 的讨论背景上使分析明了化成为可能。[37]在我的记忆
中，这个科学争端使莫柏哥和他的夸克探索实验陷入 20 世纪 210

70年代后50年的科学纷争，下述的内容可以看作是第三章陈述的继续。

莫柏哥不是唯一的在20世纪60年代中期在一般实验室中从事寻找独立夸克实验的物理学家，但在这一领域，唯一可以和他匹敌的物理学家是斯坦福大学的费尔班克。在费尔班克的指导下，斯坦福大学的研究生设计并进行了一系列密立根式的夸克探询实验。在材料选择和目标设定上，莫柏哥和费尔班克基本相同，实验战略和策略决无分歧。例证便是开放式终结的筑模过程的展开。在斯坦福大学展开的物质过程与热那亚的过程大致一致但不完全相同。同莫柏哥一样，费尔班克采用磁悬浮系统使样本悬浮在激活电场中两个金属小板之间。但二者却走向不同的方向。超导材料是最理想的抗磁体，作为低温技术的专家自然倾向于接受超导现象，费尔班克立即基于超导铌球材料，思考其探询夸克实验的物质过程。在热那亚和斯坦福所设计的实验的物质过程之间还有许多具体的细节不同，但选择室温石墨颗粒悬浮、还是选择低温铌球悬浮则是最显著的差异。[38]尽管二者实验结果的产生都相当缓慢，从20世纪70年代中期开始，费尔班克以及他的研究生们陆续发表了一系列实验报告，申明独立夸克存在的各种积极迹象（细节见Pickering1981b）。整个20世纪70年代的后50年，探寻夸克的两个相似的物质过程设计存在于物理学界，各自都基于密立根模型，各自都基于相似的解释意义理解这一过程，但实验结果却分别支持截然相反的对物质世界的解释：对于费尔班克而言，存在夸克；对于莫柏哥而言，不存在夸克。

我们应该如何解释费尔班克发现与莫柏哥发现之间的分歧？在SSK的早期观点中，科学领域的纠纷和争端的存在，通常为社会－相对主义观点扮演锲子角色。这种观点非常简

单，对此我们已经在第六章第三节进行了讨论。在冲突和争 211
论中，参加者自身也清楚地意识到：要想明确世界给予我们的知识到底是独立存在、还是与某些理性规则或方法规则交织在一起，是何等困难。进一步的讨论认为，我们必须求助于其他的什么东西来解释为什么争论间的分歧可以被社会性分析填平。社会性的特征（利益、规训等）能够填平问题研究领域本身的欠缺导致的鸿沟，最终可以追溯到特定的知识和信念。[39]事实上，在大卫·布鲁尔对哈密尔顿的数学的问题讨论中，这种 SSK 式的争论策略已经具体展示（第四章第六节），尽管他的讨论主要是对哈密尔顿数学中的形而上学、而不是其中的专业内容进行陈述。夏平对 SSK 进行经验描述的权威性综述的整体结构也由此被组织起来。夏平的综述认为：我对莫柏哥—费尔班克争论的历史分析，打开了（尽管没有完成）对科学进行有血有肉的社会学解释的通道（1982，163）。巴里·马恩斯则更为直接，认为我的研究已经在“利益归属”（vested interest）和“微观—政治学考虑”意义上，完全解释了莫柏哥和费尔班克之间的分歧（1982，115）。

我之所以在此提及 SSK 的争论策略是要说明：冲撞使这种争论成为多余。我所理解的莫柏哥和费尔班克之间问题争端的解决、以及类似的问题争端的解决，不需要任何 SSK 意
义上的分析。按照我的分析，没有任何实体性变量需要用来 212
填平存在于世界和我们的知识之间的鸿沟，存在的只有历史、只有冲撞。在第三章，我在莫柏哥所追求的文化扩展的特定维向、参与其中的特定的阻抗与适应以及其最终所达到的特定的相互作用式稳定的意义上，追踪了导致其最终发现的所经路径。我相信，在费尔班克方面，情形同样如此。这些路径追踪都可以用来说明二者之间存在的分歧。所发生的仅仅是：在两个例证中，阻抗与适应的偶然性发挥了不同的作

用。[40]我认为，这类差异在实践中不间断地跃出，除却实践中的各种偶然性之外，这些差异的背后不存在任何特殊的致因。按照我的分析，现在总是在一开始就以突现的方式打碎自身，继而无休无止地延伸进入未来——不需要任何“社会性的”或其他什么东西刺激和推动。[41]文化扩展的轨迹是真正的历史性的。因此，我所坚持的冲撞的历史主义独树一帜，不是反对科学的客观性和相对性，而是在其自身的意义上理解科学的客观性和相对性。

[注释]

[1] 这种观点可以被表述为这样一种抱怨，即：在处理科学实在论的问题上，传统哲学过于草率和懒惰。不去探讨我们的知识与我们的世界之间的联系是如何在实践中形成的，而是彻底忽略了这一过程，继而在即刻进入脑际的两个答案中认定一个，即：我们的知识是否反映了我们的世界。斯塔(Star 1991b)称这种态度为“删略了一些工作”，仅仅涉及科学家的工作，而没有参照哲学家的工作，尽管双方的和解会是正确的。古丁则使这一观点更为积极：“对技能的重新认识有助于解释科学家谈话中相当多的成功的表面上的神秘性；那是一种技能力量，这种力量引发物质实践与口头表述的汇聚。这种汇聚促成与对世界中的事物表征一致性的信念。”(1992，104)

[2] 列罗尔(Lenoir 1992，166)在相当一致的意义上也讨论过“实用主义的实在论”。斯密斯(Barbara Herrnstein Smith)一直鼓励我解释为什么最终我把自己放在“实在论”的位置上，因为这个词所引发的普遍疑难非同寻常。原因有两个。一方面，我不明白为什么哲学传统竟能够允许对这个有用的词仅有单一的含义。另一方面，作为我自己所处位置的一种自我描述，其功用是一种通往哲学实在论者的一个叙述路障，即我把科学视作一个“纯粹的建构”。

[3] 这样，“实用的”就不仅涉及实践，而且与早期的实用主义哲学相联，尤其是与威廉·詹姆斯的工作相联([1907，1909] 1978)。詹姆斯的著述第一次向我提示我们完全可以不把自己置于反映的位置来探索

知识如何参与世界。杜威论述到的“皮尔斯和詹姆斯(以及杜威)是实在论者”,就是我理解意义上的实用主义实在论。就像哈金(Hacking 1983,62—63)指出的那样,“詹姆斯和杜威终结了实用主义思想”,同时像我所做的那样,在与传统反映论的争论的关系意义上,我是一个反实在论者。

[4] 哈金把“旁观者理论”与杜威联系在一起,其实在杜威之前,威廉·詹姆斯已经大胆地嘲笑过它([1907,1909] 1978)。

[5] 同样的非怀疑性观点隐含在“文化客体”这个常人学方法论的概念中。伽芬克尔,林奇,以及利文斯通(1981)在这种方法意义上讨论了第一次光脉冲发现,对此林奇做了如下的评论:“与星际物理学家的使用形成对比,伽芬克尔等把光脉冲视为‘文化对象’,即它是在光学仪器和电子仪器的运作中从一系列观察中‘抽取’出来的。他们既没有讨论也没有采纳这样一个观点,即光脉冲是‘讨论它和观察它的一切事情产生的原因’。对于研究它的天文学家来说,光脉冲已经变成他们的反省性构建工作的一个天文学的特定结合。伽芬克尔等人并没有神化这个夜间工作的产物;他们宁愿坚持把它归入其自身的谱系以及天文学家的惯例。他们也不贬低其作为对象的地位。它不是一个表征,它不过是与任何其他的(文化)对象一样的对象”(1992a,248—49)。林奇进一步强调:“伽芬克尔等强调拒绝认为光脉冲是滤波器上的一个痕迹、一个理论概念、一个感知的形象,或从任何一个天文学客体那里分离出来的一个铭文(inscription),不会伴随一个运动进入实在论(反映论的)。其实质上对定位于实践活动的‘链条’和指向‘天文学存在’的一定的、技术的和物质的特殊表现的一种实际的推理的保留。”(249)

[6] 这样,真理是开明的共同体对未来的一致认同的思想,就是从皮尔斯开始以来的实用主义思想。对我而言似乎是,下述关于不可通约性的讨论剥夺了这类实在论思想所隐含的对实践路径的唯一性的非偶然性联系(noncontingent associations of uniqueness)的“未来的一致性认同”。我可以想象所有形式的不可通约的知识体的未来一致性认同,但是我不能想象何以说明其中任何一个对应着的世界真正是什么。

[7] 用“霍尔效应”(Hall effect)作为例证,哈金使这一观点主题化,即:“仪器是人造的。发明是创造出来的。但是我们却倾向于认为实验

室中所展示出来的现象是上帝手笔的一部分，等待着去被发现……与之形成对比，我认为“霍尔效应”并不存在于任何种类的仪器之外。他的现代等价物已经变成了技术，可靠而重复地产生着。至少在其纯粹的状态，这个效应只能体现在这类设计中”(1983,225—26)。鉴于科学的表征链明显地终止于机器和设备，人们就会疑惑实际上终止于“世界自身”的思想，何以成为科学中可获得的东西。答案是相反的(back projection)。将物质性操作转变为事实的转换操作者，就像莫柏哥对其仪器的解释，同时承担着使这些操作失去具体性(或失去位置)的工作。在莫柏哥的任何一种意义解释提供的描述中，他的特定的物质步骤演变成了世界(电子的)在一般意义上是什么的例证(直到下一个失稳出现)。于是，稳定化的意义解释阻碍了作为通向“世界本身”的透明窗口的特定的物质步骤。借助于有意识的建构，较高层次的理论性解释附着到“世界自身”(在一般意义上，而不是在特定意义上)，于是完成终结性认识。

[8] 论文《科学中的物质》(Princeton,1993,12,5)，在一定程度上把生物学知识历史性地终结于把特定的物质和物种——老鼠、果蝇、软骨、肌肉等——放在首位。我相信，我们在那里可以发展出关于不可通约性的同样的观点，尽管其可能表现出的是物质的不可通约性，而不是严格意义上的对世界的机械性把握。我还想到鲁德维克(Rudwick)的地质学历史(1985)。

[9] 皮克林(Pickering 1984b Constructing Quarks)给出了所有的细节。对发生在基本粒子理论中转换的讨论，贯穿本书始终；与这种转换相伴随的实验活动中的转换，在第十二章中得到记载；对不可通约性的讨论记载在第十四章。在机器性基础上的新物理学和旧物理学的吻合这个关键之点上，以相互作用式稳定方式捕获和构建物质力量的有意义的转换发生了，无论是在解释意义上，还是在现象意义上。对弱中性流发现的讨论，参见 Galison 1983 和 Pickering1984a,1989b。

[10] 关于机器的不可通约性的进一步的例证和讨论，参见阿克曼(Ackermann 1985)和哈金(Hacking 1992a)。更引人入胜的分析，参见夏平与沙夫针对托马斯·霍布斯与罗伯特·霍布斯之间关于对自然的一种机械式的捕获是否应该算作建构知识的见解。在一定意义上，霍

布斯和霍布斯的位置是不可通约的，但是在文中我们现在所讨论的不可通约性存在于一个霍布斯已经赢得胜利的世界中。

[11] 为了进一步强调亦或进一步明晰这个观点，我只能说以表征性语言讨论不可通约性自然会以语言问题为中心，自然会关注由超革命性转换（transrevolutionary translation）、交流以及理解所引发的问题（参见 Kuhn 1970；Davidson 1973—74）。现在所讨论的这种不可通约性，与这些论题没有什么特殊的关系：在新物理学中工作的物理学家，在理解旧物理学是什么问题上不存在任何困难；对于依旧对旧物理学保持忠诚的物理学家而言，理解新物理学也不存在任何问题。他们只是生活在不同世界，这就是问题的全部。我还认为在《科学革命的结构》中，库恩的不可通约性概念，具有相对的异质性——包含实验技术以及世界观和各种格式塔，其后继的分析则使不可通约性的概念方面成为中心（例证可参见 Kuln 1983）。库恩 1990 年向科学哲学联合会的就职演说（Kuln1991）则热衷于在词汇分类和结构的特定的语言学理论内理解不可通约性。在他的最新的出版著述中我看到他写到："什么使得这些科学的特性彼此区别，什么使得它们从界于它们之间的地段上分离出来，使得这一地段似乎是一块空白？答案就是不可通约性，就是在两个特殊领域使用工具所产生的发展着的概念的不一致。一旦两个特殊的领域终于分开，对于一个领域的实践者来说，充分完整地与另一个领域的实践者的交流便不再成为可能"（1992，19—20）。

[12] 我从引导我走向冲撞的对实践的研究开始，部分原因在于我已经厌倦了对各种争论的研究，厌倦了总是展示这些争论与不可通约性的关系结束我的解释。我发现我必须借助一种新的路径回到我一直关注的问题。幸运的是，我同时还到达了其他的目的地。

[13] 例如，我非常高兴地发现，一些观点，特别是围绕着与形成夸克模型的理论的和实验的传统相关的一些观点，在新基本粒子物理学和旧基本粒子物理学之间存在着重叠。类似的，已经进行的弥合旧物理学理论和新物理学理论的尝试，并没有给我们先前进行的讨论造成麻烦，就像通过点阵规范（lattice-gauge）理论的计算机模拟寻求重新产生已经观察到的强子光谱一样。

[14] 于是，伽里森夸张地问到："就计算机模拟点阵规范理论而

言，超级计算机硬件和软件的发展是为了内在于目的还是外在于目的（密码术，武器设计，计量学，经济预测）？”（1994，手稿第 8 页）他还提到：作用于建造一定种类的新物理学“量热”探测器上的规训，是“生产和消费的核工业和军事整个周期中铀的价格和能否获得铀”（第 10 页）。更进一步，“气泡室实验者的一个新的实验精度获得，在 20 世纪 90 年代必须不仅了解重夸克的衰变，而且必须了解具有韧度的透明物质——要知道制造它的生产商，知道它的光学性质，它的张力、协应力和抗稳强度，简言之，需要知道使这种物质成为战斗机上一个理想的军事座舱罩的许许多多的特性，而这一切，构成了其存在的最初的原因。碰撞光束（colliding beam）的实验者必须不仅了解罕见的衰变以及希格斯介子探索，而且还必须像为核战场准备核辐射强化（radiation hardening）的电子工程师一样了解计算机和电子问题”(13)。

[15] 这类换位在科学的文化研究的许多工作（第七章第二节）中已经非常明显。我在第七章中明晰了这一点，注释 14。

[16] 在本章和第六章第一节的讨论，广泛地基于哈金的工作，我认为我应该对他所倾向的实在论的形式说些什么。哈金（Hacking 1983，第十六章）强调一种“实体实在论”（entity realism）。他的思想是：尽管我们不太相信理论，但我们应该是关于像电子那样的实体的实在论者，科学家们日常性地使用这种实体干预物质世界。作为一个操作对象，电子持久地存在于许多的、剧烈的理论变化中，在其中它们被理解和认识。哈金提及干预，表明他转向了我所崇尚的操作性语言，值得一提的是在第六章第一节勾画的实用主义实在论，在基本点上，对实体实在论和反映论的实在论保持同样的中立态度。更进一步说，本章所进行的机器不可通约性的讨论，不会促使我从实用主义的实在论转向实体实在论。哈金关于不可通约性的讨论出现在他的著作的“表征”部分，而不是出现在讨论“干预”的章节，也许是有蕴涵的。哈金最近的（1992a）扩展到机器基础的关于不可通约性的讨论，没有提及实体实在论。

[17] 这一思想线索中的其他的例证，可参见 Bernstain1983；Cussins 1992a，1992b；以及 Megill 1991—92 和 Potter 1992b。后者在特殊意义上关注科学对象，其他的讨论则在一般意义上关注科学对象。

[18] 在标准的科学哲学讨论中，客观性和理性通常被视为一枚硬币的两面：理性针对科学论断的评价过程，客观性则针对这个过程的产物。理论选择是，或者应该是理性的；如果真是这样，那么，理论的选择就是客观的。

[19] 下述章节采纳了胡塞尔的思想，即："观点并不保证客观性，而是去理解客观性"(1970,189)。针对维特根斯坦的《哲学研究》(Philosophical Investigation)，林奇提出了类似的见解，即："控制的思想，并不是瓦解客观性，而是要澄清'在何种意义上，数学的或科学的知识可以认为是客观的'……这一点与强调这类知识具有一个客观的或超验的基础不是一回事"(1992a,226)。

[20] 注意，对客观性的这个分析已经超越了传统的以理论知识为核心，进入了事实、仪器、机器和社会的领域(尽管沿着这一路线讨论我们前述提及的客观性，显得有些奇怪)。类似的观点适用于上述的实在论的讨论以及下述的相对主义和历史主义的讨论。还要注意，我在第四章讨论的参与规训力量的阻抗与适应的辩证法，界定了一个非柏拉图主义意义上的数学的客观性。根据泰利斯的说法(Tiles1984)，巴什拉(Gaston Bachelard)对产生于对不同的数学领域的"干预"的客观性，提出了类似的见解。

[21] 在"科学概念的单一性对多重性"的标题下，尼克里斯(Nickles 1992,93—99)给出了一个有意义的讨论。对常规性的奇特反映(Odd reflections upon normativity)来自于对任何知识都应该在未来实践中得到描述这样一个认可。一方面，它似乎恰当地基于客观性标准。另一方面，它又似乎在一定程度上要求遵守科学的文化要素的标准的科学家鼓吹一种邪恶的保守主义(vicious conservatism)，这种保守主义谴责科学史上最有影响的科学发展。参见 Pickering1991c。

[22] "从弗朗西斯·培根和约瑟夫·格兰维尔(Joseph Glanvill)到卡尔·波普和维也纳学派(Vienna Circle)的经验论者一直试图维持(像警察一样)质讯的方法以保证科学对自然的真实。这就是我追随的传统"(Cartwright1989,4)。当所认为的认识论规则作为对科学实践的规训得以表征时，警察隐喻经常转化为规训讨论。例证可参见麦克马林(McMullin 1988)。在这种伪装下，这类规则在科学的文化研究领域表

现为一种“新的折衷主义”(第七章第一节)。

[23] 在最近的方法论思想中最大的动作(像 Allan Franklin)集中于通过为所认为的适当的操作建立一套规则，从而把方法论研究扩展到实验领域。于是弗兰克林寻求把客观性的经典扩展到科学的实验基础(一个迄今为止被哲学传统所忽视，被冲撞直接讨论的论题)。关于我和弗兰克林就这一问题的讨论陈述如下。参见 Franklin1990，第八章以及 1991；Pickering1991c；关于就这个争论的评述，参见 Ackermann1991；以及 Lynch1991a。Rasmussen1993，这些著作是在实验科学领域中，冲撞作为方法论规则的一个精彩故事。

[24] 我从威廉·牛顿－斯密斯(William Newton-Smith)的讨论《科学、理性和评价》(1993)中借用术语“大方法论家”(grand methodologist)。我得益于他对科学哲学领域中方法论思想的现今状态的讨论，同时感谢他把我的注意力引向劳丹(Laudan 1987)，劳丹成为我进入现在状态的路途中的一点。在文章中引用的方法论的三个规则，是劳丹所列的十个例证中的第一个(1987，23)——在这个清单中，他没有推荐这些术语；他引用它们只想表示这些在这里或在那里被推荐的规则的范围(前两个被认为是波普式的，第三个是拉卡托斯式的)。

[25] 麦吉尔(Megill 1991)提供了一个类型学研究以及一个“客观性的四个意义”的讨论：“绝对意义的”、“学科意义的”、“辩证意义的”以及“程序意义的”。毫无疑问，冲撞基本上落入“辩证意义的”类别，尽管它也介入了“学科意义的”和“程序意义的”类别。然而，在下述的讨论中，我并不把讨论的内容局限于类别的区分；我只是力主说明我对客观性的分析与传统的客观性对立。

[26]“科学方法论的理论……似乎陷入艰难时期。在科学哲学家们曾经为方法论感到骄傲的地方，它们的许多方面遭到怀疑……在方法论研究领域，并非所有人都放弃了研究；但是那些还在认定科学方法论的即定角色的人在关于如何确保这种方法论的有效性问题上存在着分歧……他们的确有些疑惑，他们不能确定接受哪一种方法论。所有这一切都造成这样一个感觉：对于任何人都不存在一个好的原因去倾注最起码的注意去劝导方法论学家提供某种方法论。”(Laudan 1987，19)

[27] 来自特勒的一些进一步的观点也与此相关。他注意使用隐含规则解释的典型困难在于：对于分析家所要辨明的规则(1) 几乎等于是对为检验所进行的最初选择的例证范围的重新描述；以及(2) 这些规则外在于例证所属的原初的领域，是最适合引起争议的。这一点似乎是对传统的科学哲学的处境的一个极好的描述，并且如果这些规则在实践中冲撞而不是存在于普遍永恒的领域，这正是我们所期待的。这里我注意到，在哲学方法论的一些早期尝试想要详细地说明固定的科学方法的同时(Popper[1935] 1959)，一些新近的尝试已经承认规则可以伴随时间(缓慢地)而变化。例如，劳丹强调方法应该落脚于科学的目标，而事实上，后者即科学的目标是历史性地变化的。许多分析从劳丹的这个观点走向相反的方向(就像第四章第六节从布鲁尔走向相反的方向)。劳丹所说的"目标"是一些诸如"在其创造的细节上显示造物主之手"或"发现关于世界的真实的理论"这样的原则(Laudan 1987, 22)，并且这些目标被认为是远离来自于实践的方法。我的观点是方法的转换(抽象的目标同样如此，尽管我从未发现思考这一点具有实际的用处)需要反归到实践自身。

[28] 布鲁尔关于在数学和逻辑中形式的和非形式的推理的讨论得出了同样的结论。我注意到在讨论历史发展的特殊例证时，保持一种折中的人类主义/后人类主义意识总是可能的。这种意识就是：通过在恰当的抽象层面上特化这些规则，一些持久的方法论规则会发挥必要的作用(自然，反观在此起了巨大的作用)。尽管，越是更多地考察这些方面，折中主义的妥协平衡越是倾斜，对这些规则的反对越是强烈，最终这些规则将彻底消失。

[29] 对于赞成、通常是反对相对主义的论文集，可参见 Wilson 1970；Hollis 和 Lukes 1982；以及 Krausz1989。我不想探究对相对主义抱怨的标准陈词滥调——它与自明的真理冲突，它处于自我摧毁的地位，它彻底地倒向认识论的、道德的、政治的等等的寂静主义以及其他。在科学的文化研究领域，这种抱怨被陈述了多次。例证可参见 Barnes 和 Bloor1982；Edwards，Ashmore 和 Potter 1994。在科学的文化研究之外，斯密斯(Smith 1988，特别是第七章；1992；1993b)非常精彩地回击了他们。

[30] 只需要提及一个例证，巴恩斯(1982前4章)为开放式终结的文化扩展提供了一个精彩的“有限论者”(finitist)的展示，第五章和结束章节则关注终结。图表5.1(112)非常清晰地概括了巴恩斯式的分析。它显示了从“旧知识到新知识”的空间箭头，竖直的箭头向下指向一种“概念运用的认可行为”(accepted act of concept application)的转换性关系。这个竖直箭头的上方标记为“目标和利益”，按照我早些时候对SSK领域中关于社会非突现或准突现性质的讨论线索，其中不存在这个图表中所显示的指向“目标和利益”的箭头。利益和目标高悬于文化扩展之上，它们从外部控制文化的扩展。

[31] 这里就是库恩所说的我们不可能完全地刻画范式到底是什么。这里没有发生任何更深入的事情。可以认为，云室是一个可以获得的客体，相比较我的打火机它不具有更多的神秘性。但尽管如此，在其特定的方案中格拉泽还是发现了许多描述它的方法。我是在卡伦与劳的观点中，第一次把握到这一点的，这一点依旧同库恩有关，即“传统应该被视作一种当下的建造。所有的转换者，……选择并且构建传统，用以提供令他们自己满意的环境”(1989,79)。

[32] 这里，我在思考德勒兹和瓜塔里关于速度的思想，尽管他们并不想对时间性进行分类，尽管他们的思想更具冲撞特性。“在粒子之间的加速和减速的纯粹的关系隐含着去局域化( deterritorialization)的运动，正如纯粹是作用隐含在去主体化过程(an enterprise desubjectification )中一样。更进一步，一致性的平面并没有先存于展示这种一致性的去局域化运动，同样没有先存于描画它、并使它浮出表面的飞行线，也没有先存于构建它的演化过程。组织平面(The plane of organization)，持续地在一致性的平面上工作，总是在尝试堵塞飞行线路、停止或干扰去局域化运动，使其疲劳；在深度上，对其重新分层、重新组合。相反地，一致性的平面持续性地使其自身抽离出组织平面”、促使微小的局部剥离于既有层面、凭借加速或减速揉搓既有形式、通过组装或微组装破坏既有功能。”(Deleuze 和 guattari1987,270)

[33] 伽里森(Galison 1994,2)说到：“对我来说，历史一哲学的中心问题……似乎是：这些规训如何产生？是什么在支撑它们？它们如何发生作用？又是什么使它们失去作用？”他表明他所关注的是这些规训

的作用,而不对它们如何产生、如何坚持、以及如何失去作用提供任何见解。在这个意义上。伽里森的"规训"概念至多是准突现的,就像布鲁尔关于"社会的"这个概念一样(第四章第六节)。我们还注意到,伽里森关于"规训"的例证是以人类主义的术语表述的:"形而上学的信奉"、"对设计的坚信"。

[34] 沿着类似的线索思考,波普论述到:"一个坚持了几百年乃至几千年的潮流(我们……也许可以用人口的增长作为例证),可能在十年或者更短的时间内发生变化"([1957] 1986,115)。我们可以使这个问题变得非常具体。劳与莫尔论及"持续性中的差异"并且论述到:"实实在在的煤箱还立在荷兰的田野里。将近50年欧洲湿冷的冬天也没有使建造这些煤箱的人的工作完全失去效用。这就是为什么道路建筑者、建筑师普遍钟爱这种固体物的原因。它通常可以持续工作,它通常具有耐久性"(Law and Moll 1995,手稿第四页)。确实如此,它显示出固体物非常耐久。但是,这里关注的是作为文化扩展的文化,谁又能知道在某种新异的条件下固体物是否还会稳定和耐久(谁又会知道一个惯常的条件是否突然显示出新特性)?我猜想固体物是否能在外星空间工作——也许它永远不会尝试这样做。这里的固体物(或存在其中的"信念")是我对伽里森的语境背景规训的一个类比——我要说,固体物在明天会处于冲撞之中。

[35] 对于把他们的活动者网络研究放置于被传统科学知识所界定的空间,卡伦和拉脱尔表示了类似的不可能性(1992)。

[36] 作为一个基点,把我自己置于相对于波普的批评的位置,即就像其标题所说的那样——《历史决定论的贫困》,也许是非常有用的。波普作为"历史主义"攻击的这个位点,是假定存在社会演化规律的马克思主义目的论的一种形式——这种规律要求通过一系列固定的社会形式实现社会进步,最终实现社会主义。在这种规律下展开的文化扩展思想与我关于瞬时突现的观点是对立的;波普所攻击的"历史主义"与冲撞所推崇的"历史主义"几乎是相反的。

[37] 我要感谢平奇迫使我解释争论如何适合我对实践的分析。

[38] 在与我的谈话中(1993年5月)莫柏哥教授强调,在室温技术和低温技术之间的重要的相关选择是:对于前者来说,我们实际上看到

了样本的悬浮；对于后者，我们只能记录它的电磁运动（使用SQUID探测器）。

［39］对于这个推理链，范（Fine 待发表）给出了一个极好的分析。我应该清楚说明，它对于下述提及的非突现或准突现的SSK的连接（Articulation）不具有特殊性。研究争论的先驱是亨利·柯林斯，就像已经提及的，他的著述经常指向完全突现的现象。柯林斯也认为社会填平这一鸿沟。参见Collins1992。

［40］自然，进一步追踪莫柏哥-费尔班克争论是非常有意义的，但这种追踪不能改变讨论的结果。很显然，两派的不同的结果构成了建构统一的世界的阻抗和各种不同的适应战略（Pickering1981b）。例如，许多物理学家，简单地认为斯坦福大学的结果是错误的（因为，这些结果不是热兰亚大学的结果，与先前的信念和发现相冲突）。然而，斯坦福大学的实验者寻求精化他们的物质程序、以及表面上承受着各种批评的意义解释——用具有光学平面和平行石英的样本取代通常用于电场的硼硅酸玻璃小板；为了便于测量，在小板之间放置一个小铜球，以此来消除对固定的偶极子瞬时作用于镍球的理论估算（Pickering 1981b），并继续尝试发现分数电荷（Fractional charge）的迹象。一个适应的选择战略则由试图弥合斯坦福和热兰亚发现的理论尝试构成。有意思的是，这些尝试都处在夸克理论的层面，在现象意义上几乎是莫柏哥和费尔班克持续争论的翻版。他们也提出寻找夸克的新战略（特别是通过附着于重元素），但是沿着这一思路所设计的实验都没有发现任何夸克存在的新证据，人们依旧认为：费尔班克的结果来自于一些不确定的错误源（Pickering 1981b，230—33）。我们可以回过头把这些历史与我在第六章第四节关于客观性的尺度的论点联系起来，即：对斯坦福大学发现的变动幅度的测量已经编织进了其他人的技术实践中。

［41］我认为利奥塔（1988）提出了同样的观点，但他是在表征语言意义上，而不是在操作语言意义上。

# 第七章 穿越冲撞

宏大的叙事已经失去其可信性。

J.F. 利奥塔：《后现代状况》

如果说本书的思想在第五章已经结束，那么一些新的思想则可以在本章开始。我为我自己触及到一些基础性问题感到满意。我的目的是在与科学的文化研究的其他非传统研究的关联中确立冲撞的位置，并为思想与研究的进一步发展指出一些方向。我将阐述我所关注的两个相互交叉重叠的方面。第一，新的综合正在科学的文化研究领域出现。在第七章的第一节，我将通过对我称之为多学科折衷主义以及反学科限制的综合的两个相关研究方向的比较，通过建立冲撞与反学科限制的综合的联结，对我所认为的新的综合进行具体阐述。在第七章第二节，为更具体地（尽管依旧是部分地）描摹这一新的综合，我对科学的文化研究的各种观点进行了讨论。我认为，科学的文化研究与冲撞在新的综合中是交叉互补的关系，并且，我还将科学的文化研究与广义的文化研究联系起来，对其进行更广泛意义上的理解。

本章讨论中我所关注的第二方面是实践的微观分析和宏

观分析之间的关系。在本书上篇，我们通过对个体实践以及小群体实践的例证分析，对相关焦点问题已经进行过细致讨论（尽管第五章对数控机器设备的讨论涉及到更广泛的领域）。在第七章第三节和第四节，我将探讨我对实践的分析如何在更广泛的范围内锲入 STS（科学、技术与社会）研究领域。我已经从哲学与社会学角度针对这一主题阐述过我的观点，现在，我则专注于对这一主题进行历史编纂学学（historiography）分析。我认为，在这种分析中，冲撞将引导我们走向至今我们尚未触及的非常有意义的方向。第七章第三节我们将讨论从表征语言描述转向操作语言描述导致的历史编纂学学敏感性的变换，并由此倡导 STS 的一种操作性历史研究。基于对二战以后科学与军事的交互作用的简短讨论，第七章
214 第四节将具体说明对作为宏观冲撞过程的这种历史进程概念化描述的可能性。

本章还包括两个追加的思想。第七章第五节讨论非标准（nonstandard）的人类力量和非人类力量（这类力量冲刷掉了在本书的其他部分我们视为理所当然的各种力量的基本特性）以及一个不可通约的各种力量集结作用的概念。第七章第五节，我们闯入“理论”领域，把冲撞作为一个普适性理论（TOE，a theory of everything）进行阐述。

## 7.1 超越学科限制：新的综合

历史和科学哲学：紧密的关系亦或是约定的联姻？

R. 吉尔里 1973 年一篇文章的标题

主流历史与科学哲学之间的距离现在(1989)较以往任何时代都更远。

L. 劳丹:《历史和科学哲学的思考:20 年以后》

长久以来我们悲哀地注意到,科学的文化研究是一个四分五裂的领域。研究科学的哲学家、历史学家以及社会学家彼此分离、不相配合。当他们不能在各自分立的研究领域和研究方向继续进展时,结果便是爆发边境战争。同样的情形也发生在一般的科学、数学、技术的研究者之间,以及科学的文化研究的微观学科领域与其基本学科领域——一般的历史学、哲学以及社会学之间。其间存在着彼此的相互贬损与指责。然而,现在情况正在向一个值得我们使其明晰化的方向发生变化。

在至今为止的传统的科学的文化研究领域,实现一种综合的前景极不乐观。围绕它们周围以及介于它们中间的深渊和裂隙已经进入科学客体的最基本的概念层面。围绕认识论规则(即便已经弱化为"自然化的认识论 naturalized epistemologies")建造的对科学的哲学分析,或围绕社会利益(或社会结构)建造的对科学的社会学分析仅仅都是关于科学的不同理论。[1]基于这类研究的综合走至最远也只能是对它们进行简单叠加,我们可以想象一下由规则叠加利益所控制的科学,这种"叠加"既没有对其所要联结的术语增加任何约束和限制,也没有取消术语之间的断裂与分离。在传统内部的综合,最多等同于一种折衷的多学科集合(electic multidisciplinarity)[2]。吉尔尼传递出这种综合的气息。 215

我认为自然的实在论、利益理论、以及对其进行系统研究至少在一定程度上开启了后现代的综合。

> 这种综合意味着对待任何科学或技术发展的理想方式，不是从一个单独的、统一的观点对其进行分析，而是对不同的观点进行成功的整合……因此，我们的目标不是基于一个观点实现“统一”，而是对多个不同的观点进行“整合”。不是学科间的研究，而是多学科的探索。但是，这种探索与科学和技术元勘的现今形式相比，需要更多的合作研究。(Giere 1993,108)

这种综合依旧等同于传统劳动分工的继续，其新异之处不过是对学科成果的叠加推荐。我们可以认为它是一个便捷的联姻。然而，在科学的文化研究领域，一个非传统式研究工作的机体正在蓬勃生长，这种研究展现出一种彻底的综合所
216 需要的学科间紧密关系实现的可能性。这种工作机体，对科学的操作性、后人类性、以及历史性相当敏感，我相信，这种综合所实现的操作性、后人类性、及历史性的有机结合，将建造一种对科学理解的共识。大学作为一种组织，这种工作的必要性已经从哲学系、历史学系、社会学系以及人类学系弥散开来。这种工作反映着各学科的特征，而不是基于先前的科学是什么和怎么样的概念体系，不是把各学科仅仅套在原有机体的衣袖上。这种综合是反学科限制的，至少在传统学科的概念体系的立场上看是这样。概括而言，它承诺并已经构建一种反学科限制的新的综合，在这种综合中，科学的文化研究中的各种微观学科特征或多或少被冲淡、抹去(Pickering 1993a)。

因此，无论怎样，我都相信并且希望，本书的所有前述章节以及随后的讨论应该被视为对这种新综合的贡献。我随后就会讨论这一综合的实质，但这里我必须首先说明，在冲撞与

多学科折衷主义之间存在一些潜在的混淆。我认为，对科学实践中社会性的要素以及认识论的要素的重要性的折衷性认识，确实是向正确的研究方向迈出的一步，这一步指向对科学实践的文化多样性的认可，是对传统的科学的单一学科图景的富有成果的脱离。然而，在冲撞作为这种折中立场的有机组成时，冲撞实际上成为对这种立场的消蚀。需要指出的是，同学科要素构成一样，对科学实践的折衷分析赋予一些传统的变量——认识论规则、社会利益——以特权，把这些变量解释为科学实践的持久致因。与之形成对照，冲撞则剥离这种特权。我要强调在实践中这类变量并非大放异彩，即便是它们真的大放异彩，它们也仅仅是与实践处于同一层面上，就像依从于概念结构、各种约束以及社会关系的之间的相互转换，就像依从于科学文化的其他要素间异质性相互作用式稳定的建构或解构一样。这样，冲撞就把我们的注意力从对作为传统学科关注焦点并以特殊方式实现概念化的任何特定变量的关注中转移出来，并由此直接引导我们进入处在不确定的多重文化空间中的单纯的实践领域。代替认可或强化折衷的多 217
学科综合，冲撞提供给我们一种反学科限制综合的理论阐述。[3]

## 7.2 文化研究与冲撞

> 科学的文化研究是文学、社会学、人类学等巨大学术冰川大块漂移、并分崩离析所引发的喧嚣的一部分。
>
> S. 柯林尼：《逃离 DWEM 山谷》

现在我们讨论新的综合的实质。在本书主动利用对科学的文化研究的传统的哲学、历史学和社会学研究的积极成果过程中，我已经内在地勾画了（部分地、不完全地）新综合的图景，并且阐述了各种各样不同的部分如何有机组合在一起。在此，我想再次重述一下我的早先阐述，并在更广泛的意义上说明科学的文化研究的不同分支如何彼此融合在一起。[4]更具雄心的是，我试图沿着夏平的思想路径对相关研究文献进行整体阐释和再阐释，这些文献代表了20世纪80年代SSK研究的实质内容。对于前者的讨论，我需要填加一些内容，对于后者的讨论，则超出了本书的内容。为此，我采纳了可能会比较明智的一种中间策略，这一策略可以从另一角度突出冲撞观点的新异性，同时，我希望，能够导引科学文化研究领域
218 内部和外部的富有成果的联合。我将基于第一章讨论中对科学的文化研究的原始界定，开始我本章对此问题的阐述。我认为，这种对科学的文化研究与冲撞之间是一种交叉互补的关系，并且通过对第二个轴线的界定，有助于我们刻画新综合的空间。在本节的结尾部分，我将讨论科学的文化研究和一般的文化研究本身的关系。[5]

在第一章第一节，我在“实践”与“文化”之间做了明确的界定。我对文化做了大致的但却是广义的界定，我认为科学中的文化是“制造事物”（doing things），其中包含着技艺、社会关系、机器和仪器，以及科学事实和理论，现在我还可以加上等等、等等其他因素。我曾经阐释过，如果把实践理解为真实时间中的文化扩展过程和转换过程，那么，本书中讨论的问题同“文化”的关系没有同“实践”的关系那么紧密。我同样表明过，过去十年中我们已经看到科学的文化研究领域中的一些分化，并且我对文化扩展的时间特性的研究兴趣，在研究领域内难以得到认同。我所感受到的是：目前最积极、最重要的

研究恰恰关注于科学文化的共时性描摹与共时性拓展，这种关注要么是对特定时间的特定文化进行历史学和人类学的探究，要么是对更一般意义上的科学文化的本质进行社会的和哲学的分析。这就是我称之为科学的文化研究的整体状况，它显然代表着对科学实践的文化研究的正统观点：一个关注在既定时间和空间中的科学文化，另一个关注科学文化如何在时间中变化。[6]我随后进行的讨论的其中一个目的就是表明正统观点并非意味着就是反对观点，事实上，对科学的文化研究以及对科学实践的研究彼此相互强化，二者以不同的方式对科学持有共同的观点。

需要进一步说明两点。其一，就至今我所做的一切阐述 219
而言，文化研究与实践研究之间的裂隙，实际上与任何本质上差异的法则毫不相关。所发生的仅仅是：一些学者更倾心于研究文化的扩展，而我则热衷于研究文化的转换。其二，我应该承认我的后期研究使我对时间性问题格外敏感。我时常怀疑我称之为文化研究中对时间性的相对忽视（这种研究经常以时尚的方式呼吁或乞求时间性变化）是否是深思熟虑的。也许，对这种关系的最好解释就是，只有站在对实践进行发展性分析的立场上，才可以使我所专注的对实践分析的前所未有的非主题化特征变得清晰明朗。[7]更激进地说，在本章寻求与科学的文化研究建立某种联合的同时，我依旧认为，科学的文化研究无意间充当了抹杀实践的时间性主题的角色，这一主题的价值，远远超过它至今为止所受到的关注。

基于这种说明，现在我通过阐述一些例证、一些研究成 220
果，通过讨论这些例证和研究如何与冲撞相关，为我所理解的科学的文化研究增添一些血肉，使其丰满。不很精确地说，我们可以把科学的文化研究分为三种类型[8]：一种是历史主义研究，依旧采用传统哲学的无时间性的分类——“理性”、“客观性”、“表征”，只是把这些性质置于特定的时间以及空间进行考察。哈金(1982，1992b，1992c)关于“推理的风格”(styles of reasoning)的研究，可以充当这种研究的代表。[9]在传统科学哲学研究领域中，“理性”被概念化为历代科学家所必须具有的不变特性，但是，哈金强调，科学理性在不同时期具有不同的意义。例如，哈金(Hacking 1992b)对理性的静态形态起源设定了具体时段(1640—1693)，并且追索了后继的演变轨迹。科学的文化研究的这个方向与冲撞之间的关系是清楚的：在第六章第六节，我基于冲撞的观点强调了科学文化的历史主义评价，而这里哈金式的科学的文化研究则提供了关于这个问题的具体的说明，只是不恰当地运用了传统哲学的反历史的概念术语。[10]因此，我认为科学的文化研究与冲撞之间是交叉互补的关系。

科学的文化研究的第二个方向，实际上是追随了福柯(1979)的思想。这一研究方向关注特定的规训和时间对科学文化的特化和构成作用。在第三章第五节以及随后的章节中，我们已经清楚地讨论了约束，因此，除却要表明这一思想如何强化了冲撞观点之外，在此我们不再讨论这一问题。很简单，一方面，对规训的关注立即使这一研究方向与冲撞强调
221 的操作性联为一体。另一方面，西布蒙的研究以及我在第三章第五节陈述的其他的研究，已经很清楚地说明，常规化的人类力量，通过对机器和仪器的使用，周而复始地同对非人类力量的捕获和构建紧密联系在一起。这种研究，不仅强化了向操作语言的转换，而且与此同时记载了冲撞所导向的人类操作与非人类操作之间的相互作用式的稳定(自然包括表征系统和社会关系等等)。换言之，它们构成了在流动中捕获的异质要素的冲撞的快照。

我要提及的科学的文化研究的第三个研究方向同第二个

研究方向类似，但其研究领域要更广一些。我不很确定这一研究方向的历史起源，但如果我们认识到：拉脱尔建议我们应该不是经过时间而是在文化空间去追寻科学家的活动路径，我们应该追寻异质文化要素及要素编织的层面或者围绕它们编织起来的其他东西的相互连接，我们应该探求特定的机器、约束、理性风格、概念体系、知识体、不同层面和范围的社会活动角色、实验室内外，等等，在特定的时间以及特定的空间的联合在一起的方式的话[11]，那么拉脱尔的指令“追随在科学家和工程师周围”可以担当其基本的组织法则。这种见解可以认为是过去十年来最令人兴奋的探索路线。对贝尔德对分析化学的研究的回顾，可以视为一个简单但却光彩夺目的例证。[12]

在“分析化学与大科学仪器革命”中(1993；下述页码为文章中页码)，贝尔德比较了分析化学的两个历史时代，一个在1920年左右占据主导，另一个大致在1950年以后占据主导。
贝尔德表明1920年以前的旧时代是纯粹的化学时代，整个化 222
学领域的研究，依赖于化合与分解、质与量、构建未知物质等基本化学知识进行。贝尔德强调，旧化学时代使用的仪器简单并相对便宜：标准化的玻璃器皿(试管、量筒等)、天平等等。与1950年后的情形相比，分析化学的新时代被全套的物理技术及配套设备武装起来，“电子缩微复制、跟踪技术、红外线分光光度仪、X射线衍射、群分光观测仪、化学缩微、极谱记录器等等”(277)。在两个时代的转移中，分析化学的物质层面发生了极大的转换，与这种转换一起，其他要素和层面也发生变化。在物质力量层面，新仪器设备的具体操作使化学分析能够更迅速、更准确并且在更小的样本上进行(268)。在人类力量和约束层面，基于新的教科书的新型的培训方案得以设计。与此同时，技术泛化(非强技术要求)趋势明显，因为接受过严格大学培训的化学分析专业人才，日益变为相对缺少专业化学分析训练的机械师的管理者；当科学家参与仪器与设备的改造时，他们更多地从物理学家和电子工程师那里，而不是从严格意义的化学领域中，吸取特定的技能和技术。在机构与社会关系层面，新的公司开始进入，投身于新仪器设备的开发和生产；开发生产的产品的市场化问题变得日益重要：连接它们的产品与世界各国的学术界、政府、以及战后军事工业复合体的协商会议通道逐渐建立起来（288）。

在这一例证中，我们可以得出几点结论。第一，贝尔德陈述的兴趣不在于时间变化中文化的具体转换。他仅仅提供给我们一系列快照——切入文化网，具体划分为战前、战后。因此，他的工作属于我所定义的文化研究领域。第二，对于我所称谓的文化研究，其涉及内容的全方位拥抱特性，依旧使其转向与冲撞一样的操作领域，它关注机器、仪器，关注生产过程
223 等等。[13]事实上，这种类型的研究工作恰恰记载了各种异质文化的联合（以及彼此之间的转移），这种联合正是冲撞引导我们所趋向的方向。至于第三，我要涉及一个复杂的要素。在贝尔德的陈述中，显然具有一定意义上的时间蕴涵，这一点在文化研究工作的这一方面尤其典型。贝尔德的战前、战后快照拍摄于不同的历史阶段，而且把历史上不同时代的分析化学并置讨论。对此我要申明两点。一方面，对差异与非连续性的这种展示，证明了对任何既定的文化时代的历史性描述的缺乏。[14]文化研究在此又一次与冲撞紧密相连并相互加强。另一方面，对时代差异的这种展示，不可避免地完全抹去了冲撞实现的具体过程。在贝尔德的陈述中，阻抗与适应的瞬时性突现不存在任何意义空间，而这一点恰恰是前述章节中冲撞所关注的中心。也正是在这个意义上，我们认为相比较冲撞对实践的分析，文化研究在时间问题上有相当的缺陷，

冲撞则能够充分弥补这一欠缺。[15]

我们讨论的结果是：对科学的文化研究与冲撞之间彼此 224
强化并在相互作用中实现稳定。对于科学文化它们阐述了同样的观点：操作性的、历史性的、异质性的、多重性的以及多重交织性的。由此我们可以合理地认为，对于科学研究的新的综合，文化研究与冲撞刻画了相互垂直的两条轴线：冲撞突出科学实践的时间纬度，文化研究则参与文化图景的断面描摹。这是我本章讨论试图建立的基本观点。然而，强调一点是相当重要的，尽管冲撞与文化研究彼此相交，但并不意味着要求二者是彼此独立专属的向量。实际上，任何一个都可以担当两种任务。我们可以设想一种运动着的文化研究，这种研究完全可以将对文化的断面描摹与文化在时间中的转换有机组合起来。我在前述章节中的讨论，实际上已经在一定程度上进行了这类工作。尽管局限于对特定实践过程的一些文化要素分析，在本书上篇中我对实践的分析承担了拓展科学文化的任务。在此，关于宏观与微观的区分需要说明。正像在本章开始时提及的那样，即便是对分析化学的一般性研究较之我们上述讨论的文化研究也有其精致的焦点。文化研究明显关注文化中相当广泛的特性，而不是我们在本书上篇讨论的具体实践过程的任何环节。这样便遗留下一个开放的问题：我们如何在宏观文化层面上实现共时性与历时性的有机结合。在第七章第三节、第七章第四节我将通过冲撞所倡导的科学的宏观历史编纂学讨论阐述这一问题。对文化研究的关注，也引发下述讨论。

“文化研究”不是一个中性术语，它已经在一般意义上成为社会科学和人文科学领域激动人心又纷争四起的非传统研究的代名词。我应该承认我曾经是基于将“科学的文化研究”与一个更广泛的反学科限制综合联合起来的企图对其进行讨论的。[16]在这种尝试中，我想说明科学的文化研究应该被视为更一般的文化研究的一部分。但是，我对实践的分析使文化转换的时间性概念化，这一点，无论是在科学的文化研究中还是在反学科限制综合中都尚未充分发展起来。现在我则面
225 对一个问题，我所定义的科学的文化研究是一般意义上的文化研究的一部分吗？特别是（由于我关注时间问题），一般意义的文化研究真的可以由聚焦于文化网络描摹，而不是对实践的真实的时间分析来刻画吗？

这些都是不能轻易回答的问题。因为，如果说我对于科学的文化研究的刻画是有争议的话，那么，任何其他的对科学的文化研究的刻画则更是如此。我们可以查看一下来自这一学科领域的各种针对文化研究的 39 篇论文构成的文卷。正如编辑者所申明的那样，“大概不可能对文化研究的任何基本定义或独特阐述取得认同”（Grossberg，Nelson，and Treichler1992，3），与之相关的是：这部文卷的编辑导论重复说明的文化研究的隐含定义与我们上述讨论的文化研究内涵一致，即关注穿越多重的、异质的文化领域的横向断面的内在连接，同时对在时间中发生的转换过程几乎没有兴趣。[17]我不愿继续追究这一思想路线，只是想以另外一个例证结束本章的讨论。唐娜·哈拉维大概是实现科学研究和文化研究的联合的关键人物，我想对她的《赛博宣言》（1985）——其几篇最著名的论文之一，问题讨论属于科学的文化研究又超越科学的文化研究——谈几点看法，并把它视为“恰当的”文化研究的一个范例。[18]

关于哈拉维《宣言》我所强调的第一点是：尽管涉及内容更广泛——科学的、技术的、社会的等等，但《宣言》核心章节
226 与贝尔德的论述在结构上同态。同贝尔德一样，哈拉维比较两种文化形成，我们可以冠之为战前时期与战后时期，或使用

哈拉维的术语：现代和后现代。[19]在《宣言》中，哈拉维主要关注后现代时期。《宣言》中相当的内容是对各种新异形式、以及刻画这些新异形式的多重的、异质文化要素和层面的联合进行“描摹”：微电子技术、计算机技术、生物技术、“现代国家、多边合作、军事力量、卫星系统、政治进程，我们的意象编织(fabrication of our imaginations)，劳动控制体系、人类肌体的医疗构建、商业色情描写、劳动的国际分割……基于电子技术的宗教狂热”(167)、“家庭作业经济”、“劳动者的女性权力”(feminisation of labour)(166—69)，“集成电路中妇女”以及“家”、“市场”、“有偿工作地点”(paid work place)，“国家”“学校”“教堂”等旧有形式的新格局(170—73)等等，等等。现在，这里不是我们详细探索哈拉维的后现代文化的地方，我想强调的仅仅是，同贝尔德一样，贯穿《宣言》始终的是一种操作性语言。贯穿并组织《宣言》的哈拉维“赛博”隐喻的基本观点
是(借用我自己的术语)：强调人类力量与非人类力量之间，机 227
器、仪器、技术以及相应的操作之间，人类约束与实践活动之间，社会力量活动的范围与关系之间，等等、等等之间的循环往复的相互界定。对于哈拉维而言，文化(至少是后现代文化)是一种赛博形成。是“一个赛博有机体，是机器与有机体的杂合体……同时是动物又是机器”，赛博机体生活在既非自然、亦非人工的自然一人工世界。[20]

因此《宣言》是我上述界定和讨论的那种科学的文化研究领域的工作，如果我还是认为它是文化研究所兜售(tout court)内容的另外一个工作范例，那么，我们就能够清楚地看到：科学的文化研究如何可以深入更广泛的反学科限制综合的领域，并且对于这种反学科限制综合领域而言，冲撞的时间性轴线分析又是如何适应并推进对整个领域的全景刻画。我认为，这是长期处于孤立状态的科学的文化研究摆脱困境的

一个重要的途径。[21]但是，尚有一点需要澄清。

正如其标题所意喻的那样，哈拉维的《宣言》既是对一种情境的描述，又是一种鼓动与号召（a call to arms）。其起始章节与结束章节（149—61）都专注于政治理论和实践。哈拉维倾向于当代文化向“社会主义－女权主义”方向转换（就像《宣言》的副标题所表明的那样），她的赛博隐喻有助于她追随非本质主义的（后人类主义的）思维路线思考这种转换。我必须说明，这样一种明确的政治信奉，通常被当作文化研究的确定形式（再次参见对 Grossberg，Nelson，Treichler 1992，以及 Collini 1994，4 的介绍）。如果我们接受这个界定，那么至少在表面上看来，无论是冲撞，还是其他的我视为科学的文化
228 研究的工作，都没有资格成为新的广泛综合的一个完整部分。贝尔德不是，我对特定的政治问题的分析也不是。[22]我相信这里还有更多值得思考的东西，下述的阐述可能会有助于我们阐明第七章第三节以及第七章第四节的一些敏感性问题。[23]

我不认为对文化的分析与政治之间有必要有一种哈拉维《宣言》所认为的那样一种紧密连接。在哈拉维把她的赛博意象与她的政治紧密相连的同时，本书所阐释的人类力量与非人类力量共舞的思想与哈拉维思想一致吻合，只是这种吻合一致是经由对实践的时间性思考达到，而不是基于任何非本质主义的、社会主义－女权主义的政治信奉实现的（尽管，就像已经发生的那样，我非常支持哈拉维的纲领）[24]。无论如何，科学的文化研究以及冲撞可以与政治纷争交织在一起。沿着不同的轴线，二者都担当着动摇传统政治思想的非突现的、人类主义的前提假定。基于对实践的分析中突现出来的后人类主义的观点，我倾向于瓦解明晰的人类主义政治中的任何信念。这种后人类主义的观点强调，政治纲领应该明确地针对我们业已习惯的人类与社会的、科学的、技术的以及物

质的空间之间的对称式的相互链接的转换。冲撞的瞬时突现 229
认为我们建造的任何政治纲领都应该置于具体情境之中，它强调特定的文化形成和感召，而不是基于任何非突现的宏大叙事（master-narrative）以及对陈述的分析（Smith 1988, chap。7；1992）。对于我们现在置身于何处的评价于是就成为政治实践的一部分，尽管这种评价本身不是严格的行动纲领中的问题，但它确实是隐蔽在科学的文化研究背后的各种冲动之一。[25]在这种意义上，似乎可以这样认为：即使不与明确的政治纲领相关，科学的文化研究和冲撞同样也可以进入政治关注的领域，在这种意义上，它们确实极大地推进了更广泛的与文化研究紧密联结的反学科限制的综合。

自然，由于本书上篇的分析主要是关注问题的微观方面，我们必须承认其所进行的讨论，在刻画问题自身所处的广阔的文化图景方面，不很明了。因此，第七章第三节和第七章第四节我将转向说明我对实践的分析如何与宏观的文化形成和转换密切相关，这种相关由于其自身的意义，应该成为政治思想的一个主题，同时应该对政治思想的扩展做出贡献。

## 7.3 操作性和历史性：大图景

> 作为一种行为，科学的社会—逻辑解构了理性和意识形态重建。为 2001 制造大图景的可能性……决不能停留在调整这个转换以制造一种叙事，这种叙事的特殊的时间性就是科学的世界性霸权时代。
>
> J. R. R. Christie, *Aurora*, *Nemesis*, *and Clio*

至今为止，我一直把科学史作为冲撞的例证来源，在发现例证的地方讨论例证。这样做有许多原因：为了多方面考察历史，为了历史特性的意义。就像我们已经讨论过的，我们可
230 能把对历史的质询作为与现今世界契合的一种方式，作为分析我们生活的世界的构成，从而达到对我们世界的独特性的至关评价的一种方式。我现在想要说明，冲撞如何可以介入对这类问题的关注。我们可以从许多层面接近这一主题，但是在此我只想把讨论从微观转向宏观，去探究作为主旋律的我对实践所做的分析，对于宏观历史编纂学意味着什么。为回应新近的一部论文集《大图景》(Secord 1993)，我非常乐意去探求冲撞所支撑和所依赖的到底是一种什么样的科学(技术以及社会)历史的宏观大图景。在一般意义上，也许有人认为对于这一图景，我对实践的分析不会提供任何特殊的东西，但是，在这一节的讨论中，我将表明从表征性语言描述转向操作性语言描述，能够产生非常有意义的思想线索。在第七章第四节，我将更细致地讨论冲撞。

我们也许可以这样推论：表征语言培育了针对科学的历史图景的一种轮廓。这一轮廓努力让我们看到在通往现今的道路上，有着许多作为关键环节的快速的表征性转换阶段，这些关键环节可以作为历史探索的焦点汇聚。通过集结科学革命、达尔文革命、相对论与量子力学革命等历史形成(所有这些都可以理解为理论连续性的中断)，我们可以构建现今的表征世界的思想谱系。这便是传统的科学史的组织形成方式。然而，基于操作语言，我们可以遵循同样的思想路线达到不同的目标。操作性语言描述激励我们围绕人类王国与物质操作之间的剧烈转换来组织思想谱系的最终实现。对我而言，不是把 17 世纪的科学革命，而是把 18 世纪晚期和 19 世纪早期的工业革命作为西方历史的关键时期——这一时期，机器操

作在工厂中被奉为神明，与工厂紧密相连的规训人类操作，开始变为社会自身所具有的特性。[26]这样，操作性语言，便呼唤 231
一种操作性的历史编纂学，在工业时代，这种图景将以技术、工厂、生产（以及消费与摧毁）等为中心。[27]我可以直接表明，这种操作性历史编纂学可以废弃这样一个传统假定：一般意义上说，科学史可以作为一个自我完善的领域实现概念化；取而代之，应将意义丰富且具有多重交叉关系的STS研究领域推向前台。我认为，这一点是基于新的综合开始冲破传统学科界限限制的重要的一个方面。现在我需要更具体地说明转向操作性历史编纂学将更多地给予我们什么。[28]

第一，应该承认操作性历史编纂学与马克思主义历史编纂学之间的密切关系。毕竟，马克思主义把生产过程认定为人类活动的决定性因素和环节，把工厂认定为建造现代世界的决定性场所。贝尔纳（J. D. Bernal）这样的马克思主义的科学史家，跻身于探讨现代科学与工业和资本的相互交织关系的首批学者之列。但是，我所强调的操作性的历史编纂学在相当程度上不同于马克思主义的历史编纂学，因为，马克思主义历史编纂学，极为典型地围绕传统的人类主义的、时间上非突现的主导话语建造起来。例如，贝尔纳自己便非常传统并理所当然地把科学视为获取自然本性的客观真理的独特方法。按照这种观点，社会的、政治的、经济的因素可以影响科 232
学发展的速度和方向，但不能成为科学知识本身的内在构成。在社会方面，传统马克思主义设想了社会形式的技术演进，最终必然达到社会主义（Hessen 1932 对此具有经典陈述）。显然，冲撞在根基上削减了关于社会与科学的这种意义关系。冲撞的相对主义与历史主义（第六章第五节以及第六章第六节），瓦解了科学可以独立于社会的各种构成和各种偶然性而获取关于自然的独特真理的思想，瓦解了在任何意义上可以先于实践设定社会转换向量的思想。在第五章第三节，我对传统马克思主义关于社会的理论给予过具体的批驳。

这样，操作性历史编纂学使冲撞从传统马克思主义那里分离出来，它脱离了马克思主义的主导话语结构。同马克思主义一样，冲撞围绕机器操作场所组织历史研究；同马克思主义不同，冲撞不是把工厂作为在预先设定好的历史蓝图上进行演出的主角来关注，而是把它视为突现的双重表现：一方面是科学的(第五章)，一方面是社会的(自然则是二者持续冲突的焦点)。这就意味着，历史学家的任务应该去探求科学与社会之间开放式终结的各种转换，这些转换在生产与消费的世界中不断以瞬时突现的方式建造或摧毁各种文化要素的联合和联结，这些转换不存在任何先于实践的确定性的目标和目的。如果把社会性转换暂时放置一边，我们应该探求现今的科学如何映照了其自身与 19 世纪的工业化过程的遭遇和碰撞从而进入 20 世纪的经历，应该探求新的科学又如何进入现今的工业场所。这里，经典的例证(Bernal 1953a 曾全面涉及)包括围绕蒸汽机建造的工业领域而建立起来的现代热动力学、围绕电报业建立起来的电磁理论、围绕食品工业和饮品生产建立起来的微生物学等。[29]

233 贯彻这样一个科学的操作性的历史编纂学将是明智的和激动人心的。我认为，对于当代世界，它绝对提供了一个关键性的理解和把握。自然，沿袭上述提及的研究路线，始终有新的历史性研究成果在生长。然而问题是，与已经成熟完善的科学的表征主义历史编纂学(它还在继续生长)相比，这种操作性历史编纂学研究机体还相当弱小。同样的问题是，除了传统的马克思主义的研究成果外，几乎没有什么研究关注基于操作性历史编纂学的新综合：我没有发现任何一部完整的著作，脱离通常的关于真理、利益或其他的主导话语，对当代科学与经济生产的相互作用之间的突现关系做出整体陈述。[30]我要强调的是，通过揭示如何避开并且超越表征性的历史编纂学，通过设想科学与社会的特性可以绝对地在各种力量与操作的相互作用领域中突现出来，冲撞倡导并激励关于科学的操作性历史编纂学的持续生长。操作性历史编纂学是（或者应该是）转向我在本书上篇讨论的对科学实践的操作性语言描述的实质性组成，它是我们对实践的历史性理解的一个再平衡，作为一般意义上的实践，这种历史性理解强化着冲撞同时又被冲撞所强化。对这一点的更有力地阐述是：从
冲撞的观点看，对显然的人类的与非人类的、当代的和历史的 234
操作性编撰的处心积虑的否定，把科学的整体历史理解为知识与表征的自足领域的任何企图，都毫不例外地走向歧途。[31]

## 7.4 宏观冲撞

> 假设我们把战争本身视做一个实验室？
>
> T. 毕农：《引力的彩虹》

STS的操作性历史编纂学在整体形态上将会怎样？我们如何具体地组织它、把握它，并对其进行理论化？一个答案是（在本书上篇已经给出）：将它在个体实践与小团体实践的微观层面所展示物质的、社会的、概念的相互作用的冲撞集合起来。事实上，我认为这个答案会是正确的。我不能想象，科学的历史会以任何其他的方式发生。但这似乎又是一个空泛的答案，因为我们永远不能在细节层面上把握工业化的历史，不能在细节上把握科学与社会的复杂转换。正是在这一点

上，一种对历史研究的人类主义的、非突现的主导话语的呼唤开始回归，对实体性的组织规则的企望，旋风骤起。庆幸的是，对于我的问题还有另外一种答案。对我而言，冲撞是一个比例不变量(scale invariant)。无论在哪种层面，只要我们质询历史，我们就可以发现冲撞。在微观层面(第二章到第四章)，我们可以发现微观冲撞；在宏观层面，我们可以发现宏观冲撞。换言之，我对实践的分析，可以直接扩展到宏观行动者的实践。[32]这就是我在本节中要具体说明的观点。

235 我可以把汤姆森(E. P. Tompson)的精彩的研究成果《英国工人阶级的造就》(1963；还可以参见 Linebaugh 1992)作为分析的一个例证。在工业革命的发端时期，汤姆森强调了围绕工厂与工业资本而产生的英国社会结构的开放式终结的转换。他揭示了工人阶级如何在与机器、建筑、工厂业主、国家、教会的突现式的阻抗与适应的辩证作用中，自己构建自己：勾画其自身的疆界、建造其自身的特色机构、联合其自身的利益，造就自己成为宏观行动者。然而，我更想关注更新近的一个例证：二战中科学与军事的历史性遭遇。这种关注部分是因为它是自工业革命以来，科学、技术与社会之间相互交织的关系日益复杂的一个绝好例证；部分是因为过程的焦点从工厂转移到战争本身，忠实记录了构建了现代世界的操作性历史编纂学的破坏性的和建设性的操作活动的中心场所。[33]接下来，我将集中分析战时美国科学、技术与社会的交织作用，关于这一点，我的分析例证来自于凯弗莱斯(Daniel Kevles)的研究成果《物理学家》(1987，第十九、二十章；还可以参见 Pickering 1993a)。我的分析意图特别要突出社会性的开放式终结转换，因为我认为这是从冲撞的微观层面转向宏观层面的关键领域。

首先我们应该注意，二战之前，美国的军事与科学之间的

关系是相当微弱的。军事机构与科学机构之间或多或少的是
一种非合作关系。武装机构拥有自己的技术署，其工作可以
用“小预算、缺乏合作、与民用科学有限接触”来刻画（Kev-
les1987，290；下述引文页码为此书页码）。在美国 1941 年 12
月卷入战争前的 18 个月，这种情形已经开始发生变化。转换
发生的动因来自于民用技术科学家认为他们可以为战争做出
远比军事机构所认为的大得多的贡献，转换的机构性中介首
先是国家防务研究委员会（NDRC, National Defense Re- 236
search Committee），然后是实力更强的科学研究与发展局
（OSRD, Office of Scientific Research and Development）。
在战争期间，模仿国家航空顾问委员会（National Advisory
Committee for Aeronautic），国家防务委员会、科学研究与发
展局通过签订协议的方式，引导民用技术科学家的实践，特别
是物理学家的科学实践，向对军用技术极为有用的硬件生产
转移。借用我的术语，其指向在于引导作为社会宏观行动者
的科学实践走向对特定的物质力量的捕获。在这一历史进程
中，突现出来的最著名的机器和仪器就是雷达技术和原子弹。
下面，我将集中于对雷达技术进行分析（第二十章）。

美国开发雷达技术的中心场所是新辐射实验室，或雷达实验室，实验室由国家防务研究委员会在麻省理工学院建造。关于雷达实验室有两点值得强调：第一，它的任务是调节特定的物质性设施的军用目标，并且由磁动力启动。第二，这种调节与作为社会机构、作为宏观行动者的科学活动的进一步调节相伴。雷达实验室是滋生大科学工作形态——项目导向、庞大基金资助、科层管理、科学家、工程师、技术专家学科交叉团队合作——的关键场所（在第二章已经提及）[34]。联合军事领域与科学领域的部分事务便是学科领域内部科学活动方式的转换，作为宏观行动者，对科学绝对整体认同（in the ver-

y identity of science)。我们可以看到，无论是雷达项目还是雷达实验室，作为一种社会机构，其随后的繁荣发展绝不是预先保证的。开发AI-10飞行探测雷达的最初尝试，被美国军方拒绝。雷达的使用的效力也只是在反击德国的U舰(U-boat)的行动中，偶然被证实。当雷达实验室启动空对地舰艇(ASV)项目的反潜艇雷达实验时，海军实际上已经为实验和操作的用途准备了雷达设施。将民用技术科学家开发的机器转为军事使用这种环路的建造完成，保证了雷达实验室未来
237 的发展。这里，我们得到了一个异质文化要素之间宏观冲撞的经典例证：在开放式终结的文化扩展空间，作为一个宏观行动者，科学以特殊的形式得以发展(雷达实验室可以作为大科学的例证)，在项目研究中，先前机器文化(ASV雷达技术)的特定扩展，在与为实现军事目的的特定的对物质力量的捕获过程的对抗中，实现稳定。

鉴于AVS以及其他项目的成功，鉴于在实验室以及在其他地方的成就，科学家开始更主动(针对军方)更密切地参与军事事务。科学家们认为，应该允许科学家对军事需要有其自己的估价，他们应该被允许参与军事性操作。如果要实现民用技术的军事使用产品的最佳工作状态(民用技术与军事使用彼此调节)，科学家们的上述参与显然是必要的。在高层权力机构层面，第一个实体性机构“新武器装备联合委员会”(JNW)建立起来。委员会成员包括一名海军上将、一名陆海空准将，作为委员会主席的是一名民用技术科学家(Vannevar Bush，OSRD首脑)。JNW既担当结合民用科学与军事科学融合的角色，又担当显微望远双重镜的角色：使参与双方能够洞悉对方的工作。[35]至少在酝酿阶段，通过建立JNW，民用科学与美国武装力量的性质发生了转换：在突现的表面，双方都以前所未有的程度向对方开放自身。

至此，像雷达一样的基于新科学基础的技术的军事运用受到关注，关键性的转换集中于军事行动研究（operation research ，缩写为OR）的开发（更多的关于OR的历史，参见Morse1977；以及Fortun和Schweber1993）。就像OR这一名词所蕴涵的，OR是物理学家和数学家为实现军事行动最优化而发展出来的一个概念研究。我们可以这样理解，这是一个调节军事设施的战略。对OR的早期应用集中于发现诸如“面对敌人的高射火炮或战斗机使我方损失最小化的理想 238
轰炸机编队，或为追踪深潜于广大海域的潜艇的最优的跟踪和打击模式”之类的东西(311)。在二战中OR开发的几个特性值得重视。第一，它通常隐含着军事策略的变化，例如，不再完全依赖海军护卫舰的防御而转向对潜艇的空中跟踪和打击。它意味着军事领域本身性质的转换（一段时期内始终如此）。第二，OR技术的有效使用依赖于民用OR科学家完全进入军事领域从而成为军事机体的内在组成。例如，1943年6月，海军被说服“与最初起源于波士顿的第十舰队的OR科学家研究群体合作”(314)。[36]像其他后继的OR研究合作群体一样，科学家和数学家有权使用操作数据，并参与计划和评价特定的操作，可以直接报告军事指挥官。

这里，军事领域不仅仅把自己向科学公开，也不仅仅限于与新建立的委员会在折中的立场上的有限的融合，军事领域实际上拥抱了民用科学：为配合OR研究者重组其内在结构，围绕研究者的发现和建议，重构运行操作。这种拥抱实际上等同于军事领域作为社会宏观活动者的意义深远的转换。并且这种转换证实了操作上的有效性——“1943年4月，护航损耗锐减”(315)，并导引军事领域对民用科学更强有力的拥抱。

> 在1943年1月，在整个美国空军只有一个操作分析部；到了1945年，在遍布世界的美国空军指挥中心，就有17个这类团体，雇用了32个数学家，21个无线电和雷达工程师，14个终端弹道专家，11个物理学家以及100多个其他的分析专家……到日本宣布投降的时候，从非洲到南亚，以至阿留申群岛，对于民用技术科学家来说，作为战略和操作顾问成为美国军事历史上史无前例的时尚。(320)

这些发展，就这样给予我们关于宏观冲撞的另一个例证，这次是物质的、社会的和概念的冲撞。受约军事力量(在反潜
239 艇战争中由防御转向进攻)的特定转换、社会与军事之间关系(现存的彼此之间的界限被打破、军事力量对社会力量的拥抱与合作)的特定转换紧密联手，伴随雷达和新近构建的概念技术——OR，实现了相互作用式稳定。最后一点，拥抱民用科学家导致的军事机体的特定转换，决非仅限于特定操作之间的沟通。只需要给出一个例证，观察雷达制导轰炸行动的专家注意到，有些轰炸编队总是比其他的轰炸编队的行动效果好，他们对此做出的解释是："B-17轰炸编队在各种不同的条件下接受过更好的训练"(319)。拥抱民用科学对军事力量的部分调节，构建了新的军事约束，这类约束支撑着以新科学为基础的技术的日常应用。

二战期间军事与科学的交叉因此就可以被视为一种既包括宏观活动者之间的内部转换、又包括宏观活动者之间的关系与其他关系的外部转换。科学研究活动从小科学转向大科学；军事力量转变策略和基本约束；二者都是由打破界限、创建新的技术空间的融合、创建新的持久的彼此之间的开放透明，以及宏观活动者彼此拥抱来刻画的在形态持续转换中实

现的拓扑变换。所有这种转换都是在机器文化(这里可以概念化为雷达技术的发展)和概念仪器(OR)的关系中实现的相互作用式稳定。从这个例证中我们能够得到的就是:文化冲撞与物质一社会一概念冲撞在分析意义上同态,是社会宏观活动者与物质力量集合以及概念技术之间冲撞的放大。[37]

我对二战期间科学与军事之间关系和图景转换的论述到 240
此为止。自然,它决不仅仅是一个简单的速写。通过考察尚未实现稳定的物质的、概念的和社会的向量,我们可以为建立开放式终结的文化扩展贡献得更多,总体的图景会以各种各样的方式持续地精炼、扩展到现在。然而,我只能在此终止我的讨论。

我的研究兴趣曾经是对冲撞如何进入到对广义的 STS 认识的关注。在第三章第三节,我曾经讨论过我对实践的分析能够强化向操作性历史编纂学转换的实现,一种围绕着作为生产中心的技术和工厂组织起来的历史编纂学以及围绕着作为解构中心的军事技术和军事领域组织起来历史的编纂学。在本章的这一部分,我探究了我们如何能够在宏观层面上实现这种历史编纂学的概念化。通过我对二战例证的分析,我尝试着说明我对实践分析的比例不变特性。我尝试着展示,冲撞不仅可以阐明宏观层面的文化扩展,而且可以在更细致的层面上说明本书上篇所讨论的问题。我的意图是要说明,与传统的稳定的角色具有稳定的特性的意义上的社会的一理论的观点相反,作为宏观活动者的科学和军事的本质,在他们与二战期间的各种因素的遭遇中突现式转换出来,而这种转换本身伴随着诸如雷达设备以及 OR 等新的物质的和概念的技术,以后人类主义的方式实现自身的稳定。这样,一旦我们放弃了容易满足但却站不住脚的传统科学哲学和社会理论的分析蓝本——以人类主义的、非突现的主导叙述构建历史大图景，宏观冲撞就成为我关于我们如何理解科学、技术与社会的宏观历史的基本观点。

我以两个观点结束我的讨论。第一，尽管我借助单一的宏观冲撞的例证具体说明了我所作的分析所具有的标尺的不变特性，但我依旧认为，非常清楚，这一思想还可以进一步深
241 化。例如，我已经提及汤姆森的工作可以作为工业社会的宏观结构的早期冲撞的读本；仅仅停留在工厂领域，那里就有关于科学、技术的重新组织的充分而广阔的思考空间，开始于19世纪晚期一直延续到现在的围绕工业和政府的研究试验室进行的生产，具有与上述讨论的科学/军事发展相类似的同样的特性。工业研究试验室的新异空间是标明科学实践已经系统性地被工业所调节、工业已经系统性地拥抱科学——为科学、科学家和机器的力量提供作用空间以便最优化地捕获物质力量而重构工业的内部结构的理想场所。[38] 如今，我们对此可以思考社会形式和计算机网络的往复性和竞争性相互调节。这样，冲撞可以继续帮助我们对大尺度空间的历史发展实现概念化。

我的第二个观点回到早些时候我已经讨论过的历史的和文化的特性。传统的科学哲学和社会理论把具体的历史情节同化为一般的图式。历史变成持久作用的科学理性、或者持久作用的社会利益或其他什么东西的持久运作（成功或失败）的一系列例证。关于这种历史的传统解释引导我们脱离历史的和文化的特性，趋向于一种不变的潜存的历史学家的历史纲要；历史由此成为一种无止境的单一的重复（就像我认为哈拉维所陈述的那样）。过去变成无止境的连祷、无止境的压抑，在一系列规范的利益准则中磨损。如果重复一下来自于大卫·诺贝尔的引文，就是“一切都在变化，但没有变动发生”。然而，历史作为一种宏观冲撞实际上并非如此。当然，

我所进行的分析并不是拒绝发现一种历史模式。基于历史例证所进行的本书大部分内容的讨论，具体说明了我称之为冲撞的历史演化模式。但是，因为冲撞缺乏传统理论所具有的实体性解释变量——认识论法则、持久的人类角色以及他们的持久利益、约束和限制，等等，所以使得一种双重视角的产生成为可能，二者都以我们能够把握的方式描绘了历史过程，同时持续地把我们抛向文化的特殊性。这样，我关于二战的例证分析一方面把科学与军事的交叉吸收进我们的整体图式，与此同时，突出了物质的、社会的和概念的世界的非常特殊的转换主题，以及就像发生的那样，这些要素如何紧密结合在一起，使转换广泛而持续地延续至今。如果没有对在二战中突现出来的、作为有别于其他因素的截然不同的活动角色的“科学”和“军事”的评价，在战前与战后有何区别的问题上，我们不能形成一致的见解，与传统解释不同，冲撞鼓励我们关注差异。 242

这就是与单一的无止境的历史形成鲜明对照的观点，冲撞能够帮助我们把握不同历史时代的特异性，包括我们自身。对我而言，关于STS的冲撞意义的操作性历史编纂学的承诺是明确的，即：它提供给我们一种认识和理解利奥塔说的我们的后现代状况的道路。未来，我希望能够兑现这一承诺(Pickering 1994b 是一个起点)。

## 7.5 附言：非标准力量

上述一句话标记了我的结束语，但是还有两条不羁的思想始终缠绕在我的脑际，于是就产生了如下两个附言。第一个附言，我试图对我曾经视为理所当然的一些人类力量和非人类力量提出质疑。首先我要明确地表述它们，随后讨论它们不适应于哪些情境。

贯穿全书，我非常确定地在人类力量与非人类力量之间、在人和机器之间做出明确的区分。并且我认为这样做是完全正确的。几乎是以界定的方式，我一直在告诫生活在我们这个世界的人们，上述的二者之间是如何的明显不同。区别存在于实践之中。物质力量作为物质客体被机器捕获，并由此区别于我们这些有血有肉的生物体。机器展示出一种规律的、可预见的、我们可以设定其运动和方向的、不可归并为人类力量的无意识的力量。更进一步，这些机械力量难以置信地扩展了几个世纪，很难想象这种扩展会有界限。与之形成对照，人类力量似乎在本质上就是有限的。在制造、设定以及
243 管理不同时代的机器过程中，我们人类似乎总是展示单一的古老的力量，仅仅是所受约束有所不同。至今为止我所讨论的人类力量无非是以单调的方式坚持不懈地操纵中观（宏观）客体，尽管现今这些客体本身就是复杂的机器和设备。如果说人类现今拥有比以往更强的力量，那就是人类建造并学会使用的机器力量；相对于严格的人类肌体和意识而言，它们不是真正的人类力量。这就是我所谓的标准意义的人类力量与非人类力量。

然而，如果我们的视野跨越现代工业社会的疆界，我们会发现不同的情境。在前工业化欧洲的一些文化中，我们发现一些非标准的物质力量。这种力量似乎缺乏我们与机器作用时的那种规律性，展现为明显的人类特征。例如，我们发现一些由侏儒、魔鬼代表着的各种矿物的故事，与这些有意志的实体交往能够有利于人类提取矿物质，如果这些精灵的权利遭受侵犯（Webster 1982），它们可以将贵重金属转变为尘土。另一方面，我们发现人类也具有非标准的力量——魔术、炼金

术、巫术等等(参见例证,Hannaway 1975)。我所知道的关于这种力量的最生动的例证不是来自于欧洲的历史,而是来自于卡罗斯·卡斯坦奈德的通俗的人类学(Castaneda1968)。我们可能怀疑卡斯坦奈德著述的资格,但是,正像下述将要讨论的,我们有理由对任何的非标准的人类力量怀疑,既然如此,我们不妨重温一下我所记忆的卡斯坦奈德例证中的观点。

通过师从于一个名叫唐璜(Don Juan——西班牙传说中的人物,风流贵族,诱奸者,为许多诗歌,戏剧和歌剧的男主角,译者注)的雅基族(Yaqui)印第安人,卡斯坦奈德告诉我们他关于"知识的雅基族方式"。卡斯坦奈德说,唐璜介绍给他一套复杂的戒律,经由这些戒律他能够仿效一些大师的奇迹:能够在遥远的空间透视当代的事件,能够像鸟一样飞翔,可以同时身处两地,可以与迷幻蘑菇交换精神,等等,等等。这类事情听起来相当的牵强附会,但至少卡斯坦奈德把它描写的似有道理,并且在许多非科学文化中,报告过许多与之类似的牵强附会的人类能力:例如,考虑一下雅基大师的奇迹——空中漂浮,把肉体之躯空悬,等等。这些都是我称之为
非标准的人类力量的例证;它们所承载的人类操作远远超过 244
本书的剩余部分的论及能力。那是一些"我们"不会做的那类事情。

因此,在科学与技术的领域之外,至少我们发现了关于非标准的人类力量和物质力量的报告——人类的和物质的绩业妨碍了我们对自身力量以及对这些力量的世界的惯常理解。更进一步,我们应该注意,尽管我是支离破碎地介绍它们,这类非标准的力量似乎能够穿越我们视之为理所应当的人类力量与非人类力量的区分。如果矿工必须以在某种意义上背离类似于我们这类生物的方式与科巴鲁斯(一种精灵)交涉,那么,对于他们来说,物质的世界和人类的世界便瞬间不可剥离

地缠绕在一起。卡斯坦奈德知道如何通过自身扩张他的物质力量，而对于我们而言，这种物质力量的扩张只有通过使用机器才能实现。这样，非标准的力量便寄居于非二元论者（绝对的后人类主义者）文化之中，在这种文化中，我们关于人类力量与非人类力量的界限，如果不被完全抹去，也会被消蚀。自然，问题产生了，我们是否应该严肃认真地对待非标准力量，我随后将讨论这个问题。现在，我想严肃地对待这个问题，我要质询它们如何与我所进行的分析相关。

我的第一个观点是，我认为没有道理认为我对实践的分析不适用于非标准力量的领域。事实上，按照我的术语，卡斯坦奈德把他师从于唐璜的过程描述为在力量的一个领域中阻抗与适应的辩证运动过程，他渐渐离开他对世界的二元论理解，进入非标准力量操作的王国。其中的冲撞包含着在多重的、异质要素——蜥蜴、草药、香料、仪式以及卡斯坦奈德、唐璜和其他人的特殊的操作——之间建立联合。就像卡斯坦奈德所描述的那样，他就像西布蒙学会仿效焦尔一样，学会仿效唐璜。这个例证的隐含意义是：实践中力量自身的作用方式相比较我们前述章节讨论过的力量作用方式而言，是更基本的作用方式。比如，对人类/非人类共生体的人类力量方面的强调，绝非仅仅是认为人类操作的特定领域，在构建不同的文化过程中，受约于各种不确定方式的限制。人类操作的全部——人类力量所能做的一切，不仅仅是单调的观点和对物质对象的驾御——本身就应该被视为与实践处于同一平面上
245 并依赖于冲撞。

我们应该注意这些针对非标准力量的观点指向我们的科学－技术－工业的世界与上述提及的非标准力量世界之间的根本的不可通约性。当我在第六章第二节讨论对不可通约性的新认识时，它伴随着向操作性语言的转移以及我们对世界

的机械把握的认可，我的例证也仅仅保留在力量的标准概念的范围内，即人与机器。现在的讨论则超越了原有意义上的不可通约性的概念，去描绘一种基本的操作的不可通约性——各种力量的不可通约性——存在的可能性。它提出这样一个思想：在不同的人类文化内，物质世界可能由于完全不同于我们所习惯的世界的活动，而展示出特定的能力。作为人类我们自身的力量可能正是以与上述相同的方法联系在一起，这实在是一个值得关注的精彩的思想。自然，它同我们以往讨论的不可通约性相脱离；只有转向操作性语言才能够使它具有起码的可信性。

但是问题依旧是我们是否应该去思考它。我们是否应该像前述章节对待标准的力量的表现价值的同样的态度对待非标准力量的表现价值？非标准力量是幻觉、是无知亦或是其他什么东西？对于这些问题我没有答案。讨论标准的人类力量和物质力量使我感到非常欣悦，因为我对它们有太多的体验，我推测我可以与读者共享其中的思想。我生活在一个具有标准力量的机器世界，我只需要使科学家信服我同人类力量的讨论类似于我对仪器的修补。形成鲜明对照的是，我没有对非标准力量的经历，我同样怀疑是否有读者有过这种经历。我只能说基于操作的不可通约性可能能够关注这个问题中存在的困难。

不可通约性的传统讨论在交流、转译和理解问题的处理上异常艰难。严格意义上说，即使是在各自领域内部，将表征体系连为一线也是不可能的。对于我来说这也许是一个错误。我认为我可以很好地将卡斯坦奈德所讨论的东西连接起来，就像我可以把旧的基本粒子物理学连接起来一样。问题取决于人类是否真的能够获得他所描述的能力，取决于人类是否了解成功或失败地获取这种能力所需要的条件是什么。 246

这里主要是操作问题，而不是交流问题。如果能够仅仅通过解读其他文化，我们能够知道我们希望知道的关于其他文化的一切，那该多好。但是，从原则上说，基于操作性不可通约的假定，通过文化解读不可能实现这一点。

关于这一点，我的见解只能到此为止。不可通约性确实涉及连接各种文化的问题，但我认为这类问题的解决必须定位于操作层面上，而不能仅仅停留在表征层面。除此之外，别无它途。我们可以深思一下非标准力量（好奇也罢，厌恶也罢），或许可以获得对奇异的非标准操作的一些了解（Feyerabend 1978）。至少，操作性语言描述可以使我们知道这是一种解决问题的道路选择，不管表征主义如何使其暗淡和模糊。[39]

## 7.6 附言：冲撞的普适性

> 统一性绝对是需要说明的一种事实……法则是最卓越的需要原因的东西。现在在一般意义上说明自然法则、说明统一性的唯一可能方式就是假定它们是演化的结果。对于它们的这种假定不是绝对的，不需要绝对地遵守。它产生了一个不确定性要素，一个自发性，或自然中的一个绝对偶然……。我们必须假定……微小差异的存在得益于自然法则本身力量的不完善，得益于从任何确定的规则一定程度的转向这样的事实。
>
> C. S. 皮尔士：《理论的结构》(*The Architecture of Theories*)

科学的文化研究领域中的多学科折衷主义经常自我标榜为“进化的认识论”（Compbell1974，1993；Giere1988；Richards1987）。来自于对进化生物学中的自然选择的机制的类比：取代思考生物种群，人们开始思考观念种群（各种理论，各种表征）在通常所认为的事实、科学方法规则（或自然化的替代物）以及社会利益等环境选择中的随机变异。冲撞同样可以被看作一个科学的进化模型，并且我认为，与上述提及的理论相比，它更丰富，意义更加深远。一方面，它不仅仅是一种认识论，它涉及思想等观念性的东西的进化，同时涉及机器和仪器、人类约束、以及社会关系的进化，另一方面，从冲撞的观 247
点看，选择环境不是预先给定的（如规则、利益或其他什么东西），而是在进化过程中，在对人类力量和各种约束力量的不确定的捕获中，在一次次相互作用式稳定中突现出来的。

从冲撞的后人类主义观点出发，这一点已经相当清楚，但我还是试图从一个特殊的方向概括这一思想线索。冲撞并不与进化的生物学理解非常类似；我认为冲撞自身就是一个关于不定空间的进化理论。[40]尽管至今为止我的分析始终涉及人类实践的特定领域，但这些领域限制可以轻易地被抹去。如果我们将我对人类力量的动机结构的分析，用一个不太具有结构的术语如“转移”来取代，如果我们放松一下我对机器的极度关注，我们就获得一个可以描述任何力量领域或任何力量的进化的图式，包括人类与非人类。[41]

例如，我不明白，我们为什么不可以认为生物机体、生物种群及物种作为力量的核心，参与到与其他的各种有机力量的开放式斗争中，而那些非有机的世界同样处于科学家所描述的斗争过程。在阻抗与适应的辩证运动、阻抗与适应相互作用式稳定、阻抗与适应的拓扑变换的意义上，我们可以对所有富有魅力的进化现象进行概念化，包括异质种群之间复杂的进化性相互依赖。这样，冲撞自然可以被理解为是一种生物进化的模型，尽管不是新达尔文主义的或社会进化论的。它是一个不可归并的模型（Latour1988a）。在生物世界中不存在任何可视为亘古不变的实体性的东西能够控制进化过
248 程，存在的是一个没有 DNA 或基因或任何其他的非突现选择的进化模型。[42]进一步说，生物进化过程不需要外在附加任何东西。我们可以想象对作为整体的宇宙进化进行概念化——包括有机体和非有机体——在各种力量作用的领域的阻抗与适应的辩证运动中进化。我们可以设想没有夸克的物理学以及没有基因的生物学。

在本书结束的时候，我允许我自己非常自负地把我对科学实践的分析视为一种 TOE 即普适性理论（Theory of Everything）。自然，决不仅仅是我自己难以抵御这种诱惑。如今的时代，物理学家说的很少，我则对物理学给出了一种分析。也许，对于认识到人类实践活动中的突现特性的所有人来说，最终都会迸发出这样的思想，即他们所说的不仅仅是非人类世界如何撞击我们，而且还是非人类世界自身到底如何。这种思索早已经是实用主义的流行思想——本书开始时对皮尔斯的引文为证。[43]我还不清楚这种思索将引导我们走向何方。我只是发现这个问题极具挑战性，我以几个与之相关的观点，结束我的讨论。

249 首先，非常值得一提的是，在对知识的 TOE 式的历史性理解急剧滑坡时，冲撞作为普适性理论较大多数先行理论更加完善。[44]最明显的是，冲撞起始于对非人类力量的思想阐释和具体的问题说明。与注重于人类力量、并最终把物质具体化为“微弱的意识”（不论它可能意味着什么）[45]（Peirce [1891] 1923，170）的经典的实用主义等类似的人类主义哲学形成鲜明对比的是，冲撞直接的是关于一切事物的理论。在

更细致的水平上，对于试图把握一般性进化图景的多元的、异质力量的时间性的力量周旋，冲撞为我们提供了一个还算精致的分析。

自然，对于不可还原论，对于历史化的普适性理论的任何方法和路径，都存在传统的还原论以及非突现科学的阻碍，如分子生物学或粒子物理学，他们坚持DNA、夸克作为永恒的基本实体的作用。针对这种障碍，我尝试提出两个可能的解决方式。我们应该注意，这类自然的非突现性质已经不再像以往的科学所想象的那样起作用了。在历史性扮演着重要角色的复杂物理系统的演化中，甚至许多物理学家如今也在思考混沌理论、非线性系统，他们通常借助于模拟和超级计算机探索复杂物理系统的演化过程。冲撞作为一种TOE，可以非常明确地与这种对复杂性的研究联盟，我猜测冲撞的思想可以从这种研究中引申出来，甚至可以从尝试对科学实践一般性分析的特定案例的思考中引申出来。为了加强这个联盟，我们可以更进一步考察传统的非突现科学，它们的全部的复杂性高度受限于它们的实验背景。分子生物学更多地测试试管中发生了什么而不是家系中发生了什么；夸克标准理论(quark-gauge)，即标准模型，不仅仅受限于粒子物理实验室 250
(大爆炸理论也许同样如此)，而且仅仅针对可观察的稀有现象(就像第六章第二节所提及的那样)。与之形成对照，冲撞作为历史化的普适性理论(就像现存的自然科学中历史化研究分支一样)，则针对具体可见的事物，针对整个世界的表象。[46]作为普适性理论的冲撞所不能抵达的传统科学领域非常狭小。[47]它不值得我们为此进行更多的讨论。

对科学的相对主义观点的标准的反刺(不管它们如何被提高为普适性理论)，就是激发它们直接面对一种具体科学——物理学，例如，让这种反刺指向像我这样试图讨论物理学领域问题的人。展示给世人一种没有夸克的物理学！鉴于现今这一领域已经实施的难以置信的庞大的精力、硬件和资金的投入，这简直是一种离谱的要求。然而，冲撞提出了一个具有诱惑的方法，这个方法直接指向传统粒子物理学，这种物理学至今为止依旧是非突现还原论思想的先锋。下述陈述既是简略的，又在一定意义上是专门性的，我希望以建设性的设想结束我的讨论。

20 世纪 60 年代，关于构建我们的世界的基质问题，在粒子物理学领域存在两种完全不同的相互竞争的认识。一个是夸克模型——一种由永恒的实体建造起来的世界图景（在第三章我们对此进行了讨论）。基于这个模型，物理学家必须做的是，确定夸克的特性，并且对所有其他的现象世界的解释都要以夸克为建造基础。另一个是所谓的 S-矩阵靴带模型。在这个模型中，不存在任何具有特权的物质构成（与“贵族”夸克形成对照，通常美其名为对物质的“民主”理解）。S-矩阵假定了一组表示基本粒子特性（质量、电荷等）以及存在于粒子特性之间的能量的相互关联的成对的非线性方程。基于这个模型，物理学家必须做的是在这些方程中发现一些自我相容的（self-consistent）解决方式，在这种方式中，粒子（质量、电荷等）以及其中的能量，在彼此的循环决定中通过靴带自己
251 使自己解脱。[48]不过，就像实际所发生的那样，夸克模型成为新物理学的核心（第六章第二节），占据了物理学领域的主流的普适性理论的地位，与此同时 S-矩阵靴带模型，作为旧物理学的一部分沉没。然而，我认为靴带模型作为我的普适性理论的一部分，完全可能复兴。[49]

在粒子物理学领域，靴带模型本身就是一个冲撞式研究方向。粒子特性以及粒子之间的能量通过自我协调相互决定的思想，恰恰是物质世界的相互作用式稳定的一种写照。然

而，靴带模型的标准形态的缺陷是它没有时间。靴带方程的传统观点是：它具有唯一的、不随时间变化的解，这个解刻画了（正确地）粒子以及其中能量的特性。但是，这是一条失败的物理学思维路线。成对的非线性方程在分析上是难以处理的，对此它们不能够发现数学上的解。通过设定规则获得的近似的解的图式，使其失去物理学意义。我的见解是，把时间性引入靴带模型可能会使靴带理论焕发生机。也许宇宙本身并不蕴涵对 S-矩阵方程的解。也许（这是我自己的想法），对于我们用心去进行验证的任何层次，宇宙都在持续地击毁它，即使是在我们能够想象的最细微的层面和尺度也是如此[50]。也许，正是在应对这种不匹配的过程中，微观世界在进化。这 252
就是说取代发现对 S-矩阵的永恒的解的尝试，我们应该尝试激发这个矩阵，使其成为粒子及其能量的时间性演化的筑模过程。

当然，自 S-矩阵兴盛时期开始，检验非线性系统的大量的有意义的技术已经发展起来；在我看来，一些更有意义的发现还会从这个研究方向中突现出来。如果这个方向是切实可行的，其发现结果将势必是关于物质基本构成的历史化的进化的描述——尽管我们不能预先保证这种描述将会多么具有说服力。例如，在物质世界的特定部分，我们可以期望发现一些具有有限稳定性的点，这些点在粒子及能量的开放式终结演化的多重性中，实现一种伴随时间变化的相互作用式稳定（其中一些与我们已经发现的世界相关），对此，我们无须发现一些最终的解。谁知道我们最终会发现什么？

这的确是一种猜想，但决非仅仅是出自一种自负，而是基于一个粒子物理学者思想轨迹的具体显现。我希望上述的最后的两段文字足以引申出微观物理学领域的一个新的方向，这个方向完全可以成为作为普适性理论的冲撞的一部分。它提供了一个发生在本身就在冲撞过程中的世界的一个角落的冲撞式人类实践的整体突现和后人类主义的图景，在这个图景中，所有一切都与其他的一切联系在一起，不存在任何固定的东西。这是一个多么美妙的一个冥想图景——力量的舞蹈就像西娃（Shiva——湿婆神印度教的主神之一）的舞蹈……

［注释］

［1］尽管我不能在这里深化这一思想，但依旧值得一提的是：科学的特定的概念化强化了传统的学科认同并倾向于使它们各得其所（Pickering 1993a）。这样，围绕认识论规则的各种分析便立即宣告了对作为实践的一个自治领域的哲学的效忠。关于学科限制和知识生产的有意义的文章，可以参照 Messer-Davidow，Shumway 以及 Sylvan1993。

［2］自 20 世纪 80 年代以来，折衷的多学科的综合，在科学的文化研究领域渐渐变得时髦：在坎贝尔（Campbell 1993）、福勒（Fuller 1992）、吉尔尼（Giere 1988）以及霍尔（Hull 1988）的研究中可以发现许多例证。关于折衷主义的历史以及关于科学的文化研究"内部与外部"的争论，可参见夏平（Shapin 1991）。折衷主义直接坠入了我所谓的平衡问题，也就是认为认识论的和社会的要素的集合体占居要位的问题，这个问题通常赞同一种认识论的"最终解决"。在 Pickering1991b，我说明了这一点如何在吉尔尼（Giere1988）中得以体现；在 Pickring1990a，我则说明在冲撞中不会产生平衡问题。社会理论以折中的方式介入现今社会性敏感的框架，在科学的文化研究中并不罕见。我想起威尔逊（Adrian Wilson）关于社会理论的历史的讨论："我所谓的'社会－历史范式'，由对概念的历史的运用、从这个或那个社会科学中提取出来的方法或启示构成……社会科学会导致一种'对历史学家社会词典的提炼'，统计方法会将精确性赋予历史学家的陈述，社会人类学和社会心理学将为历史学家提供新的、精深的问题。这种新的概念工具终于允许历史学家能够解释'人类社会的作用机理以及人类事务起伏跌宕了，而这一点是政治的历史和宪法的历史所不曾做到的'。"（1993，15—16）

［3］可以认为活动者网络理论达到了同样的目的，尽管这一点从

未被详细说明过。我认为反学科限制在卡伦和拉脱尔对“社会学”以及“社会科学”的频繁攻击中已经被提及。因此，当拉脱尔写到“社会科学是问题的一个部分”以及“我们强烈反对社会科学提供给我们的援助只手”(1988a,161,165)时，我们应该认为他是反对传统的非突现的和人类主义范围内的研究方法，反对将社会学作为学术研究的主导学科的。卡伦的态度则更加明确：“将学术的社会学转换为能够使技术贯穿其全部细节的社会学意味着承认其研究的真正对象既不是社会本身，也不是社会关系，而是同时导引社会、导引技术的活动者网络……，这一点使得放弃基于先前的社会分类和僵硬的社会/自然划分所进行的社会学分析框架成为可能”(1987,99—100)。

[4] 如果不提及我对我所编辑的文集《作为实践和文化的科学》(1992)中文章的频繁引用，我将是不诚实的。正如我在文集的导言中所强调的那样，文集中“哲学家”、“社会学家”、“历史学家”和“人类学家”关于科学的论文，具体说明了一种反学科限制的综合。

[5] 在本章的早期手稿形成中，我与柯恩(Claudine Cohen)，劳(John Law)，罗斯(Joseph Rouse)以及沙夫(Simon Schaffer)进行了富有启发性的交谈和通信，在此致谢。

[6] 沙夫向我强调了两个方向的相交。他提到：“最新近的历史研究开始倾心于(物理学工作场所)的劳动过程。在这些研究中，两个重要的变化相伴出现。第一，对实践的关注开始取代对文本的关注……第二，地图(maps)开始取代历史。科学年鉴编撰者经常认为他们的任务是讲述自然知识在时间中发展的故事。然而，当代的科学的文化研究在一定程度上显示为一种地理学的隐喻……科学的地图(maps)以及技艺和技术的网络在新近的研究中已经成为寻常……物理学对这个世界的控制需要一个扩展了的、复杂的实践对物理学的反向控制。”(1993b,1)

[7] 例如，罗斯向我坚持：科学的文化研究集中关注在时间中的变化，但是研究一下他的重要文章《什么是科学知识的文化研究》(1992)是非常有意义的。他对“文化”的最准确的定义是：“文化是针对它的异质性(包括‘物质文化’、各种社会实践、语言学传统或认同、共同体以及一致性的组合)以及它的结构内涵或意义领域的一种选择。”(2)这个

定义与我自己对的文化印象非常相似。罗斯继而阐述"我在广义上使用科学知识的文化研究术语,这个术语包括对各种实践的多种研究。在这些实践中,科学知识在特定的文化背景中被连接和保留,继而被转移和扩展到新的文化背景中。"这似乎是罗斯在我称之为实践研究(当然,在这个领域中罗斯自己的哲学著述针对文化在时间中的转换问题表现出了自己的见解。参见 Rouse1994)的标题下对我所谓的科学的文化研究进行一种汇聚。罗斯文章的主体由用来刻画科学的文化研究的6个方面构成,即:"科学的反本质主义;对科学实践非解释性参与;强调科学知识的物质性;尤其强调科学实践的文化开放性;颠覆而不是反对科学实在论或把科学视作价值中立的见解;从科学文化内部信奉认识论和政治批判主义"(7)。这些方面与我所做的分析相当吻合,但其中任何一个都没有直接说明真实时间中的文化转换。只有其所涉及的"文化开放性"显现出与冲撞的一个交叉点,而事实上依旧不是真正的交叉点。与其说其倡导在时间中开放式终结的文化扩展,不如说其倾向于科学与科学之外的世界的横向结合:"科学知识的文化研究展示了穿越科学与文化的其他部分相区别的界限的持续的交通往来"(13;更多的讨论参见 12—17)。

[8] 我的区分的确粗糙;在下面讨论的方方面面之间一定有相当的交叉。另外,我在每一方面的引述意在作为例证说明我所研究领域的著述的特定的片段;它们不应该被认为是详尽无遗的。我还要强调下面的论述中我关注的是科学的文化研究的实证发现(历史学的和人种学的),因为这些正是我要探讨的东西。然而这并不是说我所引述的科学的文化研究著述的作者欠缺实证研究精神。我认为,他们只是集中关注哲学、社会理论和历史编纂学中的中心问题。

[9] 关于科学理性的其他的历史化意义(historicizing accounts),参见 Ginzburg 1980,1989,Hannaway 1975,Daston 1993,Daston 和 Galison1992,以及 Porter1992a,把同样的历史化策略对科学的"客观性"施加巨大的作用;关于"表征",参见 Beyerchen1989;Lynch 1985a,1985b,1991b,1993a;以及 Lynch 和 Woolgar1990。

[10] 于是,这种关于科学的文化研究的分类,就从一个不同于第六章第四节论述的角度带我们回到冲撞的理性、冲撞的客观性。

［11］回到我早先的讨论，提及“网络”隐喻的核心及其符号学的表现（第一章第三节）如何鼓励一种活动者网络理论的文化－科学研究的联合、同时抑制一种对暂时性的系统性关注是必要的。

［12］更多的例证可参见 Biagioli 1990a，1990b；Galison 1990，1991，1993；Haraway 1985；Hughes 1983；Lenoir 1992；Milller 1992；Miller 和 O'Leary 1994；Miller 和 Rose 1993；Rose 1990；Rose 和 Miller 1992；Schaffer 1988，1992 a，1992 b，1993 a，1993 b；Shapin 和 Schaffer 1985；Traweek 1988，1992；Wise 1988，1993，1995；以及 Wise 和 Smith 1989—90。

［13］贝尔德实际上在掩饰他的研究是“一种新的科学知识、科学手段”（1993，268）。我的研究得益于其关于把物质对象视为知识是否有用的几个问题的讨论；我们将继续在这个论题上展开讨论。

［14］这里我们可以回到第六章第二节结尾提及的非表征性的不可通约性的概念。例如，在 Baird 文章的标题中出现的“革命”概念，表明了两个时代的分析化学界定了科学生活的断裂形式，但是，正如他所陈述的那样，一个时代向另一个时代的转移“并不含有理论上的变化”（1993，267）。其他的一些例证则强调文化研究领域内，超越科学的文化研究范围的其他的对比和差异。参见 Baudrillard 1988a；Eisenstein 1983；Greenblatt1991；Said1978；以及 Taussing 1987。Baudrillard1988a。具体说明了这样一个思想：由于在一个轴线上清楚明白地刻画，在另一轴线上可能不再能够清楚明白地刻画，两种文化（当代美国和欧洲）便不可通约。这种不可通约的观点的出发点来自于知识如何把握我们的世界的传统讨论。

［15］在文化研究领域这个不完善的关于时间的见解，对于解决我与罗斯关于时间以及科学的文化研究问题的争论可能已经足够。我要强调，可能我们从实践中学到的，远比对被时间（或许还有空间）分割开来的文化的断裂进行深思所得到的多得多。同样值得提及的是：对差异和断裂的文化研究非常容易滑入传统的解释框架。在缺乏对文化演化的细节追踪的条件下，按照我的定义，科学的文化研究只能在多重要素和多重层面之间建立关系和联合，但这里的诱惑是不加反思地将解释优先权分派给这些要素。例证就是在文化研究著述中僵硬的讨论

(constraint talk)的盛行。

[16] 关于反学科限制，参见这一章中对柯林里(Stefan Collini)的公开引语，引语继续道："在文化研究领域一个普遍的认识就是对已经制度性地完备建立起来的学科类别之间的界限和障碍的极度不满"(1994,3)。

[17] 在文化研究领域内导引类似结论的另外一个交叉，我们可以查阅 Times Literary Supplement 的 10 个评述以及倾注于文化研究的长篇宣传(1994)。在一篇主要文章中，柯林里首先指出："对术语文化研究的使用如此多样"以至使得"用主要内容和方法"来界定它的试图"注定失败"。但事实上，随后他便给出其自己的界定："我们关注的不是单数意义上的'文化'(culture)，而是在符号系统中表示为复数的文化 (cultures) 以及实践(practices)，这种文化和实践使得不同的群体在生活中创造不同的生活意义。对文化术语的这种使用显然更多地归功于人类学而不是 Arnold"(3—4)。沿着同样的脉络，我们可以查阅在其颇具影响的文章《后现代主义，或晚期资本主义的文化逻辑》中得出的结论："适合我们自身状况的政治文化的模式必然会引起与其基础组织相关的空间问题……后现代的政治形式，如果其果真存在过，就其禀性来说将会拥有对整体认知地图(cognitive mapping)的发明和设计，在社会范围和空间范围上都是如此"(1984,51,54)。关于文化研究的政治学，参见下述讨论。

[18] 尽管这将是引起争议的，我还是认为在"科学的文化研究"(1992)的作者中，哈拉维是在此问题上唯一有所贡献的人(1992)；还可参见 Haraway 1991a。

[19] 哈拉维以提出这样一个断言开始讨论，即："我们的生活正在从一个有机的、工业社会走向一个多态的、信息系统——从工作到玩乐，彻头彻尾的游戏(from all work to all play, a deadly game)"。同罗斯一样，她显示出对真实时间中实践的关注。她继续到："一分为二可以用下列图表中从安逸的旧的科层统治到我称之为信息统治的骇人的新网络的转换来描述。图表分为两栏，分别对应着变换的两端。它几乎占满了一页篇幅，左边一栏是表征"，"资产阶级小说，现实主义"，"有机体"，"深度，完整性"，"热"；右边一栏是"模拟"，"科幻小说，后现代主

义”,“生物组件”,“表面,界限”,“噪音”(161—62)。左右两栏并没有标记为“宣言”,但随后一页的一个段落以第二次世界大战作为两栏的分界开始,同时以现代性作为第二栏的结尾。对于哈拉维的思想来说,这个一分为二的图表的重要性是显然的。这种重要性再明显不过地表现在收集的哈拉维的三篇文章中 1991b(44,161—62,209—10)。最初,图表标记为二次大战之前,二次大战之后(44)。但在“宣言”中,哈拉维随即使用这一图表来强调文化的历史性:“右边的对象不能编码为‘自然的’,它是颠覆左边的自然主义编码的实现”(162)。

[20] 这里有些复杂。哈拉维用赛博形象来表明人类/非人类共生的强度和自我意识,表明他用来刻画战后时期的状况的人类/非人类融合(不是在文化的一般意义上表明)。然而,在其他地方,她则给予战前和战后的文化形成更对称的关注,并且认同人类与非人类力量双向的操作性连接(哈拉维 1979)。回应拉脱尔(Latour 1993b),我们可以领略她所展示的我们以前从未注意的人类的赛博存在。

[21] 也许文化研究能够从这个过程中学习到一些东西:与哈拉维不同,文化研究领域的大部分著述始终在使用表征性语言(例如,可参见 Penley 和 Ross1991 关注主流文化研究中技术王国的研究成果)。

[22] 拉脱尔(Latour 1993b)并没有终止于政治讨论。他强调我们需要一个“事物的国会”(Parliament of Things),但“我们并非要发动另一场革命创建这个国会。我们只需要认可我们已经做了什么,让我们重新思考我们的过去,让我们回首认识在何种程度上我们从未现代过,让我们把被霍布斯和波义尔撕裂的一个符号的两半重新拼合起来”(144)。然而,拉脱尔从未明晰过“我们到底已经做了什么”,在“认可”这个空白支票之前,存在着大量的值得犹豫徘徊的理由。这个空白就是科学的文化研究在政治思想中发挥作用的地方,就像下述讨论所论及的那样。

[23] 为下述的讨论我向斯密斯(Barbara Herrnstein Smith)致谢。

[24] 在“宣言”开篇的句子中,哈拉维把文化分析和政治视为等同。哈拉维将此表述为:“建造忠实于女权主义、社会主义和物质主义的讽刺性的政治神化的一种努力……讽刺一般针对幽默和严肃剧。它同样可以是一种叙事策略和政治方法,借此我可以在社会主义的女权

主义中看到更多的荣耀。我的反讽信念的核心，即亵渎神明的言行，正是赛博的形象。”(149)在本书中我不打算为明晰讨论而选择一些女权主义的研究成果，因为我选择的例证不会对本书有太大的帮助；相反，我发现在女权主义的领域中，很少关注我所界定的实践。我们可以求助于罗斯获得一些女权主义关于科学的文化研究的成果。我感谢劳向我指出“宣言”中的赛博形象也引发了女权主义研究学者的第二个主题(除了后现代主义之外)，即：“破碎的统一”(fractured identities(151—61)——一种多重性、自我去中心以及社会性形成。鉴于上述原因，我不想陈述这一主题，但可以参见 Graham1994；Mol 1991；Singleton 和 Michael 1993；Star 1991a；以及 Strathern 1991。

[25] 贝尔德标明的在分析化学的旧时代与新时代之间的转换是一场“大革命”，既意味着这种特殊的文化转换是许多科学从以往形态通向现在形态的典型形式，也意味着承认在 STS 的当代构成中这种转换对政治思想的重要性(Biard 1993，288—89；“大革命”的思想来自于 Hacking 1987)。

[26] 在《大图景》中，坎宁安(Cunningham)和威廉姆斯(Williams)建议：我们应该把科学革命的日期移动到现在，认为“1760—1848 这段时期是安置科学发明的更加可靠的地方”(1993，410)。塞柯德(Secord)的导言则认为，“对科学而言，下述的数篇文章指出了 1800 年前后十年时间的极端重要性，无论是在欧洲的意义上，还是在其成果输出到世界的其他地区的意义上，情况都是如此”(1993，388)。“不幸的是”他继续到：“对于第一次涉及这些研究的任何人来说，这段时期的重要意义并不显著。在化学、地质学和生理学(等等)的复杂历史中，事实已经被戏弄出去”。

[27] 类似的，在科学的历史编纂学中，克里斯蒂(Christie 1993，404)主张“一种从认识论概念到操作性概念的转换”，他的整篇文章富有洞见地展开了这一主张(我在撰写本章中才触及到这一点)：理论性意义以及转换中的困难。

[28] 在我关注下述的工业时代的同时，我应该澄清的是：我并非认为科学的操作性历史编纂学绝对从工业革命开始。按照定义，关注工业机器和工厂的组织行为在工业革命之前不可能出现，不过，如果在

人类力量与非人类力量(房屋建设、农耕、捕鱼、航运、战争等等)实践性地较量的意义上理解社会和科学的历史,这一点还是清楚的。需要撰写另外一部书发展这一思想,不过,贝尔纳(Bernal 1969)为这个领域提供了一个基本的描述轮廓。我们还可以通过对军事机械和战争的关注从前工业时期的科学的历史中得到许多。例如,沃斯(Voss 1992)分析了16世纪在应用数学和炸弹投掷的结合中物理学的突现。正如Mahoney陈述的那样,"事情与其说是选择不如说是强调,如果不去关注柏拉图学院,甚至不去关注Accademia dei Lincei,而去关注威尼斯军火库,对伽利略的新科学会有最好的认识"(手稿,p5)。

[29] 一旦我们开始理解现代科学和工业之间联系的多重性,"纯粹的科学"远非科学的自然状态(与科学的表征主义历史的认定相反的状态)就变得清楚了。现今存在着的纯粹科学,应该被视作一种特殊的历史成就。欧洲的高能物理实验室CERN的建立是一个滑稽的,甚至是一个自相矛盾的科学如何被不经意地纯化了的例证。在1954年开始的时候,CERN的研究纲领明确表明要从受国际政治势力支持的军事和经济领域脱离出来,主要不是因为欧洲国家要支持纯粹的科学,而是因为在战后重建时期他们要同没有向这个或那个经济和军事利益让步的国际科学组织合作(Hermann 等 1987;Pestre 和 Kriege1992)。1993年美国对超导的高能粒子加速器(superconducting supercollider)的取消,是说明科学成就的纯化是多么的脆弱的例证,这种取消与冷战结束的巧合意味着科学的纯化只能是相对的。

[30] 关于科学的文化研究模式中操作性历史编纂学的一些例证,可以参见上述注解9和注解12涉及的19世纪和20世纪的著述。毫无疑问,从现存的科学的历史、技术的历史、商业的历史以及战争的历史等研究工作中,我们可以吸收大量的文献说明操作性历史编纂学,但是,这些片段如何连接起来、在把它们从理所应当的传统解释结构中剥离出来之后保留哪些内容、哪些保留下来的内容需要透彻的思考呢?自然这意味着作为一种类型的综合的科学史将会被废弃。就像克里斯蒂所认为的那样:自1962年以来,存在的不是历史编纂学中理论发展和实证成果的有机结合的一般性的综合的科学史"(Christie 1993,400)。随后他继续讨论操作性大图景的建造承受的实际的困难——我

们必须了解和掌握数量巨大的异质性主题(从传统的学科视角来看)。

[31] 在这里我承受着我自己的语言的谴责,至少在一个方面是这样。第二章到第四章(尽管没有第五章)主要关注的是来自于纯粹科学的例证,而在第二章和第三章(同样不包括第五章)所关注的机器和设备则直接来自于我刚才提到的研究视角,即直接与对世界的科学表征和知识联系在一起,而不是与作为世界的产物的东西联系在一起。很显然当我开始出发达到本书的最高目标时,我自己也处在表征的咒语之下。出于为自己辩护,我只能表明,对我而言向操作性语言的转换,出自于我在本书整个上篇所进行的研究。转换所需要的是我在表征性历史编纂学的中心地带的研究所得出的结论,而不是基于它们的一种假定。

[32] 在活动者网络理论中,卡伦和拉脱尔强调了类似的作用(也可以参见 Knorr-Cetina1988)。在整个的科学的文化研究领域,比例不变(scale invariance)的思想已经非常流行,在混沌理论和碎片图象(fractal imagery)的意义上发现这种表述。巴奇瓦尔德(Jed Buchwald)曾经向我描述斯密斯(Smith)和怀斯(Wise)1989 年的著作的内容为"碎片历史"(fractal history),霍特(Piet Hut)曾经说过"碎片的库恩"(fractal Kuhn),最近到达我的信箱的一个刊物的一篇文章题为《哲学的碎片或作为形而上学的历史》(Murphy1993)。

[33] 注意一下第七章第二节讨论的贝尔德和哈拉维的著作,他们在二战中设置了文化的分叉(两分)的转换。凯弗莱斯和吉尔森(1995)强调在 20 世纪实验科学发展中两次世界大战的构成性角色。

[34] "截止 1942 年年底,拉德(Rad)实验室的预算已经达到每月 1 150 000 美元,集结了将近 2 000 名员工。到 1945 年,人数达到将近 4 000,四分之一为学术工作人员,其中将近 500 人是物理学家"(307)。在贝克莱的加利弗尼亚大学的劳伦斯(E. O. Lawrence)的战前拉德实验室是二次大战期间大科学扩张的极有影响的模式。参见赫尔伯朗(Heilbron)和塞德尔(Seidel)1990 关于拉德实验室的著述、以及伽里森和海弗里(Hevly)1992 关于更一般的大科学发展的历史的著述。

[35] 在 NDRC 中军事人员和民用技术人员同时出现,明显表现了早期的融合。在实践水平上,"珍珠港事件后以及 ASV 的成功、还有陆

军和海军军官在 MIT 建立居住地以便使他们可能的军事技术保持微波技术系统前沿水平、让物理学家知道当前的军事需要”这一事实，也说明了这种融合(306)。“圆形监狱”是福柯讨论的一种单向监视技术力量。有趣的是 JNW 的工作是双向的，是一种双重“圆形监狱”。

[36] 正如莫斯(Philip Morse)，海军反潜艇战争实施研究小组的领袖，在 1942 年所陈述的那样，“我们进入海军领域比任何人能够想象的可能更加深入，我认为我们还可以更加深入”(1977，187)。

[37] 回到早些时候(第一章)我的一个观点，我不认为活动者网络理论中“网络”隐喻能够非常恰切地把握我所概括的拓扑变换。特别是，“折叠”不能非常恰切地概念化为节点之间的线形连接。这里，我们可能也会评论这样一些问题，即因“语境主义”(Contextualism)引发的讨论情节。这种讨论的基本思想是：我们可以通过展示科学发展所置身的广阔的背景(上下文)来克服科学的历史编纂学中传统的内部/外部界限。在这种情形中，科学与军事的共生如此强势，作用于彼此之间的相互转换实在难以捕获，以至我们很难在彼此的发展中产生双方互相提供背景(语境)思想。关于这一点的更多的讨论，以及关于强共生发展的上下文主义的历史编纂学所预期的格式塔转换，可参见 Pickering 1992a。

[38] 关于工业研究实验室发展的历史，可参见 Noble 1979；Van den Belt 和 Rip 1987；以及 Hounshell 1992。贝尔特(Van den Belt)和里普(Rip)的文章针对德国 19 世纪晚期，围绕有机化学工业的专利法产生过程的冲撞作出了精彩的说明。我注意到二次世界大战期间军事和科学的冲撞，同样可以被认作是先于工业和科学冲撞的冲撞。例如，1920 年建立的 MIT 技术计划就是双向圆型监狱监视(double panopticism)的一个早期例证：其策略旨在使大学内部的研究工作能为工业所见，反之，也是同样。(Nobel1979，142—44)

[39] 在 20 世纪晚期，我们不需要旅行太远就可以遭遇到非标准的力量(nonstandard agency)。参见 Collins1992，第 5 章以及 Collins 和 Pinch1998 关于超自然现象。

[40] 仅仅是在我完成了对冲撞的分析之后，我才开始思考进化的生物学。我得益于吉尔森针对进化的生物学的多种学派的讨论以及其

关于这些讨论与现今观点的关系分析。

[41]“转换”是马图兰拉和瓦里拉(Varela)为一种形态的变化趋势以及任何机体的历时性变化性质而使用的术语。我感谢斯密斯(Barbara Herrnstein Smith)使我注意到这本著作。

[42]为了更确切一些,这个思想应该是这样的,即如果我们发现思考DNA和基因的再生产是富有成果的,那么我们 就应该认为它们处在一个实践的平面上(生物的生产与再生产的平面),而不是游离在这个过程之外。马图兰拉和瓦里拉有着类似的思想:“对称之为基因的这些要素的修饰强烈地影响着细胞的结构是非常肯定的。错误潜存于把必要的参与于独特的回应混杂在一起。同样的我们可以说一个国家的政治构成决定了这个国家的历史。这一点显然是荒谬的。在任何历史中政治构成都是必要的因素,但是它并不包含特化这个历史的‘信息’”(1992,69)。删去折中的一段(部分突现地,部分非突现地),我会认为在实践中政治构成本身就是可修正的,历史完全能够在政治缺席的情形下演进。

[43]或者参见詹姆斯(William James):“理性主义实在是出自于永恒的、现成的、完整的东西,同时实用主义则还处在形成中,还在等待从未来中获得它的复杂性。一方面,宇宙绝对是牢固的,另一方面,它依旧正在历险。”([1907,1908] 1978,123)。另外,我们还可以解读德勒兹和瓜塔里作为普适性的整体(entirety as TOE)的思想。波普提出了一个一般性的观点:“通常认为,与其徒劳地在社会学中追寻物理学的例证,不如在物理学中追寻历史社会学的例证……急切地强调物理学和社会学统一的历史学家尤其倾向于沿着这种路径思考”([1957] 1986,103)。他引用了纽拉特(Neurath)的一篇文章。通过阅读施韦伯(Schweber)即将发表的文章,我为这里讨论的皮尔斯的思想而惊讶。我感谢他送来尚未发表的文章。

[44]皮尔斯以我早些时候引用的摧毁断言(frustrating assertion)作为文章的结束,即:他的普适性理论(TOE)“通过我的阐述已经奏效。它说明了我们所知道的宇宙的主要特性——时间、空间、物质、力量、引力、电等等。它预测了新的观察将会证实的更多的事情。未来的一些学生也许会涉猎这个领地,并且有闲暇给这个世界一些他们的研究结

果”([1891] 1923,177—78)。

[45] 我得益于拉脱尔对经典的实证主义的人类主义的强调(参见Latour 1992b,136,在那里他说他的分析是“实用主义的一种形式,只是扩展到了非人类活动者那里”),注解 43 中的引语来自于著名的题为《实用主义和人类主义》的文章。

[46] 我已经强烈反对过在解释人类实践中发现持久不变的基质的企图;这里我们必须想象我的这个观点贯穿着万事万物的演化。

[47] 对传统自然科学的狭隘性的抱怨在霍恩(Giora Hon 1993)那里得到了很好的表述,他继续在呼吁新的可以看得见的物理学。我得益于他就这个主题的激动人心的讨论,我也希望下述的思想能够赢得他的赞同。

[48] 回到我早些时候论及基本粒子理论的狭隘性的观点。值得注意的是,现今流行的对罕见的基本粒子事件的格外的兴趣是与 20 多年以来夸克模型的发展紧密联系在一起的。与之形成对比,传统 S-矩阵研究方向则主要关注一般的现象。同样值得注意的是,20 世纪 70 年代晚期,类夸克结构据称从 S-矩阵的计算中突现出来了(Pickering 1984b,415)。

[49] Pickering 1984b 包含了许多针对夸克模型的细节;第三章第四节讨论了 S-矩阵的研究方向。较前者而言,后者具有更多的希奇古怪的形而上学断想。例证参见卡普拉(Capra 1975)。在阅读柯克林(G. Cocconi 1970)——一个实践的基本粒子物理学家——的精彩文章时,我被下面的思想强烈地吸引。柯克林也提出了对基本粒子世界的演化性理解的可能性,尽管不是沿着下述讨论的路径演化。

[50] 这是对第七章第四节介绍的比例不变的思想作为普适性理论(TEO)的一个概括。

# 索 引

（索引中的页码为原著页码，查阅时请查本书边码）

# References

Ackermann, R. J. 1985. *Data, Instruments, and Theory: A Dialectical Approach to Understanding Science.* Princeton: Princeton University Press.

———. 1991. Allan Franklin, Right or Wrong? In A. Fine, M. Forbes, and L. Wessels, eds., *PSA 1990: Proceedings of the 1990 Biennial Meeting of the Philosophy of Science Association,* vol. 2, *Symposium and Invited Papers* (East Lansing, MI: Philosophy of Science Association), pp. 451–57.

Adams, H. 1961. *The Education of Henry Adams: An Autobiography.* Introduction by D. W. Brogan. Boston: Houghton Mifflin.

Alvarez, L. 1987a. *Alvarez: Adventures of a Physicist.* New York: Basic Books.

———. 1987b. Recent Developments in Particle Physics. Nobel lecture. 1968. Reprinted in Trower 1987, pp. 110–53.

Ashmore, M. 1989. *The Reflexive Thesis: Wrighting Sociology of Knowledge.* Chicago: University of Chicago Press.

———. 1993. Behaviour Modification of a Catflap: A Contribution to the Sociology of Things. *Kennis en Methode* 17:214–29.

Ashmore, M., R. Wooffitt, and S. Harding, eds. 1994. *Humans and Others: The Concept of "Agency" and Its Attribution.* Special issue of *American Behavioral Scientist* 37 (6).

Baigrie, B. 1994. Scientific Practice: The View from the Tabletop. In J. Buchwald, ed., *Scientific Practice: Theories and Stories of Physics* (Chicago: University of Chicago Press, 1995), pp. 87–122.

Baird, D. 1993. Analytical Chemistry and the "Big" Scientific Instrumentation Revolution. *Annals of Science* 50:267–90.

Baird, D., and A. Nordmann. 1994. Fact-Well-Put. *British Journal for the Philosophy of Science* 45:37–77.

Barnes, B. 1974. *Scientific Knowledge and Sociological Theory.* London and Boston: Routledge and Kegan Paul.

———. 1977. *Interests and the Growth of Knowledge.* London and Boston: Routledge and Kegan Paul.

———. 1982. *T. S. Kuhn and Social Science.* London: Macmillan.

———. 1991. How Not to Do the Sociology of Knowledge. In A. Megill, ed., *Rethinking Objectivity*, part 1. Special issue of *Annals of Scholarship* 8, nos. 3–4: 321–35.

Barnes, B., and D. Bloor. 1982. Relativism, Rationalism, and the Sociology of Knowledge. In M. Hollis and S. Lukes, eds., *Rationality and Relativism* (Cambridge: MIT Press), pp. 21–47.

Bastide, F. 1990. The Iconography of Scientific Texts: Principles of Analysis. In M. Lynch and S. Woolgar, eds., *Representation in Scientific Practice* (Cambridge: MIT Press), pp. 187–229.

Baudrillard, J. 1988a. *America*. New York and London: Verso.

———. 1988b. *Jean Baudrillard: Selected Writings*. Edited by M. Poster. Stanford: Stanford University Press.

Becchi, C., G. Gallinaro, and G. Morpurgo. 1965. Measurement of Small Charges in Macroscopic Amounts of Matter: Discussion of a Proposed Experiment and Description of Some Preliminary Observations. *Nuovo Cimento* 39:409–12.

Becchi, C., and G. Morpurgo. 1965a. Test of the Nonrelativistic Quark Model for "Elementary" Particles: Radiative Decays of Vector Mesons. *Physical Review* 140B:687–90.

———. 1965b. Vanishing of the E2 Part of the $N^*_{33} \to N\text{-}\gamma$ Amplitude in the Non-relativistic Quark Model of "Elementary" Particles. *Physics Letters* 17:352–54.

Bernal, J. D. 1953a. *Science and Industry in the Nineteenth Century*. London: Routledge and Kegan Paul.

———. 1953b. Science, Industry, and Society in the Nineteenth Century. In S. Lilley, ed., *Essays on the Social History of Science*, special issue of *Centaurus* 3:138–65.

———. 1969. *Science in History*. 4 vols. 3d ed. Cambridge: MIT Press. 1st ed. published 1954.

Bernstein, R. 1983. *Beyond Objectivism and Relativism: Science, Hermeneutics, and Practice*. Philadelphia: University of Pennsylvania Press.

Beyerchen, A. D. 1989. Nonlinear Science and the Unfolding of a New Intellectual Vision. *Papers in Comparative Studies* 6:25–49.

Bhaskar, R. 1975. *A Realist Theory of Science*. Leeds: Leeds Books.

Biagioli, M. 1990a. The Anthropology of Incommensurability. *Studies in History and Philosophy of Science* 21:183–209.

———. 1990b. Galileo the Emblem Maker. *Isis* 81:230–58.

Bijker, W., T. Hughes, and T. J. Pinch, eds. 1987. *The Social Construction of Technological Systems: New Directions in the Sociology and History of Technology*. Cambridge: MIT Press.

Bijker, W., and J. Law, eds. 1992. *Shaping Technology/Building Society: Studies in Sociotechnical Change*. Cambridge: MIT Press.

Bloor, D. 1981. Hamilton and Peacock on the Essence of Algebra. In H. Mehrtens, H. Bos, and I. Schneider, eds., *Social History of Nineteenth Century Mathematics* (Boston: Birkhäuser), pp. 202–32.

———. 1983. *Wittgenstein: A Social Theory of Knowledge*. London: Macmillan.

———. 1991. *Knowledge and Social Imagery.* 2d ed. Chicago: University of Chicago Press. 1st ed. published 1976.
———. 1992. Left and Right Wittgensteinians. In A. Pickering, ed., *Science as Practice and Culture* (Chicago and London: University of Chicago Press), pp. 266–82.
Boole, G. 1847. *Mathematical Analysis of Logic: Being an Essay towards a Calculus of Deductive Reasoning.* Cambridge: Macmillan, Barclay, and Macmillan.
Braverman, H. 1974. *Labor and Monopoly Capital: The Degradation of Work in the Twentieth Century.* New York: Monthly Review Press.
Brown, J. L., D. A. Glaser, and M. L. Perl. 1956. Liquid Xenon Bubble Chamber. *Physical Review* 102:586–87.
Bugg, D. V. 1959. The Bubble Chamber. *Progress in Nuclear Physics* 7:1–52.
Callon, M. 1986. Some Elements of a Sociology of Translation: Domestication of the Scallops and the Fishermen of St Brieuc Bay. In J. Law, ed., *Power, Action and Belief: A New Sociology of Knowledge?* Sociological Review Monograph 32 (London: Routledge and Kegan Paul), pp. 196–233.
———. 1987. Society in the Making: The Study of Technology as a Tool for Sociological Analysis. In W. Bijker, T. Hughes, and T. J. Pinch, eds., *The Social Construction of Technological Systems: New Directions in the Sociology and History of Technology* (Cambridge: MIT Press), pp. 83–103.
———. 1991. Techno-Economic Networks and Irreversibility. In J. Law, ed., *A Sociology of Monsters? Essays on Power, Technology, and Domination* (London: Routledge), pp. 132–61.
———. 1994. Four Models for the Dynamics of Science. In S. Jasanoff, G. E. Markle, J. C. Petersen, and T. J. Pinch, eds., *Handbook of Science and Technology Studies.* Los Angeles: Sage.
Callon, M., and B. Latour. 1981. Unscrewing the Big Leviathan, or How Do Actors Macrostructure Reality? In K. Knorr-Cetina and A. Cicourel, eds., *Advances in Social Theory and Methodology: Toward an Integration of Micro- and Macro-Sociologies* (Boston: Routledge and Kegan Paul), pp. 277–303.
———. 1992. Don't Throw the Baby Out with the Bath School! A Reply to Collins and Yearley. In A. Pickering, ed., *Science as Practice and Culture* (Chicago and London: University of Chicago Press), pp. 343–68.
Callon, M., and J. Law. 1989. On the Construction of Sociotechnical Networks: Content and Context Revisited. In L. Hargens, R. A. Jones, and A. Pickering, eds., *Knowledge and Society: Studies in the Sociology of Science, Past and Present,* vol. 8 (Greenwich, CT: JAI Press), pp. 57–83.
Campbell, D. T. 1974. Evolutionary Epistemology. In P. A. Schilpp, ed., *The Philosophy of Karl R. Popper,* Library of Living Philosophers, vol. 14, part 1 (LaSalle, IL: Open Court), pp. 413–63. Reprinted in *Methodology and Epistemology for Social Science,* edited by E. S. Overman (Chicago: University of Chicago Press, 1988), pp. 393–434.
———. 1993. Plausible Coselection of Belief by Referent: All the "Objectivity" That Is Possible. *Perspectives on Science* 1:88–108.
Capra, F. 1975. *The Tao of Physics.* London: Fontana.

Cartwright, N. 1983. *How the Laws of Physics Lie.* Oxford: Oxford University Press.

———. 1989. *Nature's Capacities and Their Measurement.* Oxford: Clarendon Press.

Castaneda, C. 1968. *The Teachings of Don Juan: A Yaqui Way of Knowledge.* Harmondsworth, England: Penguin.

Chalmers, A. 1992. Is a Law Reasonable to a Hume? *Cogito* (winter): 125–29.

Christie, J. R. R. 1993. Aurora, Nemesis, and Clio. In J. A. Secord, ed., *The Big Picture,* special issue of *British Journal for History of Science* 36 (4): 391–405.

Clarke, A., and J. Fujimura, eds. 1992. *The Right Tool for the Job: At Work in Twentieth Century Life Science.* Princeton: Princeton University Press.

Cocconi, G. 1970. The Role of Complexity in Nature. In M. Conversi, ed., *Evolution of Particle Physics* (New York: Academic Press), pp. 81–87.

Cohen, M. R. 1923. Introduction to C. S. Peirce, *Chance, Love, and Logic: Philosophical Essays,* edited by Morris R. Cohen. New York: Harcourt, Brace.

Collini, S. 1994. Escape from DWEMsville. *Times Literary Supplement,* 27 May 1994, pp. 3–4.

Collins, H. M. 1990. *Artificial Experts: Social Knowledge and Intelligent Machines.* Cambridge: MIT Press.

———. 1992. *Changing Order: Replication and Induction in Scientific Practice.* 2d ed. Chicago: University of Chicago Press. 1st ed. published 1985.

———. 1994. Dissecting Surgery: Forms of Life Depersonalized. *Social Studies of Science* 24:311–33.

Collins, H. M., and M. Kusch. Forthcoming a. Automating Airpumps: An Empirical and Conceptual Analysis.

———. Forthcoming b. Two Kinds of Actions: A Phenomenological Study.

Collins, H. M., and T. J. Pinch. 1982. *Frames of Meaning: The Social Construction of Extraordinary Science.* London: Routledge and Kegan Paul.

Collins, H. M., and S. Yearley. 1992a. Epistemological Chicken. In A. Pickering, ed., *Science as Practice and Culture* (Chicago and London: University of Chicago Press), pp. 301–26.

———. 1992b. Journey into Space. In A. Pickering, ed., *Science as Practice and Culture* (Chicago and London: University of Chicago Press), pp. 369–89.

Crowe, M. J. 1985. *A History of Vector Analysis: The Evolution of the Idea of a Vectorial System.* New York: Dover.

———. 1988. Ten Misconceptions about Mathematics and Its History. In W. Aspray and P. Kitcher, eds., *History and Philosophy of Modern Mathematics* (Minneapolis: University of Minnesota Press), pp. 260–77.

———. 1990. Duhem and History and Philosophy of Mathematics. *Synthese* 83:431–47.

Cultural Studies. 1994. *Times Literary Supplement,* 27 May 1994, pp. 3–13.

Cunningham, A., and P. Williams. 1993. De-Centring the "Big Picture": *The Origins of Modern Science* and the Modern Origins of Science. *British Journal for the History of Science* 26:407–32.

Cussins, A. 1992a. Constructing a World in a Painting. In A. Cussins, B. Latour,

A. Lowe, and B. Smith, *Registration Marks: Metaphors for Subobjectivity* (London: Pomeroy Purdy Gallery), pp. 9–21.
———. 1992b. Content, Embodiment, and Objectivity: The Theory of Cognitive Trails. *Mind* 101:651–88.
Daston, L. 1993. The Moralized Objectivities of Nineteenth-Century Science. University of Chicago. Manuscript.
Daston, L., and P. Galison. 1992. The Image of Objectivity. *Representations* 40:81–128.
Davidson, D. 1973–74. On the Very Idea of a Conceptual Scheme. *Proceedings of the American Philosophical Association* 17:5–20.
Deleuze, G., and F. Guattari. 1987. *A Thousand Plateaus: Capitalism and Schizophrenia*. Minneapolis: University of Minnesota Press.
Deleuze, G., and C. Parnet. 1987. *Dialogues*. New York: Columbia University Press.
Denzin, N. 1992. *Symbolic Interactionism and Cultural Studies: The Politics of Interpretation*. Oxford: Blackwell.
Dewey, J. 1923. The Pragmatism of Peirce. In C. S. Peirce, *Chance, Love, and Logic: Philosophical Essays,* edited by M. R. Cohen (New York: Harcourt, Brace), pp. 301–8.
Duhem, P. 1991. *The Aim and Structure of Physical Theory.* Princeton: Princeton University Press.
Edwards, D., M. Ashmore, and J. Potter. 1994. Death and Furniture: The Rhetoric, Politics, and Theology of Bottom Line Arguments against Relativism. *History of the Human Sciences* 7 (4).
Eisenstein, E. L. 1983. *The Printing Revolution in Early Modern Europe*. Cambridge: Cambridge University Press.
Feyerabend, P. K. 1962. Explanation, Reduction, and Empiricism. In H. Feigl and G. Maxwell, eds., *Scientific Explanation, Space, and Time,* Minnesota Studies in the Philosophy of Science, vol. 3 (Minneapolis: University of Minnesota Press), pp. 28–97. Reprinted in *Realism, Rationalism, and Scientific Method: Philosophical Papers* (Cambridge: Cambridge University Press, 1981), 1:44–96.
———. 1965a. On the Meaning of Scientific Terms. *Journal of Philosophy* 62:266–74.
———. 1965b. Problems of Empiricism. In R. Colodny, ed., *Beyond the Edge of Certainty.* Englewood Cliffs, NJ: Prentice Hall.
———. 1975. *Against Method*. London: New Left Books.
———. 1978. *Science in a Free Society.* London: New Left Books.
Fine, A. Forthcoming. Science Made Up: Constructivist Sociology of Scientific Knowledge. In P. Galison and D. Stump, eds., *The Disunity of Science: Boundaries, Contests, and Power.* Stanford: Stanford University Press.
Fisher, H. A. L. 1935. *A History of Europe*. Boston: Houghton Mifflin.
Fleck, L. [1935] 1979. *Genesis and Development of a Scientific Fact.* Chicago: University of Chicago Press.
Fortun, M., and S. S. Schweber. 1993. Scientists and the Legacy of World War II: The Case of Operations Research. *Social Studies of Science* 23:595–642.
Foucault, M. 1972. *The Archaeology of Knowledge*. New York: Pantheon.

———. 1979. *Discipline and Punish: The Birth of the Prison*. New York: Vintage Books.

Franklin, A. 1990. *Experiment, Right or Wrong*. Cambridge: Cambridge University Press.

———. 1991. Do Mutants Have to Be Slain, or Do They Die of Natural Causes? The Case of Atomic Parity Violation Experiments. In A. Fine, M. Forbes, and L. Wessels, eds., *PSA 1990: Proceedings of the 1990 Biennial Meeting of the Philosophy of Science Association*, vol. 2, *Symposium and Invited Papers* (East Lansing, MI: Philosophy of Science Association), pp. 487–94.

Fujimura, J. 1992. Crafting Science: Standardized Packages, Boundary Objects, and "Translation." In A. Pickering, ed., *Science as Practice and Culture* (Chicago and London: University of Chicago Press), pp. 168–211.

Fuller, S. 1992. Social Epistemology and the Research Agenda of Science Studies. In A. Pickering, ed., *Science as Practice and Culture* (Chicago and London: University of Chicago Press), pp. 390–428.

Galison, P. 1983. How the First Neutral Current Experiments Ended. *Reviews of Modern Physics* 55:477–509.

———. 1985. Bubble Chambers and the Experimental Workplace. In P. Achinstein and O. Hannaway, eds., *Observation, Experiment, and Hypothesis in Modern Physical Science* (Cambridge: MIT Press), pp. 309–73.

———. 1987. *How Experiments End*. Chicago: University of Chicago Press.

———. 1988a. Multiple Constraints, Simultaneous Solutions. *PSA 1988: Proceedings of the 1988 Biennial Meeting of the Philosophy of Science Association*, vol. 2, *Symposium and Invited Papers* (East Lansing, MI: Philosophy of Science Association), pp. 157–63.

———. 1988b. Physics between War and Peace. In E. Mendelsohn, M. R. Smith, and P. Weingart, eds., *Science, Technology, and the Military: Sociology of the Sciences Yearbook, 1988* (Dordrecht: Kluwer), pp. 47–86.

———. 1990. Aufbau/Bauhaus: Logical Positivism and Architectural Modernism. *Critical Inquiry* 16:709–52.

———. 1991. Artificial Reality. Paper presented at a conference, "Disunity and Contextualism," Stanford University, 31 March–1 April.

———. 1993. The Ontology of the Enemy. Paper presented to the Berlin Summer Academy on Large Technical Systems, 27 July.

———. 1994. Context and Constraints. In J. Buchwald, ed., *Scientific Practice: Theories and Stories of Physics* (Chicago: University of Chicago Press, 1995), pp. 13–41.

Galison, P., and A. Assmus. 1989. Artificial Clouds, Real Particles. In D. Gooding, T. J. Pinch, and S. Schaffer, eds., *The Uses of Experiment: Studies of Experimentation in the Natural Sciences* (Cambridge: Cambridge University Press), pp. 225–74.

Galison, P., and B. Hevly, eds. 1992. *Big Science: The Growth of Large-Scale Research*. Stanford: Stanford University Press.

Gallinaro, G., M. Marinelli, and G. Morpurgo. 1977. Electric Neutrality of Matter. *Physical Review Letters* 38:1255–58.

Gallinaro, G., and G. Morpurgo. 1966. Preliminary Results in the Search for

Fractionally Charged Particles by the Magnetic Levitation Electrometer. *Physics Letters* 23:609–13.

Garfinkel, H., M. Lynch, and E. Livingston. 1981. The Work of a Discovering Science Construed with Materials from the Optically Discovered Pulsar. *Philosophy of the Social Sciences* 11:131–58.

Geison, G. L. 1993. Research Schools and New Directions in the Historiography of Science. *Osiris* 8:227–38.

Gell-Mann, M. 1964. A Schematic Model of Baryons and Mesons. *Physics Letters* 8:214–15.

Giddens, A. 1984. *The Constitution of Society: Outline of the Theory of Structuration*. Berkeley: University of California Press.

Giere, R. N. 1973. History and Philosophy of Science: Intimate Relationship or Marriage of Convenience? *British Journal for Philosophy of Science* 24:282–97.

———. 1988. *Explaining Science: A Cognitive Approach*. Chicago and London: University of Chicago Press.

———. 1993. Science and Technology Studies: Prospects for an Enlightened Postmodern Synthesis. *Science, Technology, and Human Values* 18:102–12.

Gingras, Y. 1994. Following Scientists through Society? Yes, but at Arm's Length! In J. Buchwald, ed., *Scientific Practice: Theories and Stories of Physics* (Chicago: University of Chicago Press, 1995), pp. 123–48.

Gingras, Y., and S. S. Schweber. 1986. Constraints on Construction. *Social Studies of Science* 16:372–83.

Ginzburg, C. 1980. *The Cheese and the Worms: The Cosmos of a Sixteenth-Century Miller*. New York and London: Penguin.

———. 1989. Clues: Roots of an Evidential Paradigm. In *Myths, Emblems, Clues* (London: Hutchinson Radius), pp. 96–125.

Glaser, D. A. 1958. The Bubble Chamber. *Handbuch der Physik* 45:314–41.

———. 1964. Elementary Particles and Bubble Chambers. Nobel lecture, 1960. Reprinted in *Nobel Lectures: Physics, 1942–1962* (Amsterdam: Elsevier), pp. 529–51.

Gooding, D. 1989. History in the Laboratory: Can We Tell What Really Went On? In F. A. J. L. James, ed., *The Development of the Laboratory: Essays on the Place of Experiment in Industrial Civilization* (London: Macmillan), pp. 63–82.

———. 1990. *Experiment and the Making of Meaning*. Dordrecht: Kluwer Academic.

———. 1992. Putting Agency Back into Observation. In A. Pickering, ed., *Science as Practice and Culture* (Chicago and London: University of Chicago Press), pp. 65–112.

Gooding, D., T. J. Pinch, and S. Schaffer, eds. 1989. *The Uses of Experiment: Studies of Experimentation in the Natural Sciences*. Cambridge: Cambridge University Press.

Graham, L. 1988. Managing Uncertainty in a Graduate Research Practicum. Paper presented at the Midwest Sociological Association Conference, Minneapolis, March.

———. 1994. Critical Biography without Subjects and Objects: An Encounter with Dr. Lillian Moller Gilbreth. *Sociological Quarterly* 35:621–43.

Greenblatt, S. 1991. *Marvelous Possessions: The Wonder of the New World.* Chicago: University of Chicago Press.

Grossberg, L., C. Nelson, and P. Treichler, eds. 1992. *Cultural Studies.* New York: Routledge.

Hacking, I. 1982. Language, Truth, and Reason. In M. Hollis and S. Lukes, eds., *Rationality and Relativism* (Cambridge: MIT Press), pp. 48–66.

———. 1983. *Representing and Intervening.* Cambridge: Cambridge University Press.

———. 1987. Was There a Probabilistic Revolution 1800–1930? In L. Krüger, L. Daston, and M. Heidelberger, eds., *The Probabilistic Revolution,* vol. 1. Cambridge: MIT Press.

———. 1992a. The Self-Vindication of the Laboratory Sciences. In A. Pickering, ed., *Science as Practice and Culture* (Chicago and London: University of Chicago Press), pp. 29–64.

———. 1992b. Statistical Language, Statistical Truth, and Statistical Reason: The Self-Authentification of a Style of Scientific Reasoning. In E. McMullin, ed., *The Social Dimensions of Science* (Notre Dame, IN: University of Notre Dame Press), pp. 130–57.

———. 1992c. "Style" for Historians and Philosophers. *Studies in History and Philosophy of Science* 23:1–20.

Hamilton, W. R. 1837. Theory of Conjugate Functions, or Algebraic Couples, with a Preliminary and Elementary Essay on Algebra as the Science of Pure Time. *Transactions of the Royal Irish Academy* 17:293–422. Reprinted in *The Mathematical Papers of Sir William Rowan Hamilton* (Cambridge: Cambridge University Press), 3:3–96.

———. 1843a. Letter to Graves on Quaternions; or on a New System of Imaginaries in Algebra (17 October 1843). *Philosophical Magazine* 25:489–95. Reprinted in *The Mathematical Papers of Sir William Rowan Hamilton* (Cambridge: Cambridge University Press), 3:106–10.

———. 1843b. Quaternions. Note-book 24.5, entry for 16 October 1843. Reprinted in *The Mathematical Papers of Sir William Rowan Hamilton* (Cambridge: Cambridge University Press), 3:103–5.

———. 1853. Preface to *Lectures on Quaternions* (Dublin: Hodges and Smith). Reprinted in *The Mathematical Papers of Sir William Rowan Hamilton* (Cambridge: Cambridge University Press), 3:117–55.

———. 1967. *The Mathematical Papers of Sir William Rowan Hamilton.* Vol. 3, *Algebra.* Cambridge: Cambridge University Press.

Hankins, T. L. 1980. *Sir William Rowan Hamilton.* Baltimore: Johns Hopkins University Press.

Hannaway, O. 1975. *The Chemists and the Word: The Didactic Origins of Chemistry.* Baltimore and London: Johns Hopkins University Press.

———. 1986. Laboratory Design and the Aim of Science: Andreas Libavius versus Tycho Brahe. *Isis* 77:585–610.

Hanson, N. R. 1958. *Patterns of Discovery: An Inquiry into the Conceptual Foundations of Knowledge.* Cambridge: Cambridge University Press.

Haraway, D. 1979. The Biological Enterprise: Sex, Mind, and Profit from Human Engineering to Sociobiology. *Radical History Review* 20:206–37. Reprinted in *Simians, Cyborgs, and Women: The Reinvention of Nature* (London: Free Association Books, 1991), pp. 43–68.

———. 1985. A Manifesto for Cyborgs: Science, Technology, and Socialist Feminism in the 1980s. *Socialist Review* 80:65–107. Reprinted as "A Cyborg Manifesto: Science, Technology, and Socialist-Feminism in the Late Twentieth Century," in *Simians, Cyborgs, and Women: The Reinvention of Nature* (London: Free Association Books, 1991), pp. 149–81.

———. 1991a. Science as Culture: Science Studies as Cultural Studies? Paper presented at a conference, "Disunity and Contextualism: New Directions in the Philosophy of Science Studies," Stanford University, 31 March–1 April.

———. 1991b. *Simians, Cyborgs, and Women: The Reinvention of Nature.* London: Free Association Books.

———. 1992. The Promises of Monsters: A Regenerative Politics for Inappropiate/d Others. In L. Grossberg, C. Nelson, and P. Treichler, eds., *Cultural Studies* (New York: Routledge), pp. 295–337.

Harré, R., and E. H. Madden. 1975. *Causal Powers: A Theory of Natural Necessity.* Oxford: Blackwell.

Hartley, B. n. d. The Living Academies of Nature: Learning and Communicating New Skills of Early Nineteenth Century Landscape Painting. London. Mimeo.

Heilbron, J. L., and R. W. Seidel. 1990. *Lawrence and His Laboratory: A History of the Lawrence Berkeley Laboratory.* Vol. 1. Berkeley: University of California Press.

Heilbron, J. L., R. W. Seidel, and B. R. Wheaton. 1981. *Lawrence and His Laboratory: Nuclear Science at Berkeley, 1931–1961.* Berkeley: University of California.

Hendry, J. 1984. The Evolution of William Rowan Hamilton's View of Algebra as the Science of Pure Time. *Studies in History and Philosophy of Science* 15:63–81.

Hermann, A., J. Krige, U. Mersits, and D. Pestre. 1987. *History of CERN.* Vol. 1, *Launching the European Organization for Nuclear Research.* Amsterdam: North-Holland.

———. 1990. *History of CERN.* Vol. 2, *Building and Running the Laboratory, 1954–1965.* Amsterdam: North-Holland.

Hesse, M. B. 1966. *Models and Analogies in Science.* Notre Dame, IN: University of Notre Dame Press.

———. 1974. *The Structure of Scientific Inference.* London: Macmillan.

———. 1980. *Revolutions and Reconstructions in the Philosophy of Science.* Brighton, England: Harvester Press.

Hessen, B. 1932. *The Social and Economic Roots of Newton's "Principia." Science at the Crossroads* (London: Kniga), pp. 147–212. Reprint, New York: Howard Fertig, 1971.

Hollis, M., and S. Lukes, eds. 1982. *Rationality and Relativism.* Cambridge: MIT Press.

Holmes, F. L. 1974. *Claude Bernard and Animal Chemistry: The Emergence of a Scientist*. Cambridge: Harvard University Press.

———. 1981. The Fine Structure of Scientific Creativity. *History of Science* 19:60–70.

———. 1985. *Lavoisier and the Chemistry of Life: An Exploration of Scientific Creativity*. Madison and London: University of Wisconsin Press.

Holton, G. 1978. Subelectrons, Presuppositions, and the Millikan-Ehrenhaft Dispute. In *The Scientific Imagination: Case Studies* (Cambridge: Cambridge University Press), pp. 25–83.

Hon, G. 1993. The Unnatural Nature of the Laws of Nature: Symmetry and Asymmetry. In S. French and H. Kamminga, eds., *Correspondence, Invariance, and Heuristics: Essays in Honour of Heinz Post* (Dordrecht: Kluwer), pp. 171–87.

Hopwood, A. 1987. The Archaeology of Accounting Systems. *Accounting, Organizations, and Society* 12:207–34. Reprinted in *Accounting from the Outside: The Collected Papers of Anthony G. Hopwood* (New York: Garland, 1988), pp. 443–70.

Hounshell, D. A. 1992. Du Pont and the Management of Large-Scale Research and Development. In P. Galison and B. Hevly, eds., *Big Science: The Growth of Large-Scale Research* (Stanford: Stanford University Press), pp. 236–61.

Hughes, T. P. 1983. *Networks of Power: Electrification in Western Society*. Baltimore: Johns Hopkins University Press.

Hull, D. L. 1988. *Science as a Process: An Evolutionary Account of the Social and Conceptual Development of Science*. Chicago and London: University of Chicago Press.

Husserl, E. 1970. *The Crisis of European Sciences and Transcendental Phenomenology*. Evanston: Northwestern University Press.

James, W. [1907, 1909] 1978. *Pragmatism and The Meaning of Truth*. Cambridge: Harvard University Press.

Jameson, F. 1984. Postmodernism, or The Cultural Logic of Late Capitalism. *New Left Review* 146 (July–August): 53–94. Reprinted in *Postmodernism, or The Cultural Logic of Late Capitalism* (Durham, NC: Duke University Press, 1991), pp. 1–54.

Jordan, K., and M. Lynch. 1992. The Sociology of a Genetic Engineering Technique: Ritual and Rationality in the Performance of the "Plasmid Prep." In A. Clarke and J. Fujimura, eds., *The Right Tool for the Job: At Work in Twentieth Century Life Science* (Princeton: Princeton University Press), pp. 77–114.

Joule, J. P. 1850. On the Mechanical Equivalent of Heat. *Philosophical Transactions*, part 1, read 21 June 1849. Reprinted in *The Scientific Papers* (London: Taylor and Francis, 1884), 1:298–328.

Keller, E. F. 1985. *Reflections on Gender and Science*. New Haven and London: Yale University Press.

Kellert, S. H. 1993. *In the Wake of Chaos: Unpredictable Order in Dynamical Systems*. Chicago: University of Chicago Press.

Kevles, D. J. 1987. *The Physicists: The History of a Scientific Community in*

*Modern America.* 2d ed. Cambridge: Harvard University Press. 1st ed. published in 1977.

Kevles, D. J., and G. Geison. 1995. The Experimental Life Sciences in the Twentieth Century: Needs and Opportunities for Historical Research. *Osiris* 11.

Kitcher, P. 1983. *The Nature of Mathematical Knowledge.* Oxford: Oxford University Press.

———. 1988. Mathematical Naturalism. In W. Aspray and P. Kitcher, eds., *History and Philosophy of Modern Mathematics* (Minneapolis: University of Minnesota Press), pp. 293–325.

Knorr-Cetina, K. 1981. *The Manufacture of Knowledge: An Essay on the Constructivist and Contextual Nature of Science.* Oxford and New York: Pergamon.

———. 1988. The Micro-Social Order: Towards a Reconception. In G. Fielding, ed., *Actions and Structure* (London: Sage), pp. 21–53.

———. 1992. The Couch, the Cathedral, and the Laboratory: On the Relation between Experiment and Laboratory in Science. In A. Pickering, ed., *Science as Practice and Culture* (Chicago and London: University of Chicago Press), pp. 113–38.

———. 1994. Laboratory Studies: The Cultural Approach to the Study of Science. In S. Jasanoff, G. E. Markle, J. C. Petersen, and T. J. Pinch, eds., *Handbook of Science and Technology Studies.* Los Angeles: Sage.

Kohler, R. E. 1994. *Lords of the Fly: Drosophila Genetics and the Experimental Life.* Chicago: University of Chicago Press.

Krausz, M., ed. 1989. *Relativism: Interpretation and Confrontation.* Notre Dame, IN: University of Notre Dame Press.

Krieger, M. H. 1992. *Doing Physics: How Physicists Take Hold of the World.* Bloomington: Indiana University Press.

Kuhn, T. 1970. *The Structure of Scientific Revolutions.* 2d ed. Chicago: University of Chicago Press. 1st ed. published 1962.

———. 1983. Commensurability, Comparability, Communicability. In P. D. Asquith and T. Nickles, eds., *PSA 1982: Proceedings of the 1982 Biennial Meeting of the Philosophy of Science Association,* vol. 2, *Symposium and Invited Papers* (East Lansing, MI: Philosophy of Science Association), pp. 669–88.

———. 1991. The Road since Structure. In A. Fine, M. Forbes, and L. Wessels, eds., *PSA 1990: Proceedings of the 1990 Biennial Meeting of the Philosophy of Science Association,* vol. 2, *Symposium and Invited Papers* (East Lansing, MI: Philosophy of Science Association), pp. 3–13.

———. 1992. The Trouble with the Historical Philosophy of Science. Robert and Maurine Rothschild Distinguished Lecture, 19 November 1991. Occasional Publication of the Department of History of Science, Harvard University.

Lakatos, I. 1970. Falsification and the Methodology of Scientific Research Programmes. In I. Lakatos and A. Musgrave, eds., *Criticism and the Growth of Knowledge* (Cambridge: Cambridge University Press), pp. 91–196.

———. 1976. *Proofs and Refutations: The Logic of Mathematical Discovery.* Cambridge: Cambridge University Press.

———. 1978. *Philosophical Papers.* Vol. 1, *The Methodology of Scientific Research Programmes.* Cambridge: Cambridge University Press.

Latour, B. 1983. Give Me a Laboratory and I Will Raise the World. In K. Knorr-Cetina and M. Mulkay, eds., *Science Observed: Perspectives on the Social Study of Science* (Beverly Hills: Sage), pp. 141–70.

———. 1987. *Science in Action: How to Follow Scientists and Engineers through Society.* Cambridge: Harvard University Press.

———. 1988a. *The Pasteurization of France.* Cambridge: Harvard University Press.

———. 1988b. The Politics of Explanation: An Alternative. In S. Woolgar, ed., *Knowledge and Reflexivity: New Frontiers in the Sociology of Knowledge* (Beverly Hills: Sage), pp. 155–76.

———. 1990. Postmodern? No, Simply Amodern! Steps towards an Anthropology of Science. *Studies in History and Philosophy of Science* 21:145–71.

———. 1992a. A "Matter" of Life and Death—Or Should We Avoid Hylozoism? Paper presented at the Department of History and Philosophy of Science, University of Cambridge, 29 October.

———. 1992b. Pasteur on Lactic Acid Yeast: A Partial Semiotic Analysis. *Configurations* 1:129–45.

———. 1993a. On Technical Mediation. Messenger Lectures on the Evolution of Civilization, Cornell University, April 1993.

———. 1993b. *We Have Never Been Modern.* Cambridge: Harvard University Press.

Latour, B., and S. Woolgar. 1986. *Laboratory Life: The Construction of Scientific Facts.* 2d ed. Princeton: Princeton University Press. 1st ed. published 1979.

Laudan, L. 1984a. A Confutation of Convergent Realism. In J. Leplin, ed., *Scientific Realism* (Berkeley: University of California Press), pp. 218–49.

———. 1984b. *Science and Values: The Aims of Science and Their Role in Scientific Debate.* Berkeley: University of California Press.

———. 1987. Progress or Rationality? The Prospects for Normative Naturalism. *American Philosophical Quarterly* 24:19–31.

———. 1989. Thoughts on HPS: 20 Years Later. *Studies in History and Philosophy of Science* 20:9–13.

Law, J. 1987. Technology and Heterogeneous Engineering: The Case of Portuguese Expansion. In W. Bijker, T. Hughes, and T. J. Pinch, eds., *The Social Construction of Technological Systems: New Directions in the Sociology and History of Technology* (Cambridge: MIT Press), pp. 111–34.

———. 1993. *Modernity, Myth, and Materialism.* Oxford: Blackwell.

Law, J., and W. Bijker. 1992. Postscript: Technology, Stability, and Social Theory. In W. Bijker and J. Law, eds., *Shaping Technology/Building Society: Studies in Sociotechnical Change* (Cambridge: MIT Press), pp. 290–308.

Law, J., and A. Mol. 1995. Notes on Materiality and Sociality. *Sociological Review* 43.

Lenoir, T. 1992. Practical Reason and the Construction of Knowledge: The Lifeworld of Haber-Bosch. In E. McMullin, ed., *The Social Dimensions of Science* (Notre Dame, IN: University of Notre Dame Press), pp. 158–97.

Leplin, J., ed. 1984. *Scientific Realism.* Berkeley: University of California Press.

Linebaugh, P. 1992. *The London Hanged: Crime and Civil Society in the Eighteenth Century.* Cambridge: Cambridge University Press.

Livingston, E. 1986. *The Ethnomethodological Foundations of Mathematics.* Boston and London: Routledge and Kegan Paul.

Lynch, M. 1985a. *Art and Artifact in Laboratory Science: A Study of Shop Work and Shop Talk in a Research Laboratory.* London: Routledge and Kegan Paul.

———. 1985b. Discipline and the Material Form of Images: An Analysis of Scientific Visibility. *Social Studies of Science* 15:37–66.

———. 1991a. Allan Franklin's Transcendental Physics. In A. Fine, M. Forbes, and L. Wessels, eds., *PSA 1990: Proceedings of the 1990 Biennial Meeting of the Philosophy of Science Association,* vol. 2, *Symposium and Invited Papers* (East Lansing, MI: Philosophy of Science Association), pp. 471–85.

———. 1991b. Laboratory Space and the Technological Complex: An Investigation of Topical Contextures. *Science in Context* 4:51–78.

———. 1992a. Extending Wittgenstein: The Pivotal Move from Epistemology to the Sociology of Science. In A. Pickering, ed., *Science as Practice and Culture* (Chicago and London: University of Chicago Press), pp. 215–65.

———. 1992b. From the "Will to Theory" to the Discursive Collage: Reply to Bloor. In A. Pickering, ed., *Science as Practice and Culture* (Chicago and London: University of Chicago Press), pp. 283–306.

———. 1992c. Springs of Action or Vocabularies of Motive. Paper presented at a workshop, "Vocation, Work, and Culture in Early Modern England," sponsored by the Achievement Project: Intellectual and Material Culture in Modern Europe, Oxford, 10–12 December.

———. 1993a. Representation Is Overrated: Some Critical Remarks about the Uses of the Concept of Representation in Science Studies. Presented at the conference "Located Knowledges: Intersections between Cultural, Gender, and Science Studies," University of California, Los Angeles, 8–10 April.

———. 1993b. *Scientific Practice and Ordinary Action: Ethnomethodology and Social Studies of Science.* Cambridge: Cambridge University Press.

Lynch, M., E. Livingston, and H. Garfinkel. 1983. Temporal Order in Laboratory Work. In K. Knorr-Cetina and M. Mulkay, eds., *Science Observed: Perspectives on the Social Study of Science* (Beverly Hills: Sage), pp. 205–38.

Lynch, M., and S. Woolgar, eds. 1990. *Representation in Scientific Practice.* Cambridge: MIT Press.

Lyotard, J.-F. 1984. *The Postmodern Condition: A Report on Knowledge.* Minneapolis: University of Minnesota Press.

———. 1988. *The Differend: Phrases in Dispute.* Minneapolis: University of Minnesota Press.

MacKenzie, D. 1981a. Interests, Positivism and History. *Social Studies of Science* 11:498–504.

———. 1981b. *Statistics in Britain, 1865–1930: The Social Construction of Scientific Knowledge.* Edinburgh: Edinburgh University Press.

MacKenzie, D., and J. Wajcman. 1985. The Social Shaping of Technology. In D. MacKenzie and J. Wajcman, eds., *The Social Shaping of Technology: How the Refrigerator Got Its Hum* (Milton Keynes, England: Open University Press), pp. 2–25.

McMullin, E., ed. 1988. *Construction and Constraint: The Shaping of Scientific Rationality.* Notre Dame, IN: University of Notre Dame Press.

Mahoney, M. S. Forthcoming. The Mathematical Realm of Nature. In D. Garber, ed., *The Cambridge History of Seventeenth-Century Philosophy.* Cambridge: Cambridge University Press.

Marinelli, M., and G. Morpurgo. 1982. Searches of Fractionally Charged Particles in Matter with the Magnetic Levitation Technique. *Physics Reports* 85:161–258.

———. 1984. The Electric Neutrality of Matter: A Summary. *Physics Letters* 137B:439–42.

Marinelli, M., G. Morpurgo, and G. L. Olcese. 1989. Diamagnetism of Powder and Bulk Superconducting YBCO Measured with a New Magnetic Levitometer. *Physica* C157:149–58.

Maturana, H. R., and F. J. Varela. 1992. *The Tree of Knowledge: The Biological Roots of Human Understanding.* Rev. ed. Boston: Shambala.

Megill, A. 1991. Four Senses of Objectivity. *Annals of Scholarship* 8:301–20.

———, ed. 1991–92. *Rethinking Objectivity.* Parts 1 and 2. Special issue of *Annals of Scholarship*, vol. 8 (3–4), vol. 9 (1–2).

Mellor, D. H. 1974. In Defence of Dispositions. *Philosophical Review* 83:157–81.

Messer-Davidow, E., D. Shumway, and D. Sylvan, eds. 1993. *Knowledges: Historical and Critical Studies in Disciplinarity.* Charlottesville: University Press of Virginia.

Miller, P. 1992. Accounting and Objectivity: The Invention of Calculating Selves and Calculable Spaces. In A. Megill, ed., *Rethinking Objectivity,* part 2, *Annals of Scholarship* 9 (1–2): 61–86.

Miller, P., and T. O'Leary. 1994. Accounting, "Economic Citizenship," and the Spatial Reordering of Manufacture. *Accounting, Organizations, and Society* 19:15–43.

Miller, P., and N. Rose. 1993. Production, Identity, and Democracy. London School of Economics. Manuscript.

Mishima, Y. 1973. *The Temple of Dawn.* New York: Knopf.

———. 1974. *The Decay of the Angel.* New York: Knopf.

Mol, A. 1991. Wombs, Pigmentation, and Pyramids: Should Antiracists and Feminists Try to Confine "Biology" to Its Proper Place? In J. L. Hermson and A. von Lenning, eds., *Sharing the Difference: Feminist Debates in Holland* (London: Routledge), pp. 149–63.

Mol, A., and J. Law. 1994. Regions, Networks, and Fluids: Anaemia and Social Topology. *Social Studies of Science* 24:641–71.

Morpurgo, G. 1965. Is a Non-relativistic Approximation Possible for the Internal Dynamics of "Elementary" Particles? *Physics* 2:95–105.

———. 1972. A Search for Quarks (a Modern Version of the Millikan Experiment): One Researcher's Personal Account. Genoa. Mimeo.

Morpurgo, G., G. Gallinaro, and G. Palmieri. 1970. The Magnetic Levitation Electrometer and Its Use in the Search for Fractionally Charged Particles. *Nuclear Instruments and Methods* 79:95–124.

Morse, P. M. 1977. *In at the Beginnings: A Physicist's Life.* Cambridge: MIT Press.

Mulkay, M. 1985. *The Word and the World: Explorations in the Form of Sociological Analysis.* London: George Allen and Unwin.

Mumford, L. 1934. *Technics and Civilization.* New York: Harcourt, Brace.

Murphy, N. 1993. Philosophical Fractals, or History as Metaphilosophy. *Studies in History and Philosophy of Science* 24:501–8.

Nagel, E. [1935] 1979. "Impossible Numbers": A Chapter in the History of Modern Logic. In *Teleology Revisited and Other Essays in the Philosophy and History of Science* (New York: Columbia University Press), pp. 166–94.

Newton-Smith, W. 1993. Science, Rationality, and Judgment. Presentation at the History and Philosophy of Science Departmental Colloquium, Cambridge, 4 March.

Nickles, T. 1992. Good Science as Bad History: From Order of Knowing to Order of Being. In E. McMullin, ed., *The Social Dimensions of Science* (Notre Dame, IN: University of Notre Dame Press), pp. 85–129.

Nicolson, M. 1991. The Social and the Cognitive: Resources for the Sociology of Scientific Knowledge. *Studies in the History and Philosophy of Science* 22:347–69.

Noble, D. F. 1979. *America by Design: Science, Technology, and the Rise of Corporate Capitalism.* Oxford: Oxford University Press.

———. 1986. *Forces of Production: A Social History of Industrial Automation.* Oxford: Oxford University Press.

O'Connell, J. 1993. Metrology: The Creation of Universality by the Circulation of Particulars. *Social Studies of Science* 23:129–73.

O'Neill, J. 1986. Formalism, Hamilton, and Complex Numbers. *Studies in History and Philosophy of Science* 17:351–72.

Peirce, C. S. [1891] 1923. The Architecture of Theories. In *Chance, Love, and Logic: Philosophical Essays,* edited by M. R. Cohen (New York: Harcourt, Brace), pp. 157–78.

Penley, C., and A. Ross, eds. 1991. *Technoculture.* Minneapolis: University of Minnesota Press.

Pestre, D., and J. Krige. 1992. Some Thoughts on the Early History of CERN. In P. Galison and B. Hevly, eds., *Big Science: The Growth of Large-Scale Research* (Stanford: Stanford University Press), pp. 78–99.

Piaget, J. 1985. *The Equilibration of Cognitive Structures: The Central Problem of Intellectual Development.* Chicago: University of Chicago Press.

Pickering, A. 1981a. Constraints on Controversy: The Case of the Magnetic Monopole. *Social Studies of Science* 11:63–93.

———. 1981b. The Hunting of the Quark. *Isis* 72:216–36.

———. 1981c. The Role of Interests in High-Energy Physics: The Choice between Charm and Colour. In K. D. Knorr, R. Krohn, and R. D. Whitley, eds., *Sociology of the Sciences,* vol. 4, *The Social Process of Scientific Investigation* (Dordrecht: Reidel), pp. 107–38.

———. 1984a. Against Putting the Phenomena First: The Discovery of the Weak Neutral Current. *Studies in History and Philosophy of Science* 15:85–117.
———. 1984b. *Constructing Quarks: A Sociological History of Particle Physics*. Chicago: University of Chicago Press.
———. 1986. Positivism/Holism/Constructivism. Paper presented at the weekly Colloquium of the Institute for Advanced Study, Princeton, 8 January 1987.
———. 1987. Forms of Life: Science, Contingency, and Harry Collins. *British Journal for History of Science* 20:213–21.
———. 1989a. Big Science as a Form of Life. In M. De Maria, M. Grilli, and F. Sebastiani, eds., *The Restructuring of the Physical Sciences in Europe and the United States, 1945–1960* (Singapore: World Scientific Publishing), pp. 42–54.
———. 1989b. Editing and Epistemology: Three Accounts of the Discovery of the Weak Neutral Current. In L. Hargens, R. A. Jones, and A. Pickering, eds., *Knowledge and Society: Studies in the Sociology of Science, Past and Present*, vol. 8 (Greenwich, CT: JAI Press), pp. 217–32.
———. 1989c. Living in the Material World: On Realism and Experimental Practice. In D. Gooding, T. J. Pinch, and S. Schaffer, eds., *The Uses of Experiment: Studies of Experimentation in the Natural Sciences* (Cambridge: Cambridge University Press), pp. 275–97.
———. 1990a. Knowledge, Practice, and Mere Construction. *Social Studies of Science* 20:682–729.
———. 1990b. Openness and Closure: On the Goals of Scientific Practice. In H. Le Grand, ed., *Experimental Inquiries: Historical, Philosophical, and Social Studies of Experimentation in Science* (Dordrecht: Kluwer), pp. 215–39.
———. 1991a. Objectivity and the Mangle of Practice. *Annals of Scholarship* 8:409–25.
———. 1991b. Philosophy Naturalised a Bit. *Social Studies of Science* 21 (3): 575–85.
———. 1991c. Reason Enough? More on Parity-Violation Experiments and Electroweak Gauge Theory. In A. Fine, M. Forbes, and L. Wessels, eds., *PSA 1990: Proceedings of the 1990 Biennial Meeting of the Philosophy of Science Association*, vol. 2, *Symposium and Invited Papers* (East Lansing, MI: Philosophy of Science Association), pp. 459–69.
———. 1992a. The Rad Lab and the World. Essay review of *Lawrence and His Laboratory: A History of the Lawrence Berkeley Laboratory*, vol. 1, by J. L. Heilbron and R. W. Seidel. *British Journal for History of Science* 25:247–51.
———. 1993a. Anti-Discipline or Narratives of Illusion. In E. Messer-Davidow, D. Shumway, and D. Sylvan, eds., *Knowledges: Historical and Critical Studies in Disciplinarity* (Charlottesville: University Press of Virginia), pp. 103–22.
———. 1993b. The Mangle of Practice: Agency and Emergence in the Sociology of Science. *American Journal of Sociology* 99:559–89.
———. 1994a. Beyond Constraint: The Temporality of Practice and the Historicity of Knowledge. In J. Buchwald, ed., *Scientific Practice: Theories and Stories of Physics* (Chicago: University of Chicago Press, 1995), pp. 42–55.
———. 1994b. Cyborg History and the WWII Regime. Paper presented at the

Davis Center Seminar, Princeton University, 25 March. To appear in *Perspectives on Science* 3(1).
———, ed. 1992b. *Science as Practice and Culture.* Chicago and London: University of Chicago Press.
Pickering, A., and A. Stephanides. 1992. Constructing Quaternions: On the Analysis of Conceptual Practice. In A. Pickering, ed., *Science as Practice and Culture* (Chicago and London: University of Chicago Press), pp. 139–67.
Pinch, T. J. 1977. What Does a Proof Do if It Does Not Prove? A Study of the Social Conditions and Metaphysical Divisions Leading to David Bohm and John von Neumann Failing to Communicate in Quantum Physics. In E. Mendelsohn, P. Weingart, and R. Whitley, eds., *The Social Production of Scientific Knowledge: Sociology of the Sciences* (Dordrecht: Reidel), 1:171–215.
———. 1985. Towards an Analysis of Scientific Observation: The Externality and Evidential Significance of Observational Reports in Physics. *Social Studies of Science* 15:3–36.
———. 1986. *Confronting Nature.* Dordrecht: Reidel.
Pinch, T. J., and W. Bijker. 1984. The Social Construction of Facts and Artefacts, or How the Sociology of Science and the Sociology of Technology Might Benefit Each Other. *Social Studies of Science* 14:399–441. Shortened and updated in W. Bijker, T. Hughes, and T. J. Pinch, eds., *The Social Construction of Technological Systems: New Directions in the Sociology and History of Technology* (Cambridge: MIT Press, 1987), pp. 17–50.
Poincaré, H. 1946. *The Foundations of Science.* Trans. G. B. Halsted. Lancaster, PA: Science Press.
Polanyi, M. 1958. *Personal Knowledge: Towards a Post-Critical Philosophy.* Chicago: University of Chicago Press.
Popper, K. [1935] 1959. *The Logic of Scientific Discovery.* New York: Basic Books.
———. [1957] 1986. *The Poverty of Historicism.* London: Routledge.
Porter, T. M. 1992a. Quantification and the Accounting Ideal in Science. *Social Studies of Science* 22:633–51.
———, ed. 1992b. Symposium on the Social History of Objectivity. *Social Studies of Science* 22:595–651.
Pycior, H. 1976. *The Role of Sir William Rowan Hamilton in the Development of Modern British Algebra.* Ph.D. dissertation, Cornell University.
Pynchon, T. 1975. *Gravity's Rainbow.* London: Picador.
Rasmussen, N. 1993. Facts, Artifacts, and Mesosomes: Practicing Epistemology with the Electron Microscope. *Studies in History and Philosophy of Science* 24:227–65.
Richards, R. J. 1987. *Darwin and the Emergence of Evolutionary Theories of Mind and Behavior.* Chicago and London: University of Chicago Press.
Richardson, G. R. 1991. *Feedback Thought in Social Science and Systems Theory.* Philadelphia: University of Pennsylvania Press.
Rorty, R. 1979. *Philosophy and the Mirror of Nature.* Princeton: Princeton University Press.
Rose, N. 1990. *Governing the Soul: The Shaping of the Private Self.* New York: Routledge.

Rose, N., and P. Miller. 1992. Political Power beyond the State: Problematics of Government. *British Journal of Sociology* 43:173–205.

Rouse, J. 1985. Heidegger's Later Philosophy of Science. *Southern Journal of Philosophy* 23:75–92.

———. 1986. Merleau-Ponty and the Existential Conception of Science. *Synthese* 66:249–72.

———. 1987a. Husserlian Phenomenology and Scientific Realism. *Philosophy of Science* 54:222–32.

———. 1987b. *Knowledge and Power: Toward a Political Philosophy of Science*. Ithaca: Cornell University Press.

———. 1992. What Are Cultural Studies of Scientific Knowledge? *Configurations* 1:1–22.

———. 1994. From Davidsonian Semantics to Cultural Studies of Science. Paper presented at a workshop, "The New 'Contextualism': Science as Discourse and Culture," University of Florida, 12–13 March.

———. Forthcoming. Engaging Science: Science Studies after Realism, Rationality, and Social Constructivism.

Rudwick, M. J. S. 1985. *The Great Devonian Controversy: The Shaping of Scientific Knowledge among Gentlemanly Specialists*. Chicago and London: University of Chicago Press.

Said, E. 1978. *Orientalism*. New York: Pantheon.

Schaffer, S. 1988. Astronomers Mark Time: Discipline and the Personal Equation. *Science in Context* 2:115–45.

———. 1991. The Eighteenth Brumaire of Bruno Latour. *Studies in History and Philosophy of Science* 22:174–92.

———. 1992a. Late Victorian Metrology and Its Instrumentation: A Manufactory of Ohms. In R. Bud and S. E. Cozzens, eds., *Invisible Connections: Instruments, Institutions, and Science* (Washington, DC: SPIE Optical Engineering Press), pp. 23–56.

———. 1992b. Self Evidence. *Critical Inquiry* 18:327–62.

———. 1993a. Babbage's Intelligence: Calculating Engines and the Factory System. University of Cambridge. Manuscript.

———. 1993b. Empires of Physics. Paper presented at a conference, "Empires and Knowledge," University of Cambridge, 13 March.

Schweber, S. S. 1992a. Big Science in Context: Cornell and MIT. In P. Galison and B. Hevly, eds., *Big Science: The Growth of Large-Scale Research* (Stanford: Stanford University Press), pp. 149–83.

———. 1992b. A Historical Perspective on the Rise of the Standard Model: Context, Traditions, Men. Paper presented at the conference on the history of the standard model in particle physics, Stanford, CA, June.

Secord, J. A., ed. 1993. *The Big Picture*. Special issue of *British Journal for History of Science* 36 (4): 385–483.

Serres, M. 1982. *Hermes: Literature, Science, Philosophy*. Baltimore and London: Johns Hopkins University Press.

Sewell, W. H. 1992. A Theory of Structure: Duality, Agency, and Transformation. *American Journal of Sociology* 98:1–29.

Shapere, D. 1982. The Concept of Observation in Science and Philosophy. *Philosophy of Science* 49:485–525.
Shapin, S. 1979. The Politics of Observation: Cerebral Anatomy and Social Interests in the Edinburgh Phrenology Disputes. In R. Wallis, ed., *On the Margins of Science: The Social Construction of Rejected Knowledge,* Sociological Review Monograph 27 (Keele, England: University of Keele), pp. 139–78.
———. 1982. History of Science and Its Sociological Reconstructions. *History of Science* 20:157–211.
———. 1988a. Following Scientists Around. *Social Studies of Science* 18:533–50.
———. 1988b. The House of Experiment in Seventeenth-Century England. *Isis* 79:373–404.
———. 1991. Discipline and Bounding: The History and Sociology of Science as Seen through the Externalism-Internalism Debate. In *Critical Problems and Research Frontiers in History of Science and History of Technology,* papers for a conference held in Madison, WI, 30 October–3 November, pp. 203–27.
Shapin, S., and S. Schaffer. 1985. *Leviathan and the Air Pump: Hobbes, Boyle, and the Experimental Life.* Princeton: Princeton University Press.
Sibum, H. O. 1992. Reworking the Mechanical Value of Heat: Instruments of Precision and Gestures of Accuracy in Early Victorian England. Paper presented at a workshop, "Replications of Historical Experiments in Physics," Carl von Ossietzky University, Oldenburg, Germany, 24–29 August. To appear, with revision, in *Studies in History and Philosophy of Science.*
Singleton, V., and M. Michael. 1993. Actor-Networks and Ambivalence: General Practitioners in the UK Cervical Screening Programme. *Social Studies of Science* 23:227–64.
Slätis, H. 1959. On Bubble Chambers. *Nuclear Instruments and Methods* 5:1–25.
Smith, B. H. 1988. *Contingencies of Value: Alternative Perspectives for Critical Theory.* Cambridge: Harvard University Press.
———. 1992. The Unquiet Judge: Activism without Objectivism in Law and Politics. *Annals of Scholarship* 9:111–33.
———. 1993a. Doing without Meaning. Duke University. Manuscript.
———. 1993b. Unloading the Self-Refutation Charge. *Common Knowledge* 2:81–95.
Smith, C., and M. N. Wise. 1989. *Energy and Empire: A Biographical Study of Lord Kelvin.* Cambridge: Cambridge University Press.
Star, S. L. 1991a. Power, Technology, and the Phenomenology of Conventions: On Being Allergic to Onions. In J. Law, ed., *A Sociology of Monsters? Essays on Power, Technology, and Domination* (London: Routledge), pp. 27–57.
———. 1991b. The Sociology of the Invisible: The Primacy of Work in the Writings of Anselm Strauss. In D. R. Maines, ed., *Social Organization and Social Process: Essays in Honor of Anselm Strauss* (Hawthorne, NY: Aldine de Gruyter), pp. 265–83.
———. 1992. The Trojan Door: Organizations, Work, and the "Open Black Box." *Systems/Practice* 5:395–410.

Star, S. L., and J. R. Griesemer. 1989. Institutional Ecology, "Translations," and Boundary Objects: Amateurs and Professionals in Berkeley's Museum of Vertebrate Zoology. *Social Studies of Science* 19:387–420.

Stover, R. W., T. Moran, and J. Trischka. 1967. Search for an Electron-Proton Charge Inequality by Charge Measurements on an Isolated Macroscopic Body. *Physical Review* 164:1599–1609.

Strathern, M. 1991. *Partial Connections*. Savage, MD: Rowman and Littlefield.

Suchman, L. 1987. *Plans and Situated Actions: The Problem of Human-Machine Communication*. Cambridge: Cambridge University Press.

Suppe, F., ed., 1977. *The Structure of Scientific Theories*. 2d ed. Urbana: University of Illinois Press. 1st ed. published 1974.

Swatez, G. M. 1966. Social Organization of a University Laboratory. Internal Working Paper 44, Space Sciences Laboratory, Social Sciences Project, University of California, Berkeley.

———. 1970. The Social Organization of a University Laboratory. *Minerva* 8 (1): 37–58.

Taussig, M. 1987. *Shamanism, Colonialism, and the Wild Man: A Study in Terror and Healing*. Chicago: University of Chicago Press.

Thackray, A., ed. 1992. *Science after '40*. Special issue of *Osiris* 7.

Thompson, E. P. 1963. *The Making of the English Working Class*. New York: Penguin.

Tiles, M. 1984. *Bachelard: Science and Objectivity*. Cambridge: Cambridge University Press.

Traweek, S. 1988. *Beamtimes and Lifetimes: The World of High Energy Physicists*. Cambridge and London: Harvard University Press.

———. 1992. Border Crossings: Narrative Strategies in Science Studies and among Physicists in Tsukuba Science City, Japan. In A. Pickering, ed., *Science as Practice and Culture* (Chicago and London: University of Chicago Press), pp. 429–65.

Trenn, T. J. 1986. The Geiger-Müller Counter of 1928. *Annals of Science* 43:111–35.

Trower, W. P. 1989. Luis Walter Alvarez (1911–1988). In M. De Maria, M. Grilli, and F. Sebastiani, eds., *The Restructuring of the Physical Sciences in Europe and the United States, 1945–1960* (Singapore: World Scientific Publishing), pp. 105–15.

———, ed. 1987. *Discovering Alvarez: Selected Works of Luis W. Alvarez with Commentary by His Students and Colleagues*. Chicago and London: University of Chicago Press.

Turner, S. 1991. Two Theorists of Action: Ihering and Weber. *Analyse und Kritik* 13:46–60.

———. 1994. *The Social Theory of Practices: Tradition, Tacit Knowledge, and Presuppositions*. Chicago: University of Chicago Press.

van den Belt, H., and A. Rip. 1987. The Nelson-Winter-Dosi Model and Synthetic Dye Chemistry. In W. Bijker, T. Hughes, and T. J. Pinch, eds., *The Social Construction of Technological Systems: New Directions in the Sociology and History of Technology* (Cambridge: MIT Press), pp. 135–58.

van der Waerden, B. L. 1976. Hamilton's Discovery of Quaternions. *Mathematics Magazine* 49:227–34.
Voss, M. 1992. Niccolo Tartaglia: A Maestro d'Abbaco between the Cannon and the Book. Paper presented at the History of Science Society meeting, Washington, DC, December.
Webster, C. 1982. Paracelsus and Demons: Science as a Synthesis of Popular Belief. In L. S. Olschki, ed., *Scienze, Credenze Occulte, Livelli di Cultura* (Florence: Istituto Nazionale di Studi sul Rinascimento), pp. 3–20.
Weil, S. 1978. *Lectures on Philosophy.* Cambridge: Cambridge University Press.
Weiss, L. 1990. The Construction of CERN's First Hydrogen Bubble Chambers. In A. Hermann, J. Krige, U. Mersits, and D. Pestre, *History of CERN,* vol. 2, *Building and Running the Laboratory, 1954–1965* (Amsterdam: North-Holland), pp. 269–338.
Whittaker, E. T. 1945. The Sequence of Ideas in the Discovery of Quaternions. In Royal Irish Academy, *Proceedings* 50, sec. A, no. 6, pp. 93–98.
Wilson, A., ed. 1993. *Rethinking Social History: English Society 1570–1920 and Its Interpretation.* Manchester: Manchester University Press.
Wilson, B. R., ed. 1970. *Rationality.* Oxford: Blackwell.
Wise, M. N. 1988. Mediating Machines. *Science in Context* 2:77–113.
———. 1993. Mediations: Enlightenment Balancing Acts, or the Technologies of Rationalism. In P. Horwich, ed., *World Changes: Thomas Kuhn and the Nature of Science* (Cambridge: MIT Press), pp. 207–56.
———, ed. 1995. *The Values of Precision.* Princeton: Princeton University Press.
Wise, N., and C. Smith. 1989–90. Work and Waste. *History of Science* 27:263–301, 391–449, 28:221–61.
Wittgenstein, L. 1953. *Philosophical Investigations.* New York: Macmillan.
———. 1976. *Wittgenstein's Lectures on the Foundations of Mathematics, Cambridge, 1939.* Edited by C. Diamond. Hassocks, Sussex: Harvester Press.
Woolgar, S. 1988a. Reflexivity Is the Ethnographer of the Text. In *Science: The Very Idea* (London: Tavistock), pp. 14–34.
———. 1988b. *Science: The Very Idea.* London: Tavistock.
———. 1992. Some Remarks about Positionism: A Reply to Collins and Yearley. In A. Pickering, ed., *Science as Practice and Culture* (Chicago and London: University of Chicago Press), pp. 327–42.
———, ed. 1988c. *Knowledge and Reflexivity: New Frontiers in the Sociology of Knowledge.* Beverly Hills: Sage.
Zuboff, S. 1987. *In the Age of the Smart Machine.* New York: Basic.
Zuckerman, H. 1988. The Sociology of Science. In N. J. Smelser, ed., *Handbook of Sociology* (Beverly Hills: Sage), pp. 511–74.

# 《当代学术棱镜译丛》
# 已出书目

## ＊ 媒介文化系列 ＊

**第二媒介时代** ［美］马克·波斯特 16.80 元

基于社会理论和文化理论的最新著述考察了新的传播技术的蕴意。对文化理论诸传统中的技术及媒体的概念进行了批判性的评价，并联系到新媒体考察了后现代性理论以及关于多元文化的争论，还对诸多理论家的贡献进行了评价。分析了数种文化材料，如影片、歌剧和海湾战争的电视报道等，对人们深刻认识“第二媒介时代”产生了重要的意义。

**电视与社会** ［英］阿伯克罗比 17.00 元

本书从电视制作、电视节目和电视观众三者的角度展示了电视与社会的关系，令人信服地评述了电视对一个地区、一个国家乃至全球产生的巨大的社会冲击和影响，是从事大众传媒研究、文化研究的读者和文化社会学专业方向学生的一本不可多得的好书。

**思想无羁** ［美］保罗·莱文森 24.00 元

这是一本涉及认识论、技术、媒介、传播的书，带有浓厚的哲学思辩色彩。从哲学和历史的角度叙述知识进化，描绘网上世界，也描绘人与技术的关系，对我们理解技术和人类理性颇多启示。

## ＊ 全球文化系列 ＊

**认同的空间——全球媒介、电子世界景观与文化边界**

［英］戴维·莫利 20.00 元

研究了在后现代地理条件下运用有线和卫星通信的传播环境里，人们是怎样重新塑造集体文化认同的。审视了欧洲与其最要的他者们——美国、伊斯兰世界、东方——之间的关系这个当代政治主题，认为不论过去还是现在，欧洲自己的认同都是相对于上述他者来界定的。读者对象为社会学、传播学学者。

**全球化的文化** ［美］弗雷德里克·杰姆逊、三好将夫 20.00元

本书包括一组关注全球化进程的各国学者的作品，内容涉及经济和文化相互转化；全球范围内消费文化的兴起；主体形式的生成与消除，以及它对民族身份、区域文化和日常生活的传统形式等诸多方面的挑战。

**全球化与文化** ［英］约翰·汤姆林森 22.00元

人们总争论说，文化是全球化为人们所忽视的一个方面，约翰·汤姆林森摆在我们面前的这部书，系统地探讨了有关全球化各种争论中的文化性问题。他的论述简洁明晰、令人耳目一新，行文前后连贯，条理清晰，通俗易懂。

**后现代转向** 斯蒂芬·贝斯特 道格拉斯·科尔纳著 25.00元

本书对后现代范式在艺术、科学、政治与理论中的发生进行了深入的分析，涵盖了众多的学术与艺术场域，从建筑、绘画、文学、音乐、政治学，到物理学与生命科学。斯蒂芬·贝斯特与道格拉斯·科尔纳批判性地介入后现代理论与文化，在现代主义的过去与为规定自身而斗争的未来之间，向我们阐明了我们的那些重大的变迁。

本书获美国政治学协会新闻政治学分会1998年迈克尔·哈林顿最佳图书奖。

**文化地理学** ［英］迈克·克朗 18.00元

文化地理学从地理的角度研究文化，着重研究文化是怎样在实际

生活中起作用的，并且将文化视为实际生活情景中可定位的具体现象。鉴于文化的定义复杂多样，本书作者迈克·克朗研究了大量的实例，并对下列问题进行了探讨，如地区经历，地区与全球的关系，文化和经济的关系，以及知识领域里一些悬而未决的问题。

**文化的观念** ［英］特瑞·伊格尔顿 12.00 元

特瑞·伊格尔顿是西方马克思主义重要的理论家之一。鉴于“文化”是英语中两三个最为复杂的单词之一，他在自己的新著《文化的观念》中对文化的不同意义做出了区分，旨在以此将一般的读者引入当代有关文化的论争。

**主体的退隐** ［德］彼得·毕尔格 18.00 元

关于主体死亡的言说，如果将之视为我们这个时代的一个表征、而不是一种时髦的话，那就会引起不安。毕尔格认为，应对这种不安的一个切实有效的办法就是关注主体的历史。因此，在《主体的退隐》一书中，毕尔格追索了法国从蒙田到罗兰·巴特这段历史时期内主体的变迁。

从笛卡尔的《方法论》到海德格尔的《存在与时间》，主体都不假思索地被视作讨论的立足点。然而，这种不假思索性自现代以来逐渐丧失，人类为自己设计未来图景的框架似乎已经动摇，而一个新的框架又尚未出现。

*** 通俗文化系列 ***

**解读大众文化** ［美］约翰·菲斯克 16.00 元

本书的定位是《理解大众文化》的姊妹篇，它揭穿了大众无意识地消费一切产品的谬论。菲期克的才智与其敏锐的洞察力为我们提供了一幅真正民主的大众文化的图景，它尊重大众的力量和意识，认为是他们创造了大众文化。

**文化理论与通俗文化导论(第二版)** [英]约翰·斯道雷 16.80 元

对于当前那些对通俗文化研究感兴趣的人士而言,这是一本实实在在的"导论"之书。作者不仅介绍了各家学派的理论是如何探索和拒绝通俗文化这个变化多姿的领域的,而且对文化理论和通俗文化之间关系的发展过程进行了详尽的分析。最难得的是,作者从理论上系统地提出了如何研究通俗文化的一系列主张,并开列了相关的阅读书目。

**通俗文化、媒介和日常生活中的叙事** [美]伯格 16.00 元

对叙事理论进行阐释,并将其应用于读者在日常生活中对大众传媒的通俗形式的体验之中。在帮助读者理解叙事的同时,尽力以通俗易懂的方式对叙事进行分析,是叙事理论的最新力作。

**文化民粹主义** [英]吉姆·麦克盖根 18.00 元

本书对当前通俗文化和传媒研究领域的思潮提出了新颖的见解,并探究了深潜于文化研究之中的民粹主义情感和冲动及其后现代主义的变体。

## * 消费文化系列 *

**消费社会** [法]鲍德里亚 16.00 元

本书是法国著名社会学家让·鲍德里亚的代表作,是"对当代社会学的一大贡献",特别适合从事西方社会研究、消费现象研究、文化理论和社会理论的学者和学生研读。

围绕消费这个中心对包括美国在内的西方社会进行了详尽而深刻的剖析,以其独特的见解向人们揭示了大型技术统治集团是如何引进不可遏制的消费欲望,而且在此基础上对阶级社会里的各个阶层重新进行了划分。

**消费文化——20世纪后期英国男性气质和社会空间**

[英]弗兰克·莫特 20.00元

研究受市场因素支配和影响的一个特定的文化领域。着重探讨了商品系统的一个具体环节，即针对青年男子服务的一个市场，从具体内容，到生产、销售、促销等等，以及围绕这些物质文化的商品逐一论述，使人们更准确地了解消费过程中的历史文化轨迹。

**消费文化** [英]西莉娅·卢瑞 18.00元

作者详尽地论述了有关消费文化的大量研究成果，在此基础之上，探索了消费文化的萌兴以及生产和消费文化商品之间的动态关系。她指出，在当代社会，消费已经变得日益风格化，并为人们的日常创造性活动提供了重要环境。

**＊ 大师精粹系列 ＊**

**麦克卢汉精粹** [加]麦克卢汉 33.60元

麦克卢汉是现代传媒研究的先驱，对信息时代、网络时代、地球村等作出了惊人准确的预言，为重新认识当代社会提供了崭新的视角。

**卡尔·曼海姆精粹** [德]卡尔·曼海姆 22.50元

本文集的多数主题对《意识形态与乌托邦》既是深化也是补充：不断分化的现代社会和统一精神秩序的崩溃导致了相互冲突的立场和怀疑主义，进而使知识社会学得以可能；在自我欺骗的绝对主义和自我毁灭的相对主义之间寻求妥协；在思想史领域的社会学尝试，把思想模式与竞争和代现象联系起来；实现视角"综合"的可能性和方式；在科层制的日益严密、乌托邦走向终结和大众民主化的过程中，知识分子是否能保持"相对疏离的"社会位置。

**沃勒斯坦精粹** [美]伊曼纽尔·沃勒斯坦 33.00 元

沃勒斯坦是当今世界极富盛名的社会学家之一,“世界体系”理论的首创者和代表人物。本书是他的一部论文集,涵盖了作者不同时期的代表作品,内容涉及政治学、历史学、社会学和文化学等不同学科,表达了作者对资本主义、霸权主义以及马克思主义和自由主义的思考,对人类前途命运的关注。

**哈贝马斯精粹** [德]哈贝马斯 36.00 元

作为法兰克福学派第二代的领军人物,哈贝马斯的触角几乎涉及人类思想的所有领域:认识论、方法论、形而上学、政治哲学、法哲学、美学、神学等。本书是第一部较为完整的中文版读本,选取哈贝马斯代表作若干,希图能让读者由此管窥出哈贝马斯思想的全貌。值得一提的是,本书刻意选编哈贝马斯的政论和访谈数篇,以便读者在领教其思想艰涩深刻的同时,也能品味到其中的生动活泼。

## * 社会学系列 *

**孤独的人群** [美]大卫·理斯曼 19.00 元

本书讨论美国人社会性格的形成与演变。作者根据传统导向、内在导向和他人导向的社会性格类型对具体的社会阶层——美国中产阶级的性格形成和演变进行全面阐述。

**世界风险社会** [德]乌尔里希·贝克 16.00 元

这本书由我们时代的杰出的社会和政治理论家乌尔里希·贝克所写的具有挑战性的重要著作集中了他的一些重要的论文。而对学者和政策制订者,他分析“世界风险社会”对环境的影响,关注风险的生态和技术问题及其社会和政治涵义。他认为,为了理解我们当今生活于其中的世界风险社会,需要一种新的参考框架。这些论文形成了贝克“世界主义者宣言”的基础,它提出了那些不适用于国家政治的全球和地区的问题的辩证法。贝克鼓励旨在形成共担风险的全球道德的政治试验,这种试验将在未来形成有力的世界主义运动。

**权力精英** [美]查尔斯·赖特·米尔斯 33.00元

该书揭示了当今美国社会权力结构的一般特点：上层不断联合，而且常常表现为有意地合作,从而出现了权力精英,他们借助手中的权力,不断控制着处于多元竞争中的权力中层,并掌握和操纵大众传播媒介;中间层次表现为各种平衡力量的僵持,从而中层并不能联结上层和下层;社会底层是一些政治碎片,而且不断向无权状态发展,民众沦落为分散、被动的大众社会。米尔斯认为,政治结构中的权力精英只是在维护自己的统治和提高自身的利益,公众的介入主要是由于被动地接受权力精英的统治,精英与社会底层大众之间存在一条不可逾越的鸿沟。

## * 新学科系列 *

**后殖民理论——语境 实践 政治** [英]巴特·穆尔 20.00元

近来围绕着文化分析后殖民模式的地位和价值产生了诸多争论，本书是至今该领域最全面明白的概览性著作。

**趣味社会学** [芬]尤卡·格罗瑙 16.00元

在任何现代社会中,按照我们对社会动力的理解,时尚和趣味处于中心地位。在这部关于社会生活的专著中，尤卡·格罗瑙运用凡勃伦、西美尔和利奥塔等人的论述,展示了时尚是如何以一种游戏的形式使现代社会紧密结合,并让个性化与社会化之间的对抗力量达到平衡。在本书中,作者列举了丰富的研究事例,如十九世纪末欧洲占统治地位的庸俗风格;从二十世纪三十年代开始,苏联奢华之风的变迁;从二十世纪六十年代开始，西方优裕生活的观念的影响力日益增强;及二十世纪晚期的食品恐慌和食品时尚。

**跨越边界——知识　学科　学科互涉**

[美]朱丽·汤普森·克莱恩　26.00 元

20 世纪以来，不同学科之间的交叉、交流日益增多，学科互涉和边界跨越逐渐成为一种明确的时代特征。现在，学科每天都在经历着众多领域的推拉和强大的新概念、新范式的拽扯。学术研究在前沿领域和尖端领域的突破，需要不同学科知识的融合；现代学术问题、社会问题、技术问题、经济问题的复杂性，也要求综合的方法和技术合作。学科互涉从一种思想意识发展成一系列复杂的实践活动，它是对正统的挑战，是变革的力量，是当前学术研究的重要组成部分。它正以蓬勃的发展势头，向显学迈进。

*** 世纪学术论争系列 ***

**“索卡尔事件”与科学大战**　索卡尔、德里达、罗蒂等　22.00 元

1996 年 5 月，“索卡尔事件”出现后，在全球学术界爆发了一场科学家与后现代哲学家之间的大论战。这场论战涉及到对科学本性、科学真理的客观性和理性、科学方法、科学、技术与政治、军事、经济等社会因素的关系等等的辩论。本文收集了有关这场论战主要论文，作者大都是这场论战的主角，论文也主要是由作者自己推荐的。

**沙滩上的房子**　[美]诺里塔·克瑞杰　34.00 元

这本书是投掷在“科学大战”中的最新近的、最具杀伤力的炸弹……学术界争论的双方都将得益于这本书。期待着一场反击。

**被困的普罗米修斯**　[美]诺曼·列维特　38.00 元

科学的巨大成功，使它在当代社会中获得了崇高的地位。但事实上，科学家仅仅是社会中人数很少的一部分。科学对其成员的选择是很苛刻的，而且科学家都要经过严格、艰苦的训练，由此普遍获得科学洞见的能力。这超出了大众(非科学家)所能理解和掌握的水平。

**科学知识:一种社会学的分析**

[英]巴里·巴恩斯　大卫·布鲁尔　约翰·亨利　18.00元

科学知识社会学(Sociology of Scientific Knowledge,简称SSK),又称社会建构主义,自从20世纪70年代末在英国爱丁堡大学诞生后,就对科学哲学界、科学文化的研究,甚至整个人类文化产生了巨大的影响。在西方科学哲学界,它逐渐地取代了20世纪70年代以前的方法论的垄断地位,占据了科学的文化研究主战场,成为如今西方学术界中如火如荼的"科学研究"(Science Studies)的认识论与方法论的基础。在西方文化界,它构成了女性主义、后殖民主义等新兴思潮的理论依据。同时,它也引起了巨大的争议。总之,它是当代西方学界关注的焦点思潮之一。

**实践的冲撞——时间、力量与科学**

[美]安德鲁·皮克林　28.00元

《实践的冲撞》是皮克林的颇具影响力的《构造夸克》的研究工作的继续,对于既有的科学实践、科学家的角色以及科学真理的本质的思想提出了挑战。在加深对科学、技术和社会相互关系的理解方面,对于任何一个对此类问题感兴趣的人,《实践的冲撞》都是一部有用的著作;对于社会学家、历史学家和科学哲学家,《实践的冲撞》也是一部基本的读本。

## * 广松哲学系列 *

**物象化论的构图** [日]广松涉　20.00元

本书是日本已故著名哲学家、日本新左翼运动旗手广松涉的代表著作之一,也是在我国翻译出版的第一部广松的著作。广松以恢复马克思主义的本来面目为己任,并试图在继承发展马克思主义的基础上建构起自己独自的哲学体系,而"物象化论的构图"对于他来说,"既是理解马克思后期思想的重要钥匙,同时也是著者本身所构想的社会哲学、文化哲学方法论的基础”(著者自序)。可以说,对“物象化论的构图”进行专题论述的本书在广松众多的著作中占有非常重要的地位。

**事的世界观的前哨** [日]广松涉 22.00元

作为日本新马克思主义哲学家和思想大师的广松涉先生,他将自己的哲学体系命名为“事的世界观”,而这部著作可以说是他对该哲学思想的集中阐述。作者在对康德、马赫、胡塞尔,直至海德格尔的哲学提出全面的批判的基础上,从认识论的视角出发,提出了“对世界新的认识和构图”——以四肢构造的样式替代“主观-客观”的模式;在本体论的视角中,以“关系的基始性”的自为化替代了对象界中“实体的基始性”认知。他的理论对于我们研究西方哲学有着非常重大的参考价值。

## * 国外马克思主义与后马克思思潮系列 *

**图绘意识形态** 斯拉沃热·齐泽克 泰奥德·阿多尔诺等 30.00元

来自斯洛文尼亚的斯拉沃热·齐泽克被誉为闯入西方学术界的一匹“黑马”。《图绘意识形态》是由他选取包括他自己在内的十四位西方学者有关意识形态的论述,经过节选编排而成。齐泽克旨在通过这种努力,绘制出一幅自阿多尔诺以来西方马克思主义关于意识形态的图画。

**自然的理由——生态学马克思主义研究**

[美]詹姆斯·奥康纳 40.00元

自工业革命以来,经济增长的获得是以在自然环境和人类社区的自治权方面所付出的极大代价为前提的。在解读经济增长的这种令人困惑的遗产,以及减少它对我们的后代的影响方面,马克思主义的观点能作出什么样的贡献?著名社会理论家詹姆斯·奥康纳揭示了政治、商业规则以及政府,与环境和社会变迁之间是怎样相互影响的。在解读经济、自然与社会之间的相互关系的过程中，奥康纳指出，环境危机和社会危机对资本主义本身构成了越来越大的威胁。本书中的这些富有启发性的论文和案例研究，充分证明了生态学马克思主义在理解我们各自相异的环境和社会史，在从真实世界的角度给经济行为提供依据，在阐述和评估新的政治策略方面所具有的能力。

**＊ 经典补遗系列 ＊**

**卢卡奇早期文选** [匈]卢卡奇　14.00 元

《心灵与形式》和《小说理论》是卢卡奇早期的两部代表性作品。前者是卢卡奇在格奥尔格·西美尔的“美学社会学”影响下创作的一本论文集，它因为深入刻画了现时代人的存在的悲剧性，而被吕西安·戈德曼推崇为现代存在主义的先声。后者则是卢卡奇在马克斯·韦伯的类型学方法的引导下完成的一部文论著作，它对小说的本质和小说形式的类型进行了令人耳目一新的开创性研究，并因此被同时代人称为“精神科学运动最重要的出版物”。

**胡塞尔《几何学的起源》引论**　[法]雅克·德里达　15.00 元

本书是德里达在把胡塞尔的短文《几何学的起源》译成法文的同时为该文所配的长篇导言。德里达在导言中以胡塞尔的晚期作品为基础、以胡塞尔早期和中期著作为线索，详尽讨论了“对原初含义进行重新激活的可能性”、“历史还原的方式”、“客观性、历史性与意向性之间的关系”、“如何跨越先验之我与先验之‘我们’之间的鸿沟”、“语言、理念与视域之间的交叉关系”等等一系列重大的现象学问题并从辩证法的角度给出了自己独树一帜的回答。作为回答的结果，德里达不仅提出了“远程通信”、“书写的现象学”、“中间地带”、“地理学”、“亚结构”、“终极创建的无限推迟”、“‘听’(而不是‘看’)观念”等令人耳目一新的表述，更为重要的是，德里达从中发现并论证了解构学说最重要的理论支柱——“延迟”原理。

**科学、信仰与社会** ［英］迈克尔·波兰尼 17.00 元

作为 20 世纪欧洲卓越的科学家和哲学家，迈克尔·波兰尼(Michael Polanyi,1891-1976)凭其著名的意会(tacit)认知理论和富有人性的科学哲学观引发了现代认识论上一场根本性的变革。本书是根据 1946 年波兰尼在英国达勒姆大学(University of Durham)发表的路德演讲结成的集子,该书是波兰尼第一部系统的科学哲学著作,可说是他哲学生涯的开端,波氏在其中首次阐明了自己哲学的总体轮廓,同时也为他最主要的作品《个人知识》一书做了一些基础性的工作。

**南京大学出版社发行部**

地址:南京市汉口路 22 号(南京大学校门东侧)

邮编:210093

电话:(025)83593077 83596923 83592317 83592169

传真:(025)83328362

E-mail:sales@press.nju.edu.cn

nupress1@public1.ptt.js.cn

**图书在版编目(CIP)数据**

实践的冲撞：时间、力量与科学 /（美）皮克林著；
邢冬梅译. —南京：南京大学出版社，2004. 8
（当代学术棱镜译丛/张一兵主编）
ISBN 7-305-04322-2

Ⅰ.实... Ⅱ.①皮...②邢... Ⅲ.科学社会学-研
究 Ⅳ.G301

中国版本图书馆 CIP 数据核字(2004)第 078737 号

The Mangle of Practice：Time，Agency，and Science
By Andrew Pickering
Licensed by The University of Chicago Press，Chicago，Illinois，U. S. A.

登记号 图字：10-2002-033 号

丛 书 名 当代学术棱镜译丛
书　　名 实践的冲撞——时间、力量与科学
著　　者 [美]安德鲁·皮克林
译　　者 邢冬梅
出版发行 南京大学出版社
社　　址 南京市汉口路 22 号 邮编 210093
电　　话 025-83596923 025-83592317 传真 025-83328362
网　　址 http://press.nju.edu.cn
电子邮件 nupress1@public1.ptt.js.cn
sales@press.nju.edu.cn(销售部)
印　　刷 丹阳兴华印刷厂
开　　本 850×1168 1/32 印张 12.125 字数 285 千
版　　次 2004 年 11 月第 1 版 2005 年 4 月第 2 次印刷
印　　数 2001-5000
ISBN 7-305-04322-2/B·325
定　　价 28.00 元